U0185879

机器和生灵

人工智能、动物智慧与人类智识

Bots and Beasts

What Makes Machines, Animals, and People Smart？

［美］保罗·萨伽德（Paul Thagard） 著

李明君 译

中国科学技术出版社

·北 京·

图书在版编目（CIP）数据

机器和生灵：人工智能、动物智慧与人类智识 /［美］保罗·萨伽德著；
李明君译 . -- 北京：中国科学技术出版社，2023.9
书名原文：Bots and Beasts: What Makes Machines,Animals, and People Smart?
ISBN 978-7-5236-0195-2

Ⅰ.①机… Ⅱ.①保…②李… Ⅲ.①人工智能 – 研究 Ⅳ.① TP18

中国国家版本馆 CIP 数据核字（2023）第 189648 号
著作权合同登记号：01-2022-5467

策划编辑	王晓义
责任编辑	王 琳
封面设计	郑子玥
正文设计	中文天地
责任校对	张晓莉
责任印制	徐 飞

出	版	中国科学技术出版社
发	行	中国科学技术出版社有限公司发行部
地	址	北京市海淀区中关村南大街 16 号
邮	编	100081
发行电话		010-62173865
传	真	010-62173081
网	址	http://www.cspbooks.com.cn

开	本	710mm×1000mm 1/16
字	数	265 千字
印	张	20.5
版	次	2023 年 9 月第 1 版
印	次	2023 年 9 月第 1 次印刷
印	刷	河北鑫兆源印刷有限公司
书	号	ISBN 978-7-5236-0195-2 / TP·459
定	价	89.00 元

前　言

　　喜鹊能够从镜子中认出自己，章鱼能打开罐子"拿"取食物。在一场关于人工智能利弊的辩论中，美国国际商业机器公司（IBM）的一台计算机击败了与之对阵的人类，而汽车也开始实现自动驾驶。那么，与人类的头脑比起来，计算机和动物究竟如何呢？

　　人类智识具有诸如决策、学习和创造等许多特征，因此所涉及的并不仅仅是智商。我们可以根据这些特征制定评分表来评估智能计算机和智慧动物。学习能力不过是人类相对于现在的机器人和动物所具有的优势之一。诸如鱼类等动物，除非其大脑进化到容量足够大、能够产生思维的程度，意识才可能出现。人工智能的确在进步，但是依然不具备人类在意识、情感和创造性等方面的能力。谈到用合乎道德的方式对待动物和智能计算机，上述结论具有重要的意义。

　　在本书中，我对机器、人类和其他动物的智力首次进行了系统性的比较。借助哲学，我找到了一种为非人类赋予心智能力的方法，以及一种基于生命需求的伦理学方法。心理学和神经科学提供了若干支撑智能的机制。我对各种人工智能研究方法的局限性进行了评估，以期为未来研究近似人类水平的智能提供一份清晰的蓝图。我还提出了若干原则，确保这些研究有助于满足人类的需求。

目　录
CONTENTS

1 为机器和动物赋予心智

我的朋友劳蕾特·拉罗克（Laurette Larocque）养了两只猫，名叫詹娜（Zhanna）和皮克西（Pixie），如图 1.1 所示。当劳蕾特抚弄詹娜时，皮克西经常攻击詹娜，从中阻挠。如果与人类进行类比，我们自然会把皮克西的行为理解为嫉妒，但也许皮克西不过是想要维护自己的主导地位或是确立自己的领地。我们可以认为这样的动物具有什么样的心智状态呢？我使用"动物"（animals）这个词指代"非人类的动物"，有时也采用"兽类"（beasts）表达同样的意思。

同样，认为机器具有心智状态也会让人产生困惑，这与在动物身上产生的困惑是类似的：这种对心智的赋予在何种情况下才是合

图 1.1 詹娜和皮克西（劳蕾特·拉罗克 拍摄）

理的？当我对亚马逊（Amazon）智能音箱埃蔻（Echo）大声说"我到家了"，智能语音助手亚历克萨（Alexa）有时会回答说："嗯，你好。很高兴你回来了。"Alexa是真的因为我回家了而感到高兴，还是只不过复述了人类预设给它的一句套话？无独有偶，在许许多多城市中行驶的自动驾驶汽车，果真是在自动驾驶，还是不过在执行人类程序员设置的指令？我们怎样才能判断机器是否具有心智状态？我所用的"机器人"（bots）这一术语涵盖了机器人（robots）和由计算机运行的其他类型的智能机器。

100年前，人类似乎是地球上唯一的智慧生物。人类创作艺术文学作品、发展科学、研究数学、开发技术，建立复杂的组织，证明了自己的聪明才智。相形之下，诸如猫、狗和牛等动物则显得相当愚蠢。而像福特（Ford）T型车这样的机器似乎还要更笨一些。

但是，想想新喀鸦吧。该物种栖息在澳大利亚附近的岛屿上，以坚果、植物种子和昆虫等为食，但绝不是遇到什么看上去味道不错的东西就上去大肆啄食一番。为了捕捉隐藏在树缝中的幼虫，这种乌鸦会把小树枝和树叶修整成工具，伸进树缝里。幼虫一咬住这些工具，乌鸦就把它们拽出来吃掉。这些乌鸦不仅会使用工具，还会制作工具——用喙把小树枝和树叶修整成合适的形状。

其他动物也能做出令人惊叹的智慧之举。如蜜蜂能够记住蜜源，并用蜂舞告知其他蜜蜂蜜源所在的位置；章鱼能够解决复杂的问题，例如取下瓶盖和学会在迷宫中摸索前行；草原犬鼠具有交流的能力，能够发出信号告知同伴有其他动物入侵领地，以及入侵者的体形大小和外貌；大象能够表达包括悲伤在内的复杂的感情；狗能够捕捉到主人的情绪状态；海豚能发出"咔哒"声来相互交流；鲸通过发出声音来协调群体活动。曾有只雌性黑猩猩学会了美国手语中的350种手势，还将其中一些手势教给了它的儿子。倭黑猩猩会用性来解决群体冲突。人们已在至少 8 个物种中发现有动物个体能从镜子中认出自己，包括猩猩、大猩猩、猪和喜鹊等。

机器（machines）也正变得比先前预期的要智能得多。100 年前，最接近智能机器的东西还是需要用手摇曲柄来添加数字的机械计算器。但是，到 20 世纪 40 年代就研发出了更为灵活的计算机；1956 年诞生了人工智能，也就是我们所熟知的 AI，有时又被称为"机器智能"和"计算智能"。人工智能从诞生以来取得了令人瞩目的进步，正在对当今技术产生着巨大的影响，很多公司正在研发无人驾驶汽车。而对于亚马逊智能音箱 Alexa 和苹果公司的思睿（Siri）所采用的效果颇佳的语音识别系统，人们已然司空见惯了。

一些技术专家期盼着出现一个"技术奇点"，届时机器将超越人类智能。另一些人则忧心忡忡：比尔·盖茨（Bill Gates）、史蒂芬·霍金（Stephen Hawking）和埃隆·马斯克（Elon Musk）认为，人工智能如在未来占据主导地位，将会给人类带来种种风险，并就此发出了预测性警告。这些警告是否合理有据，还取决于对人工智能的现状和远景进行的审慎评估。

计算机是否已经比猫更为聪明了呢？猫在野外环境中仍然可以找到路，而且能比今天的任何机器人更为有效地获得能量；但是，猫同能够处理语言和运行复杂游戏的计算机相比，依然有差距。将机器人和动物的心智能力进行比较，不能依靠像智商这样的单一维度，而是需要一个更为宽泛的智能概念。

什么是智能

对机器、人类和其他动物的智能进行评估，似乎需要对"智能"进行界定。但是，由于存在反例和循环逻辑，定义总是经不起推敲。

词典中对"智能"做出了定义，例如，"获取和应用知识的能力"或者"学习和理解的能力"，但是这种定义几无用处。罗伯特·斯腾伯格（Robert Sternberg）不久前编写了一本关于智能的论文集，其中收录了关于智能的 10 个互不相容的定义。其中最为荒诞的一个是将智能定义为智商测试所衡量的内容，这就好比说价值是金钱所衡量的内容。价值的内容远不止于金钱，而智能也绝不仅仅是智商所体现的语言和逻辑能力。

我对智能不做界定。我仿效了格雷格·墨菲（Greg Murphy）和其他心理学家的做法，提出了"智能"这一概念的三方面：智识人士的例子、该类人士的典型特征以及该概念所提供的解释。智识人士包括阿尔伯特·爱因斯坦、玛丽·居里、托马斯·爱迪生、简·奥斯汀、孔子、路德维希·凡·贝多芬和马丁·路德·金等，这是公认的。

我们可以用类似的方式确定智能的典型特征，而无须担心这些特征能否提供一个适用于所有聪明人物且仅适用于这些人物的严格定义。这些特征包括解决问题的能力、学习能力、理解能力和推理能力。这个清单只是初级的，我在第 2 章还会对它进行扩展，使之包括感知能力、规划能力、决策能力、抽象能力、创造力、感觉能力、行动力和交流能力等。

如同其他概念一样，"智能"这一概念也起着重要的解释作用，告诉我们是什么样的心智能力使人、机器和动物能解决复杂问题、快速学习并表现出创造能力。我们用"智能"这一概念来解释为什么有些人在完成任务、理解疑难事件、学习和推理等方面似乎速度更快、效果更好。心理学家则另辟蹊径，试图通过遗传特征、社会环境和动机等因素来解释智能的起源。对机器智能的解释则是通过那些使计算机能够解决问题和进行学习的算法来进行的，一如目前出色的人工智能实例所示。

六款智能机器

20世纪50年代，功能强大的计算机首次被研发出来，机器智能随即应运而生。1956年，艾伦·纽厄尔（Allen Newell）、约翰·克利福德·肖（John Clifford Shaw）和赫伯特·西蒙（Herbert Simon）开发了一款突破性的人工智能程序——逻辑理论家程序（Logic Theorist）。起初，研发进展非常缓慢，因为研究人员原本以为在计算机上可以迎刃而解的问题，实际上却更具有挑战性。不过，自2010年以来，该领域取得了迅猛的发展，并获得了大量商业上的成功。

智能计算机运行于千差万别的领域，因此对计算机的智能程度进行排序是毫无意义的。我做了一份排名不分先后的清单，列出了自己所认为在智能机器方面若干显著的成就。

IBM 的沃森

2011年，IBM的沃森（Watson）计算机系统参加了电视游戏节目《危险边缘》（*Jeopardy!*）的比赛。它凭借快速而准确地回答各种各样问题的能力，酣畅淋漓地击败了两位人类选手。自此以后，沃森成为IBM的一项大型业务，应用于医学、商业和法律等领域，使用的技能也远远地超过了初始版沃森计算机回答问题的能力。

沃森计算机系统的诸多成就符合智能的许多典型特征。沃森计算机系统可以解决诸如医疗诊断等问题，还可以通过对数据的归纳进行学习，例如对税收等业务问题提出解决方案。沃森计算机系统具有语言能力，既能够处理口语，也能处理书面语，还能形成论点。

当"沃森大厨"（Chef Watson）生成吸引人的原创性菜谱时，它甚至迸发出了创造力的火花。

深度思维公司的阿尔法元算法

截至 1997 年，计算机程序已经能在国际象棋和跳棋比赛中击败人类棋手了。不过，围棋更具挑战性，因为围棋的棋盘更复杂，因而会有更多可能的落子选择。尽管如此，2016 年，世界级围棋高手还是被阿尔法狗（AlphaGo）击败了。阿尔法狗是一款由深度思维公司（DeepMind）研发的程序。该公司现在是字母表公司（Alphabet，谷歌即为该公司所有）的一个部门。阿尔法狗还多次表现出了引人注目的创造力，"想"出的多个下法令人类围棋高手颇感惊讶，又实为妙手。

更令人咋舌的是，一个名为阿尔法元（AlphaZero）的版本在没有经过人类训练的情况下获得了更大的成功：仅仅凭借与自己对弈并积累经验，就学会了下棋。在进行了 4 个小时的自我训练后，阿尔法元就能够击败国际象棋领域世界顶级的人工智能棋手。深度思维公司也成功地解决了其他具有挑战性的问题，例如学会玩电脑游戏和预测蛋白质如何折叠等。

自动驾驶汽车

人们想当然地认为，驾驶汽车是一项简单的任务，正常成年人都可以完成，但是实际上驾驶汽车需要识别物体、规划路线，还要学习如何把车开得更好。早期研发无人驾驶车辆的尝试屡屡受挫，因为这些无人驾驶车辆既无法区分高速公路和出口，也无法区分碎石和阴影。2005 年实现了重大突破，当时由多个团队研制的 20 多辆车在沙漠中成功走完了一条长约 212 千米（132 英里）、路况艰难的行驶路线。

2005 年以来，自动驾驶汽车的技术一直在稳步提升，使汽车能够在错综复杂的环境中选择正确的模式并做出决定。机器智能正在为数以千计的驾驶特斯拉（Tesla）汽车的人士提供帮助，许多公司都希望在十年内生产出完全自主驾驶的车辆。这方面的主要竞争者包括威摩（Waymo，字母表公司的子公司）、特斯拉、通用汽车（General Motors）、福特、宝马（BMW）和优步（Uber）。我期待着有朝一日能乘坐这样一辆无人驾驶汽车四处兜风：它不会出现人类司机常常由于疲劳、走神和醉酒而导致的注意力不集中。

Alexa 和其他虚拟助手

本章的初稿是我用 Dragon Naturally Speaking——一款由纽昂司公司（Nuance Communications，Inc.）开发的程序——口述而成的。与老式的写作方式相比，这款程序能够让我更加高效、更为省力地把自己的想法记录下来。语音识别系统解决了在计算机中将口语转化为文字这一棘手问题。我还使用苹果公司的语音识别系统来口述电子邮件，使用亚马逊的 Alexa 来播放音乐。

数字语音识别始于 20 世纪 60 年代，但是却整整用了 50 年才产生预期效果。Siri 语音识别系统最早从 2011 年开始用于苹果手机。语音识别系统的智能之处在于它运用机器学习形成了将语音转换成文本的能力，从而解决了一道难题。

谷歌翻译

为了帮助自己阅读法语，我经常使用谷歌翻译。它对单词、句子乃至整段文章都很有效。早期对机器翻译的尝试可以追溯到 20 世纪 50 年代，彼时的机器翻译错误百出，既不堪使用，更难以令人青睐。第一款基于网络的翻译服务软件——巴别鱼（Babel Fish）——于 1997 年推出。当人们用它把文本翻译成外语，再回译成英语时，产生了令人捧腹的结果。但是，现在的谷歌翻译已经广泛用于上百种语言之间的翻译了。

　　谷歌翻译可以被视为是智能的，因为它解决了在两种语言之间转换这一原本只能由通晓两种语言的人才能解决的问题。通晓几种语言的人是非常少的，而谷歌能够翻译上百种语言，没有任何人能够望其项背。谷歌翻译并不是在你使用它的过程中学习的，但当前版本还是吸收了大量机器学习的成果。现在，谷歌翻译已经出现了可用于智能手机的应用程序，可以为旅行者提供即时翻译。

推荐系统

　　如果你在网飞（Netflix）上看过电影或者在亚马逊上订购过商品，那么你一定熟悉推荐系统。它会告诉你：如果你喜欢这件商品，那么你可能也会喜欢那件商品。如今，推荐系统在音乐、购书、餐饮和在线交友等领域运行。推荐系统通过类比推理，将人们引向与此前感兴趣者相似的商品或服务。

　　推荐系统有助于解决看什么电影、买什么商品、找什么交友对象等问题。很多推荐系统是在后台运行的，例如，网飞推荐引擎经过训练，会将电影分成若干类别，用来向你推荐你可能喜欢的电影。推荐系统还会参考你正在购买的商品和你对所选商品的评分，以这种方式进行学习。

　　除了上述六款智能程序，今天的计算机科学家在人工智能方面还取得了许多其他的进展，例如人脸识别系统和打扑克软件等在过去十年间取得了重大进展。对此，我将在第 3 章进行详细探讨，并做出更具批判性的分析。

六种聪明的动物

机器智能的崛起动摇了有生命的东西才有智能这一假设。诸如威廉·詹姆斯（William James）等万物有灵论者声称，意识是宇宙万物共有的属性，这就意味着就连岩石和河流也拥有一定的意识。不过，关于智能起源的一种更为合理的观点则着眼于生命的演化。生命是在近40亿年前诞生于我们的星球上的。细菌和植物能够察觉到环境中的变化，对这些变化做出反应，并向它们所属物种的其他成员发出信号。但是，我认为它们连最初级的智能都不具备，因为它们缺乏灵活解决问题和学习的能力，而我认为这两种能力是智能的典型特征。

按照智能较为丰富的内涵，拥有智能的动物种类数以千计。我从中选择了六种：蜜蜂、章鱼、渡鸦、狗、海豚和黑猩猩。我虽然罗列了这个清单，但是这并不意味着只有这些动物才是智慧动物，甚至也并不意味着它们是最聪明的。这些动物涵盖了昆虫、软体动物、鸟类和哺乳动物（包括灵长目动物），体现了地球生命的进化史。

蜜蜂

蜜蜂只有不到100万个神经元，却能以复杂的方式解决问题，进行学习和交流。蜜蜂解决的主要问题是寻找那些提供花蜜和花粉、供其酿造蜂蜜的花朵。它们的感知能力包括可以辨识不同颜色的花朵的视觉以及敏锐的嗅觉。蜜蜂的导航方法行之有效。它们在探索附近区域时，遇到有望采到花粉、花蜜的花朵后，能够直接飞回蜂巢。蜜蜂拥有学习能力，可以通过奖励的方式训练它们向左、向右、向上或向下飞行。

最令人称奇的是，当蜜蜂发现了花蜜和花粉后，能够把地点告知其他蜜蜂。蜜蜂通过一种摇摆舞传递关于方向和距离的信息。蜜蜂能观察和解读其他蜜蜂的摇摆舞，还能通过振动身体来回应其他蜜蜂发出的声音。蜜蜂的导航、学习和交流能力充分地证明，即使昆虫也是有智慧的。

章鱼

像蜗牛、蛤蜊和牡蛎等软体动物，并不因其智慧而著称。但是，章鱼却是软体动物世界中的天才，大约有 5 亿个神经元，比鼠类等哺乳动物的还要多。哺乳动物和鸟类的神经元主要集中在大脑，而章鱼的神经元则有很多分布在八只腕足上，因此其腕足具有很强的独立活动能力。章鱼与哺乳动物在解剖结构的其他方面也存在明显的区别，例如章鱼没有脊柱，但有三个心脏。

章鱼的行为展现了解决问题和进行学习的出色能力。章鱼尽管学习速度很慢，但能在迷宫中找到正确的路径，进行视觉辨别，拧开瓶罐，从水箱中逃脱，识别不同的人，甚至能向灯泡喷水来关灯。

渡鸦

显然，人类是最具智慧的哺乳动物，那么最聪明的鸟类又是什么呢？这个奖项应该授予包含乌鸦、渡鸦和松鸦在内的鸦科鸟类。鹦鹉则是另外一种聪明的鸟，拥有学习和使用语言的出色能力。"Birdbrain"（鸟脑）这个英文词有时会用来形容愚蠢的人，但是渡鸦的大脑却有超过 20 亿个神经元，和狗一样多，比猫还多。

这样的大脑使渡鸦能够解决诸如获得和藏匿食物等问题，包括转移被其他鸟所发现的藏匿食物。渡鸦能牵拉食物上的绳索来获取食物，还能做出短期和长期的决定。它们还可以用声音和身体动作来相互交流。

狗

　　除了鱼，猫和狗是最得人类欢心的宠物，给人类带去陪伴和快乐。人们和宠物交谈，还认为它们具有复杂的心智状态，例如思念主人以及因主人长时间不在身边而感到烦恼，等等。从诸如《狗也是人》（*Dog Are People, Too*）和《聪明的狗》（*The Genius of Dogs*）等歌曲名和书名中就可以看出来人们对狗的高度推崇。狗的智慧体现在其独立解决问题和向人类学习的能力，其中，又以边境牧羊犬和贵宾犬最为出色。

　　狗可以凭借感知力和记忆力来猎取食物，从而解决在野外环境中遇到的问题。但是，狗最擅长的是与人类交往，这是人类几千年来培育选择的结果。狗能够通过观察人类或其他狗来进行学习。狗能对人类的手势——例如指点方向——迅速做出反应，也能听从口令。有一只边境牧羊犬学会了1000多个口令词汇。狗对人脸很敏感，甚至能够分辨人脸的不同表情。有些狗的主人认为，狗能猜出主人的心思。

海豚

　　海豚和鲸属于鲸目动物，是有大约5000万年演化史的海洋哺乳动物。海豚和鲸的大脑无论是质量还是神经元数量都堪称庞大，但是它们的身体通常比人类的大得多，因此，它们身体和大脑的比例超过了人类。

　　海豚和鲸能够解决自然性质的复杂问题，比如能够获取食物、寻找配偶和协调社交活动等。它们拥有高超的交流能力：海豚使用"咔哒"的叫声相互交流，而鲸则使用旋律性更强的声音呼朋引类。

经研究发现，某些种类的海豚和鲸能从镜子中认出自己，这表明它们具有自我意识。

黑猩猩

黑猩猩是在智力方面最接近人类的灵长目动物，分为两个物种：普通黑猩猩和倭黑猩猩。这两种黑猩猩在解剖学上相似，但在行为上却是不同的。普通黑猩猩是父系制的；而倭黑猩猩是母系制的，倾向于平等和非暴力。

黑猩猩会制造工具，能使用工具来获取食物，还能处理其他需要规划未来的问题。黑猩猩能进行多种形式的学习，包括通过理解情境中的因果关系来快速学习。它们通过声音和肢体语言来相互交流，而少数黑猩猩已经在人类的训练下学会了使用简单的人类语言。

人类大脑

人类的智力与这些智能机器和动物相比起来如何呢？你或许认为，凡是机器人和动物能做的事，人类一样能做。但是实际上并不尽然。非人类的某些感官要比人类的优越。例如，蝙蝠会使用声呐，某些鸟和鱼能感知电磁信号。此外，一些无人驾驶的汽车使用激光传感器（激光雷达）和内置全球定位系统（GPS），而人类自身却没有。自从 20 世纪 50 年代以来，计算机就一直比人类更擅长算术。

尽管如此，人类的智慧总体而言依然比机器和动物强得多。但是这种优势的基础又是什么呢？根据宗教观点，我们的智识源自上帝赐予的灵魂，但是这种非物质实体是否存在却鲜有证据作为支撑。

更有可能的是，人类的智识来自庞大的大脑：成年人的大脑由大约860亿个神经元以及大约相同数量的、为神经元提供营养和支持的神经胶质细胞组成。

有个学生曾经问我："如果人类确实是从猴子进化来的，那么为什么现在还有猴子？"生物进化可比这个问题的内涵要复杂多了，因为人类并不是从黑猩猩——我们在类人猿中最近的亲戚——进化而来的。相反，人类和黑猩猩在大约700万年前有一个未知的共同祖先。从那以后，许许多多的物种都进化了，包括已经灭绝的近似人类的物种，如尼安德特人。

为什么人类是地球上最聪明的？答案不仅在于人类大脑的容量或神经元的数量，因为鲸和象在这两方面都超过了人类。人类之所以更聪明，是因为有更多的神经元位于前额叶皮质。因此，相较于上述大型哺乳动物，我们可以做更加复杂的决定。

浪漫的支持者和冷淡的怀疑者

我的目的是比较和分析人类的智识、动物的智慧和计算机的智能，但是这里也存在一些缺陷，包括对人类智识的简单化理解，认为机器人和动物像人类一样聪明。对机器人或动物的优势或局限性进行夸大将极大妨碍我们进行卓有成效的比较。

无论是机器还是动物，都拥有浪漫的支持者和冷淡的怀疑者。

支持机器智能的人相信全面的人工智能即将到来。雷·库兹韦尔（Ray Kurzweil）论述了"奇点"，即一个临界点，计算机硬件和软件将在此持续加速发展，最终机器的智能将超越人类。其他支持人工智能的人则以超人类主义者自居，热切地期待着人类智识被彻底超越的那一天。

处于另一个极端的是怀疑者，他们认为计算机智能从根本上来说是不可能的。有一种很少被提及的论点认为，智能是非物质性灵魂才有的属性，是计算机永远无法企及的标杆，因为计算机本质上是物质性的。哲学家提出的观点则更为合理，他们指出，前几代计算机的性能和人类知识能力之间是存在实质性差异的，例如，人类是有情感的，对世界的描述是有情景敏感度的。

在人类智识和动物智慧对比这一问题上，同样也有动物智慧的支持者和怀疑者。浪漫的支持者强调人类和其他动物在心智上的共性。与之相反，冷淡的怀疑者则指出，其他动物的能力和人类的智识之间是存在巨大鸿沟的。其中，最有力的怀疑论观点是，人类可以做到的一些事情，其他动物却永远也做不到，比如人类能使用语言、运用工具和拥有情感。随着人们愈发了解各种动物的智慧，这些观点的说服力已经降低。但是，我们应该看到，人类和动物的思维仍然存在着实质性的差异。浪漫的支持者批评那些怀疑者犯有人类中心主义的错误，把人类提升到生物世界中心的特殊地位；怀疑者则反过来指责那些浪漫的支持者痴迷于拟人论，将动物和人混为一谈。

我的目标是，对机器人和动物既不盲信，也不怀疑；既不夸大，也不贬低。无论是对于机器还是动物，在将它们的心智能力与人类智识进行对比之时，我都会争取避开陷阱，既不高估也不低估。要实现这个目标，就需要以下两个步骤：①要确定非人类具有什么样的心智过程；②将非人类和人类的心智过程进行对比。通过这些步骤，我们会在拟人论和人类中心主义之间探索出一条合适的路线。

赋予程序

弄清何时才能将心智特征赋予非人类，绝非易事。就动物而言，我们希望能够确定它们是否具有心智状态、心智属性，以及从感知疼痛直至抽象思维的心智过程。就机器而言，我们希望确定机器目前具有什么样的心智特征，以及未来可能具有什么样的心智特征。我们需要一个合理的程序来确定，何时为动物或机器等实体赋予思维和意识等心智特征才是合理的。这一程序所使用的推理，应该与人类在将心智状态赋予他人时——例如，当你推断某人正在遭受痛苦或者正在感到快乐时——所采用的推理相同。

目前还没有简单的、仅凭借下列普遍原则就能够得出的演绎论可供使用：如果某个事物有某一特定属性，那么该事物就具有某一特定的心智特征。

至今为止，并没有这种已知的普遍原则。我们也许可以用概率论来判断某个事物是否具有心智特征（例如，一条扭动挣扎的鱼经历疼痛的概率），但是所需的数字却是未知的。

我们可以通过观察来识别行为，但是疼痛和其他心智状态却是他人无法直接观察到的。在评估这些不可观察的实体是否存在时，最恰当的推理形式就是**最佳解释推理**。例如，你可以推断一个朋友正处于痛苦之中，因为该推断解释了诸如面部扭曲、呻吟和咒骂等行为。在科学方面，牛顿推断出的重力尽管无法直接观察却是存在的，因为这解释了许多已经观察到的证据，包括行星的运动和地球上物体被抛起又落下的过程。此外，20世纪以来的物理学提出的多种理论解释了引力运作方式的原理，这包括相对论和最近证实存在的引力波。当牛顿最初发现引力时，科学界对行星的运动尚有不同的解释，例如认为行星是在涡流中运行的。但是，由于引力理论的解释具有广泛性和简单性，至今已没有任何理论能与之相媲美了。

按照牛顿和其他科学家的方法，我建议用下面的赋予程序来确定是否将某一心智特征赋予某种动物或某类机器。我将对鱼是否会感觉到疼痛这个有争议的问题进行探讨，以此作为一个具体实例。

赋予程序提出了以下若干步骤，利用连贯性解释来确定动物或机器是否具有心智状态、心智属性或心智过程：

（1）明确陈述关于一类事物和一种心智特征的一个假说，例如，鱼能感觉到疼痛。

（2）收集一切由观察结果组成的证据，且这些观察结果可以用"该事物具有前述特征"这一假说来解释。例如，受伤的鱼丧失了解决问题的能力，而服用止痛药后，又能恢复这种能力。

（3）还需收集上述假说难以解释的证据。例如，鱼缺少哺乳动物所具有的、用来处理疼痛的大脑区域。

（4）收集为解释步骤（3）中的证据而提出的替代性假说。例如，也许受伤的鱼只是注意力不集中，没有真正感到疼痛。

（5）考虑更深层次的解释：为什么替代性假说可能是正确的。该解释在形式上通常是以若干机制存在的，解释该事物是如何具有此特征的。例如，鱼身体里有疼痛受体，大脑中有接收这些受体所发出信号的区域。

（6）考虑与公认的解释进行类比。例如，以感觉到疼痛来解释鱼的行为和以感觉到疼痛来解释人类行为，这两者之间在多大程度上存在相似性。

（7）综合关于所有证据的各种相互矛盾的假说，对其解释的整体连贯性进行评估。要考虑这些假说能在多大程度上进行解释和预测，是否能更深层次地进行解释；考虑类比的质量，以及这些假说的简单程度（简单即不需要新增假说）。例如，"鱼之所以看起来在痛苦地扭动是因为受到外星人的远程控制"这个假说的可信度就很低，因为其中新增的假说是没有依据的，我们没法证明外星人是存在的而且有办法控制鱼的行为。

（8）确定"事物具有该特征"这一假说是否在一定程度上对所有证据进行了最佳的整体解释。如果情况是这样的，那就接受这个假说。例如，有鉴于现有的所有证据、所有的替代性假说、基于机制所进行的深入解释、解释的简单性和相关的类比，"鱼是有意识的"这一假说在一定程度上提供了最佳的整体解释，那么我们也就能接受这一假说。

该赋予程序同样适用于评估有关机器心智的观点。例如，要评估"沃森能够理解语言"这一观点，我们可以收集能够用该观点去解释的所有证据，例如，沃森能够回答电视游戏节目《危险边缘》中的各种问题。但同样关键的是要考虑到其他假说，例如，沃森不过是在利用统计学技巧来装作理解语言。判定沃森是否理解语言，应该依据对目前所有证据的最佳解释来做出推论。

比起在探讨动物与机器的心智时所遵循的简单规则，这种赋予程序更加全面、更加客观。比较心理学的创始人之一康维·劳埃德·摩根（Conway Lloyd Morgan）提出了准则："如果一种行为可以解释为心理评定量表中等级较低的一种能力的结果，那么在任何情况下我们都不能把这种行为解释为高级心理能力的结果。"如果像联想式学习等较为初级的心理特征可以对某种行为进行解释，那么根据上述准则，就该避免为该行为赋予诸如抽象认知和情感等复杂的心智状态。不过，摩根对这个准则进行了调整："然而，为避免对该准则的范围产生误解，应该做出补充：如果我们已经有独立的证据证明在接受观察的动物身上发生了更为高级的过程，那么根据该准则，完全能用这些更高级的过程来解释某一特定活动。"

如同奥卡姆剃刀原理[①]一样，摩根准则是一个简单性的原则，认为我们更应当按照熟悉的假说、根据较为低等的动物的行为机制来解释某种行为，而不是对特殊的认知能力做出额外的假设。例如，研究人员采用这一准则论证黑猩猩具有解决问题的能力，将该能力解释为试错式学习而不是对因果关系的理解。但是，弗兰斯·德·瓦尔（Frans de Waal）指出，在一个地方简单性增多，其代价可能是在另一个地方失去简单性，因为对于进化史上后来莫名其妙出现的高级认知，是有必要从进化角度为其起源提供一个解释的。有鉴于此，我认为教条地应用摩根准则是不理性的，我更倾向于使用赋予程序对现有证据进行更具总体性的评估。

在判定当前或未来的机器是否具有语言理解力和意识等心智特征时，我们还应该避免教条主义。我建议采用赋予程序，根据具体个案本身的证据优势，采用推理，做出最佳解释，以对其进行评估，而不是泛泛地论证。

要弄清楚一台机器是否有某一特定心智能力似乎非常容易，因为我们只要看它的编程代码就行了。但是并非所有的机器都是由一行行容易查看的代码驱动的。例如，接受过深度学习训练的计算机拥有庞大的神经网络，而知识则分布在成千上万的连接权（connection weights）中。此外，某些心智特征即使在显式代码（explicit code）中也是难以识别的，因为这些特征需要整个计算机程序中不同模块之间的交互才能体现。例如，对语言的理解力并不是靠一个长程序中可识别的子程序就能得出的简单结果，而是需要不同子程序之间的交互才能实现。另外，如果让机器拥有诸如疼痛、

---

① 奥卡姆剃刀原则由 14 世纪的英格兰逻辑学家奥卡姆的威廉（William of Occam）提出，其核心观点是"如无必要，勿增实体"，即简单有效原理。——译者注

情感和意识等不同的现象，可能需要软件和硬件之间的交互，包括感官输入。对复杂机制的了解并非总是直截了当的。

在将心智特征赋予动物或机器时，会出现两种错误。第一种是假阳性错误，是指判定某个实体具有某种心智特征，但事实上它却并不具备，例如，说岩石有情感。第二种是假阴性错误，是指判定某个事物不具备某种心智特征，但事实上它却是具有该特征的，例如，说人类没有情感。假阳性错误更糟还是假阴性错误更糟，取决于这两种错误的后果。如果假阳性错误阻碍了人们做符合自身利益的事情，例如，由于担心伤害到石头的情感而拒绝将其用作铺路石，那么假阳性错误就是糟糕的。如果因为假阴性错误而处事不当，那么假阴性错误就是糟糕的，例如，由于误认为动物不会感到痛苦或没有情感，而残忍地宰杀动物。

赋予程序中的举证责任取决于犯不同种类错误的后果。在英国、美国等国家采用的普通法体系中，法律审判要求检方必须在排除合理怀疑的情况下去证明被告是有罪的。法院采用无罪推定的原则，这源于一个道德判断：判定一个无辜的人有罪比判定一个有罪的人无罪更糟糕。然而，在民事审判中，举证责任仅仅是要求优势证据而已：无论是原告还是被告，证据支持哪一方，法院就做出有利于哪一方的判决，原告不需要证明被告在排除合理怀疑的情况下有过错。因此，在民事案件中，假阳性错误和假阴性错误被视为同样糟糕。

将心智特征赋予机器人和动物，其举证责任是复杂的。动物权利的支持者力主让那些能够感受到痛苦的动物避免遭受虐待，因此他们深感假阴性错误比假阳性错误更加糟糕。例如，他们可能会说，我们希望在排除合理怀疑的情况下确定鱼是没有意识的，这样就能避免让它感到痛苦这样的可怕后果。相反，一个狂热的肉食爱好者可能认为，假阳性错误也可能是糟糕的，例如，把类似人类的痛苦和情感赋予动物，导致人类既得不到营养也无法享受美味，这么做既毫无必要，也没有充分的证据。这样的探讨并不受类似于"不给无辜者定罪"这样高于一切的价值观所左右，因此恰当的标准是优势证据，而不是合理的怀疑。如果审慎地应用赋予程序，就应对所有的假说和证据都加以考虑，但是这并不能保证所得出的结论没有错误，尽管应该会少犯错误。

比起使用一般性原则去解决与赋予心智特征有关的问题，使用赋予程序更重要。一个极端是泛心理主义的哲学立场，即认为宇宙万物都具有某些心智特征，尽管没有证据表明原子和泥土拥有心智。另一个极端是被称作行为主义的科学和哲学方法，即认为我们不应该将心智特征赋予任何东西。行为主义者主张，假设存在诸如心智状态和心智过程等不可观察的实体，是不科学的。由于行为主义心理学和语言学不能预测和解释人类和其他生物的行为，因而这一主张在科学界受到了质疑。科学哲学也动摇了该主张，它提醒人们，最完善的科学学科正是依据有关不可观察的实体和过程的假说来解释观察结果的，这些不可观察的实体包括电子、力、原子键、重力、基因和病毒等。

比较程序

我不仅关注机器人和动物是否有心智特征，还关注如何将其心智与人类智识进行系统性的比较。我采用的是如下的比较程序。

（1）明确哪些特征体现了人类智识，解释人类以何种机制拥有这些特征，并据此对人类智识进行详细说明。

（2）评估机器智能的实例在多大程度上表现出了这些特征和机制。

机器和生灵 人工智能、动物智慧与人类智识

（3）评估动物智慧的实例在多大程度上表现出了这些特征和机制。

该程序对机器智能和动物智慧的相对状况进行了多维评价，这是智商测试所远不能及的。这种比较旨在了解所有这些实体的智力现状和伦理意义。

评估机器智能和动物智慧的第一步是要构建一套关于人类智识的理论。本书第 2 章对部分杰出人士所取得的成就进行了研究，探讨了在科学、技术和艺术等多个领域解决问题和进行学习的机制。关于智能的理论不应局限于罗列出不同类别的智能的可观察特征，还要对那些促成解决问题、进行学习的基本心理机制进行说明。人类智识不仅仅包括语言推理能力，还涵盖了感官意象、情感和意识。

我对人类智识的说明囊括了 12 个特征和 8 种机制，由此产生了一份包含 20 个项目的检查清单，用来评估机器和动物的智慧。针对每种机器或动物，这一比较程序都会生成一份报告卡，总结它们与人类的对比情况。关于智能的这一检查清单为批判性地审视机器智能和动物智慧的成就和前景提供了一个工具。

第 3 章将上述检查清单应用于 6 款智能机器，仔细考察这些机器完成的任务和完成任务的方式。对于每种机器，我对其在具体领域的性能进行了评估，并对产生该性能的计算操作进行了非正式的描述。没有任何一台机器能达到人类智识的水平，但是整体来看，这却显示了今天的机器智能与人类智识相比较的状况。

第 4 章对 6 种聪明的动物进行了同样的评估。智慧检查清单和由此产生的报告卡揭示了动物思维的优势和局限之处。进行这些比较的目的不是宣布赢家和输家，而是要通过比较来阐明，智慧在人类、动物和机器中都是如何运作的。

第 5 章对人较之其他动物所具有的思维优势进行了更具综合性的评估。这些优势也可以解释机器智能的表现为何仍然远远落后于人类。

第 6 章将赋予程序应用于动物心智相关的诸多有争议的问题，包括细菌是否有意识、鱼类是否会感到疼痛、狗是否会感到嫉妒，以及猿是否会进行类比，等等。该章还解释了图灵测试在评估机器思维方面存在的局限性。

第 7 章研究了伴随着对当前和未来的机器智能和动物智慧的推崇而产生的伦理问题。该章采用一个基于需求的共同伦理框架，评估了人类和动物（还可能包括机器）的生存和福祉所面临的威胁。该章涉及的主题包括机器人灾变、动物灭绝、素食主义、宠物、自动化、隐私、社会控制和杀手机器人。"必需而非贪欲"（need, not greed）这一原则为制定社会进步政策提供了指导。

第 8 章则从医学伦理学的角度出发，阐述并评估了与当前及未来人工智能发展相关的原则和价值，深化了人工智能的伦理学研究。

弗兰斯·德·瓦尔在一本书的标题中问道："我们是否聪明到了可以知道动物有多聪明的程度？"我的答案是肯定的，前提是我们使用赋予程序和比较程序对这个问题进行全面研究。我们的聪明程度是否足以知道目前的机器有多聪明？答案也是肯定的，但对于智能机器未来能否超过人类，答案则还没有确定。我的主要结论是，对人类思维的充分评估表明，机器人还远远不能威胁到人类智识，而且动物的智能也同样远远比不上人类。人类要比你想象得聪明。

我还没有回答诸如猫是否会嫉妒、鱼是否会感到疼痛、Alexa是否真的感到开心，以及自动驾驶汽车是否真的会自动驾驶等具体问题。在后面的章节，我通过赋予程序表明，Alexa 既不是开心也不是不开心，汽车能自动驾驶，皮克西可能是感到嫉妒，而鱼可能会感到疼痛。

2

奇妙的人类

　　2004年，当我跟我的儿子亚当（Adam）和丹（Dan）到巴黎参观罗丹博物馆时，他们俩情不自禁地模仿起雕塑《思想者》（图2.1）来。自1904年以来，《思想者》雕塑就一直在以一种震撼人心的方式呈现着人类的智慧，体现了全神贯注思索的力量。要为智慧创造出如此惊人的形象，罗丹肯定要有智识才行。那么，是什么让人类具备了足够的智识，能够对人类、动物和机器的智慧进行比较呢？

　　我在第1章对智慧的特征做了初步描述，本章则对此进行了延伸，增加了一组范围更广的智慧人士的实例，涉及人类活动的许多领域，例如科学、技术、艺术和社会组织。即便是买菜这样平淡无奇的差事也需要某种智识，你肯定不会派宠物、机器人或年幼的孩子去超市买做饭用的食材。买菜这件事体现了第1章所列出的智慧的12个典型特征：感知、解决问题、规划、决定、理解、学习、抽象、创造、推理、情感、交流和行动。

　　人类是如何发挥这些功能的呢？对智识的解释不应该仅仅是一个关于各种智识的故事，更应该描述的是在你的思维（mind）中，在你的大脑中，到底发生了些什么，才能完成所有那些构成智识的心理程序。人类的思维取决于大脑，这在今天看来是显而易见的，不过这其实是古希腊人希波克拉底在大约 2500 年前发现的。当代认知科学解释了思维是如何通过心理机制和神经机制来运作的。所谓机制，是指多个关联的组合部件相互作用，产生了有规律的变化，例如，当汽车的发动机、变速器和车轮彼此关联、相互作用时，汽车才能沿着道路行驶。

图 2.1　2004 年亚当·萨伽德和丹·萨伽德在罗丹博物馆（保罗·萨伽德　拍摄）

把人类智识的特征和机制一一列明，这为比较人与机器、人与动物的智慧提供了一个检查清单。我们据此就可以探究，具有人类智识典型特征的诸多功能，动物和机器是否也可以完成，以及具有人类典型特征的机制，动物和机器是否具备。

人类智识的例子和领域

人类在许多日常活动中使用自己的智识。为了寻找食物，我们就必须辨别方向，识途问路；我们必须躲开危险，例如超速行驶的汽车等，尽管今天我们几乎再也不用躲避那些想把我们变成美餐的猛兽了。生活是社会性的，所以人类必须谙熟与他人的相处之道，才能与人充分合作。性作为肉体行为不需要太多的智识，但是寻找配偶的行为却可能是一个复杂的过程，例如上网约会交友便是如此。更高级的智识突出表现在四个领域：社会创新、技术发明、艺术想象和科学发现。

社会创新

在灵长目动物包括人类数百万年的进化过程中，社交互动的复杂性是大脑变大的原因之一。许多人有能力获得知识和技能以在社会领域解决问题和进行学习，在这方面堪称典范。社会领域催生了许多创造性的发明，如城市、教堂、政府和大学等。

这里有一些令人叹服的实例。圣雄甘地（Mahatma Gandhi）用非暴力手段团结了印度千差万别的民族，推翻了英国的殖民统治。安格拉·默克尔（Angela Merkel）任德国总理十几年，做出了许多艰难的决定（比如在 2015 年接纳 100 多万名难民），展现出了非凡的社交能力和组织能力。富兰克林·德拉诺·罗斯福（Franklin Delano Roosevelt）为了应对 20 世纪 30 年代的大萧条，对美国社会进行了大刀阔斧的改革。正是由于弗洛伦斯·南丁格尔（Florence Nightingale）出色的社交能力和组织能力，护理专业在 19 世纪发生了翻天覆地的变化，得到了普遍认可。你可以开立一份自己的名单，列出那些在促进社会变革的过程中展示出高度智识的人士。

技术发明

美国幽默作家戴夫·巴里（Dave Barry）曾经断言："毫无疑问，啤酒是人类历史上最伟大的发明。好吧，我承认车轮也是一项极好的发明，可是车轮配比萨饼可比啤酒配比萨饼差远了。"没有人知道是谁做出了早期技术创新，如石斧、车轮、啤酒和比萨饼等。但是数以百计的发明家确实堪称人类智慧的典范，正是他们发明出了从印刷机到谷歌搜索引擎这样的重要产品。早期人类使用的是诸如锋利的石头等工具，而人类经历了几十万年的发展，又发明了新工具，这些新工具既是应用智识的产物，又让智识如虎添翼。农业、车轮、纸张、印刷机和计算机等发明都标志着人类智识的高峰。

这里举一些人类智慧在技术领域的例证。托马斯·爱迪生对数百种产品的研发做出了贡献，包括电灯泡、留声机和摄像机等。早期计算机科学家格蕾丝·赫柏（Grace Hopper）发明了第一套计算机编译器系统和一种早期的高级计算机语言。本田宗一郎（ほんだ そういちろう）帮助研发了创新型的摩托车和汽车。乔治·华盛顿·卡弗（George Washington Carver）发明了很多花生产品，虽然其中并不包括花生酱。所有这些高智能的发明都需要大量利用解决问题、学习、创造和其他的智识特征。

艺术想象

人们偏颇地认为智识局限在语言和逻辑能力方面，因此艺术并非总是能够与智识联系在一起。但是，知识、技能和学习并不局限于语言和逻辑。要想理解美的或者有感召力的艺术作品是如何创作出来的，需要大量运用智识，而智识又是与感知、意象和其他心理能力相关的。

到了 4 万年前，人类在艺术活动中也显示出了智识，如创作洞穴壁画和演奏乐器。今天，我们有了很多其他的艺术想象领域，包括文学、雕塑、舞蹈、摄影和建筑等。如果仅仅是模仿他人的作品，需要的不过是中等智识；但是，要创作出能引发强烈情感共鸣的全新作品，就需要诸如解决问题、学习和创造等智识特征了。

堪称睿智的艺术家成百上千，不过我仅列举几位我个人最欣赏的艺术家。贝多芬所创作的多部音乐杰作时至今日仍然被视为匠心独具、造诣高超。我认为乔治娅·奥·吉弗（Georgia O'Keeffe）是20 世纪伟大的画家之一，因为她对风景和花卉的描画既精美绝伦而又惊世骇俗。艾哈迈德·拉霍里（Ahmad Lahori）是泰姬陵的总建筑师，泰姬陵是世界上美轮美奂的建筑之一。雷·查尔斯（Ray Charles）被视为音乐天才，因为他把各种音乐风格创造性地结合了起来，包括福音音乐、蓝调音乐、乡村音乐和流行音乐。在学习如何能更好地解决复杂美学问题方面，这些有创造力的艺术家的智识堪称典范。

科学发现

人类智识的第四个主要领域是科学，而科学的发展要比社会交往、技术和艺术晚得多。作为一项系统性的事业，观察科学（observational science）在大约 3000 年前由古巴比伦人开启，而独立于神学的理论科学（theoretical science）则在大约 2500 年前由古希腊人开创。自那时起，新兴了物理学、化学、生物学和各类社会科学等学科领域，知识在稳步增长，科学展现了人类的智识，令人叹为观止。

科学家普遍智商很高，但是他们除了智商测试的成绩好，其智识还表现在其他很多方面。要成为一名成功的科学家，需要有解决复杂问题和快速学习的高超能力。关于科学家是睿智的思想者这一点，人们可以很快列举出数以百计的例子来。我在第 1 章提到了一些我非常欣赏的科学家；还有一个例子就是达尔文，他提出的基于自然选择的进化论至今仍在影响着整个生物学领域。玛丽·居里（Marie Curie）曾获得了两次诺贝尔奖；除此之外，我欣赏的另一位诺贝尔奖获得者是一位名叫屠呦呦的中国女性，正是她和团队发现了可以用来治疗疟疾的药物——青蒿素。尼尔·德格拉斯·泰森（Neil deGrasse Tyson）是一名天体物理学家，也是一名成功的科学传播人士。

在理解某个概念时，列举出典型代表也就意味着提出大多数人认可的标准实例，从而确定该概念的含义，即使难以给出明确定义。但是，要想更充分地理解某个概念，就必须对概念适用于多领域的典型特征加以确定。

智识的特征

我记得我母亲说过，在我两岁时，她经常让我去商店买面包。虽然商店就在街道的尽头，并且我很早熟，可是我现在仍然怀疑她这个说法到底是不是真的。去商店买东西需要解决一系列问题，包括在街道上找路、告诉店员要买什么，以及处理付款等问题，这超出了蹒跚学步的幼儿的能力范围。虽然到商店买东西是不能体现出最高智识的，但是由于人们对此非常熟悉，我便以此为例对智识的典型特征进行阐释，并说明这些特征在艺术和科学中的体现。

感知

感受环境并不需要智识，哪怕是细菌或树木也能察觉到化学物质和光源的变化。感知则更为复杂，需要对感觉到的事物进行推断。例如，你知道自己看到的某个物体是一只鸟，而不是一根树枝。当你去商店的时候，需要大量感知，尤其是要用视觉和嗅觉。你需要对蔬菜进行审视，判断哪些看上去是新鲜的；你需要闻闻水果，判断是本地现产的还是已经储存了几个月。要判断西红柿、桃和其他食材是否成熟，触摸是很重要的。当你摇晃椰子来判断椰汁含量多少时，声音也非常重要。你是不能品尝商店里的东西的，不过有时会有试吃的样品。要在商店做出明智的决定，就离不开对许多食物的准确感知。

与智识的其他典型特征一样，感知既非智识的必要条件，也非充分条件，因为有些活动，例如证明数学定理，即使没有感知也同样能完成。但是，与他人交往，以及处理艺术、技术和科学等方面问题，通常需要感知来识别情况，以解决问题和进行学习。正如伽利略需要用视觉来识别土星环，而莫扎特则需要用听觉来创作乐曲，等等。视觉、听觉和人类的其他感知能力，并非仅仅是被动地接收信号，而是需要基于知识进行推理，来解读这个世界。因此，应该承认感知是智识的典型特征之一。

解决问题

当人类有目标并想要弄清如何实现这些目标时，就会去解决问题。在商店里，你的主要目标是找到美味的食物，并避免过度花费。如果中意的食物中包括价格不菲的商品，例如牛里脊和比目鱼，那么这两个目标可能就不能兼得了。在商店买东西还要受到其他因素的约束，包括规划可用的时间，以及管好一起购物的孩子。当我儿子亚当大约 5 岁的时候，我曾带他一起去购物。在好奇天性的驱使下，他想看看如果抬起咖啡豆分配器的把手会发生什么，结果咖啡豆稀里哗啦地撒了一地。

就完成购买食物这一目标而言，商店为你提供了许多选择。如果你心中已经有了明确的食谱，那么目标就变成了根据食谱按图索骥采购东西了。如果你此前在同一家商店买过东西，下次寻找要买的东西时就会驾轻就熟；否则，你就只能挨个货架去寻找想要的物品。成功的购物是指你离开商店时已经购买了想要的所有商品，而且没有超出预算。人类在解决各种新问题时，也能灵活地做出适应性改变，例如在新冠疫情大流行期间与其他购物者保持距离。

艺术家和科学家要解决的问题难度更大。画家可能必须在举办画展的截止日期前创作出数量可观的、有吸引力的画作，同时还要受到很多限制，诸如维系审美标准和在一些新方向上进行大胆尝试。生物学家可能需要弄清楚如何设计一个新的实验来测试某个重要的理论，而且还必须在不超出预算和人员方面限制的前提下做到这一点。在这些情况下，就需要智识来达成目标，并符合限制条件。解决问题的三种方式是非常重要的，它们本身也是智识的特征：规划、决定和理解。

规划

规划是解决问题的一种方式，即制订一系列行动方案，以便在一段较长的时间内实现目标。当我还是两个总是叫饿的孩子的单亲家长时，便琢磨出来一个购物清单系统。大家对此的反应要么是钦佩，要么是惊恐。我弄来了一个剪贴板，用磁性贴固定在冰箱上，然后把购物清单贴在上面。购物清单是用 Microsoft Word 制作的，内容按照我最喜欢的商店的布局来安排。购物清单上的商品完全是按照商店里的顺序排列的——从熟食到冷冻食品。于是，我每次购物要做的就是圈出我想买的商品。因此，计划去商店购物就变成一件简单的事，只需要圈出要购买的商品即可，届时到商店里按部就班去实施就行了。不过，由于疫情的缘故，为购物做规划就变得复杂起来，因为疫情之下，线上购物成了人们的习惯。

如果没有规划，到商店购物就变成了一个随机的过程，在商店里溜达，哪件商品看上去好就拿起来。这种解决问题的方式是低效的，不仅浪费时间，而且很可能买回家的商品不是你想要的。同样，规划也极大地增强了人类很多活动的有效性，包括社会活动、科学、技术，甚至是艺术等。例如，城市规划人员制定规则和行动方案来处理城市的住房、交通和通信等问题；科学家规划研究项目，其中包括一系列实验和理论解释；工程师规划未来的设计方案，例如未来若干年内要研发什么样的智能手机；艺术家可能会更出于直觉，但是依然会制定规划，计划撰写什么书，创作什么戏剧、绘画和雕塑作品，制作什么歌曲专辑，或者从事其他什么项目。

人类拥有足够强的大脑，因而我们不必临时随机解决问题，而是可以设想事件随着时间的推移可能会如何发展。由于有想象力，我们能够想出更好的规划，更好地解决问题。

决定

有时，可以将规划简化，在若干具体行动之间进行选择，就好比你在商店购物时，需要决定是买西兰花还是买菜花，或者是买哪种奶酪。做决定通常是一项智识活动，因为这需要你做出一个复杂的推论，确定采取哪种潜在的行动最有可能实现你的目标。在你去商店购物之前，其实你就已经在做出决定了：根据商店的距离和食品质量等限制因素，来决定要去哪家商店购物。

政治领导人要决定在社会项目上花多少钱。科学家和工程师有时会根据哪个研究项目在知识上更有前途、更值得受到资助，在不同的研究项目之间做出选择。艺术家们每天都要做出决定，让手中的作品日臻完善。在以上所有例子中，都必须对为数不多的选项权衡利弊，以便从中做出选择。

做决定对心智是有挑战性的，原因有二。首先，你必须牢记自己可能采取的不同行动，评判哪种行动是实现目标的最佳途径。其次，实现目标可能需要复杂的权衡过程，例如，对食品质量和食品成本进行权衡。许多动物和机器都有解决问题的能力，但是能够进行规划的却极为少见，因为这需要对未来一段时间内可能出现的场景进行设想。能够做决定的动物和机器也非常罕见，因为这需要具备相应的心智条件，以便对两个或更多的选项进行系统性比较。

人类并非总是善于做决定。我们会冲动地想到什么就去做什么，而不是对各个目标进行权衡。例如，我会在商店随手抓起一袋杏仁夹心巧克力，却忘记了健康及营养方面的约束。但是，如果人类能仔细权衡，认真考虑多种选择，那么所做出的明智决定就称得上智慧的标志了。

理解

另一种重要的问题解决方式是寻找能够让人理解的解释。我去商店买东西的时候，思维状态经常如同自动驾驶一般，只管挑选我眼下需要的东西。但是，有时会发生一些令人费解的事情，促使我去寻找其原因。为什么我去的那个超市把一些普通收银台换成了自动收银台，人们得自助扫码结账？原本放置在水产区的新鲜龙虾缸去哪了？为什么只有一部分收银台可以给啤酒结账？超市的工作人

员是何时和如何给货架补货的？

有时是因为语言才产生理解的需要。图 2.2 展示了 2019 年我在布里斯托大学看到的一个含义不清的标识。想理解该标识，你就不能被上面"哲学残疾"（Philosophy Disability）的字样迷惑，而要明白哲学系（Philosophy Department）和残疾服务系（Department of Disability Services）都在同一条路上。通常，人们不但想知道正在发生什么事情，还想知道为什么会发生这些事情。这种愿望在科学和技术领域尤为强烈，在社会组织中也同样如此，例如，人们想知道为什么有些个人和企业的行为会不符合常理。艺术也是需要解释和理解的，如文学学者想要知道，为什么某个作家具有某种特定的风格。

图 2.2　布里斯托大学内的一个标识（保罗·萨伽德　拍摄）

解释可以采用不同的形式，例如通常作为人类文化一部分的故事。但是科学和技术领域的解释通常更为深入，依靠数学原理或对因果机制的描述，表明系统如何通过各部分之间的相互作用来运作。如此一来，要理解那些令人费解的事件，就必须弄清楚背后的原因，例如，找到引起流感症状的病毒，以此来解释为什么人会患流感。

学习

一个人有智慧地解决问题，不仅是一次又一次地解决同样的问题，还应该学会通过经验更好地解决问题。要想更好地购物，你需要多种学习方式。你可以从经验中学习并进行归纳，例如，皮上有褐色斑点的香蕉是熟过头的。有些学习是通过获益或吃亏来获得的，例如，你发现了一种美味的食物，比如特别新鲜的草莓，或是你遇到了一种令人反胃的食物，比如特别难闻的奶酪。

仍以商店购物为例，学习还包括习得新的概念。例如，你了解到杂交杏李是李子和杏的杂交品种。由于新冠疫情，出现了一些新的概念，例如"社交距离"和"隔离期发型"。学习有时也会涉及新的假说，例如，商店里的商品在星期一数量不多，这是因为工作人员通常在星期五为周末补货。对提高在商店购物时解决问题的能力而言，另一类有价值的学习是弄清逛商店的路线，例如，在购物时最后选取冷冻食品，这样它们不会在到家之前就融化了。

学习对更好地解决各个领域的问题均有所裨益。社会组织者应该学习如何更好地满足客户的需求。科学家使用统计方法和因果推理，学习更好的方法来设计实验和解释实验结果。工程师和其他技术专家可以学习因果模式，以此指导生产更好的机器。艺术家也会学习新的方法，例如使用更好的颜料和采用更好的绘画技巧。

以下是一些有助于人类智识的学习类型：

（1）联想式学习：香蕉是黄色的。

（2）强化式学习：给香蕉去皮，吃起来更加美味。

（3）类比学习：芭蕉与香蕉相似，所以果实也可以剥皮。

（4）因果学习：香蕉皮变成褐色，是因为熟过头了。

（5）隐因学习：香蕉有强烈的气味和味道，是因为含有由AFT1基因产生的乙酸异戊酯。

（6）模仿学习：一个孩子看到另一个孩子剥香蕉。

（7）教学学习：父母向孩子展示如何剥香蕉。

要识别隐藏的原因，就必须经历一个超越可感知内容的最佳解释推理过程。

将机器、动物与人类进行比较，我会根据机器和动物能完成这些类型学习的程度，对机器和动物进行评分。联想式学习和强化式学习需要多次重复，但是人类可以通过类比、因果关系、模仿和对少量案例（有时甚至只有一个案例）的教学来学习。例如，如果商店经理告诉你，花生在农产品区，你一般是不需要被再次告知的。

抽象

高级学习通常需要形成抽象概念。多数情况下，在商店购物是可以通过感知来完成的：看到香蕉或菜花之类的东西，就把它放到购物篮里。然而，人类并不局限于自己所能感觉和感知到的东西，因为我们可以对眼前的事物进行抽象化，形成更具概括性的范畴。你仅仅看到苹果和橙子，就能学习"苹果"和"橙子"这样的概念；但是，要学习"水果"这个更加概括和抽象的概念，则需要更高层级的推理来确定苹果和橙子之间的共同点，比如它们都有种子，种子长成果树，果树结出果实。在商店购物时，其他有用的抽象概念还包括"蔬菜""肉""免煮谷类""煮食谷类""苏打水"等。而更为抽象的范畴包括"农产品""干货""饮料"和"库存量单位"（SKU）。

如果你关注食品安全，那么你也就超越了感官体验。你想要避免食用那些被细菌和病毒污染的肉类、海鲜和其他食物，即使你看不到细菌和病毒。或许你会多花钱来购买有机食品，因为你认为农药对你的健康有害。此外，当你购买食品时，你是用钱来支付的。而"钱"是一个抽象概念，这一概念有赖于这样一个社会约定，就是可以用谁都看不见、摸不着的东西去换取食物、衣服等具体物品。"纸币"和"硬币"已然是抽象的概念了，而当你用信用卡或借记卡付款时，所用的钱更加远离了人们对纸币和硬币的感官体验。

科学家醉心于抽象概念，如"原子""力""相对论""细胞""基因"和"自然选择"。所有这些抽象概念都超越了感官经验，对重要的观察结果进行解释。抽象概念在科学形成之前就已然存在很长时间了，因为许多文化中的宗教概念，如"神灵""上帝"和"天使"等，所假定的因果关系都是超越了感知的。艺术家也超越了感官体验，使用了诸如"形式"和"美"等抽象概念。

以下是人类学习中所进行的各种抽象思维活动：

（1）形成涵盖物体共同感知属性的概念，例如"苹果"。

（2）形成涵盖物体的感知关系属性的概念，例如，"较小—较大""相同—不同""上方—下方"，以及"可食用—不可食用"。

（3）形成包含物体的隐藏原因的概念，例如"分子""基因""信仰""神"。

我们将会看到，动物和现有的机器在上述第三种抽象思维活动上是达不到要求的。

创造

在商店中采购食品杂货，并不需要创造性就能有效完成，而且创造性通常并不是智识的必要条件。创造性始终离不开学习，但是学习可以没有创造性。然而，许多被视为科学发现、技术发明、艺术想象和社会创新领域中最具智慧的活动，都是富有创造性的。

人类活动的某种产物，例如一项发明，若是新颖的、有价值的、别出心裁的，那么就是有创造性的。采购食品杂货时，偶尔也会有创造性，比如你计划将买来的东西用一种别出心裁又讨喜的方式放在一起。例如，有时候我去购物，并没有什么明确的购物清单，而是遵循这样一个计划：无论是什么农产品，只要看起来最新鲜、最诱人，我就会购买。我不需要水果沙拉的食谱，因为我挑选的是品相最好的水果，可能最终搭配成的是一道别出心裁的沙拉。我曾经搭配出一道新式的沙拉：把果香浓郁的芒果、桃子和蓝莓拌在一起，淋上融化的黑巧克力。对我来说，我做出来的沙拉是新奇的（从互联网上的反馈来看也显然如此），而且这道沙拉也很有价值，因为那天来我家吃晚餐的客人都非常喜欢。对于这种不同寻常的搭配，他们也认为是别出心裁。

于是乎，到商店购物于我而言变成了一件创造性的事。总体而言，人们并非在生命中的每一天都有创造力，但是当科学家提出新的实验设计和假说来解释诸如相对论这样的实验结果时，就是有创造力的。当工程师发明像空调这样有价值的新设备时，他们就是有创造力的。由于创建了大学这样的新机构和诸如全民医疗保健这样的新项目，社会是有创新性的。绘画和书籍等具体产物明显体现了艺术的创造力，立体派和自由诗等新艺术手法也同样如此。

我们可以根据创造力所产生的事物、概念、假说或方法的新颖程度、与众不同的程度和价值程度，对创造力进行分级。天才就是做出许多具有高度创造性产品的人。

推理

所有的思考都需要推断，我将其理解为将概念、信念等心智表征转化为新的表征。推理有时被认为等同于推断，但我认为这两者是不同的。推断是由大脑进行的，数十亿个神经元并行运作，而且往往是无意识的。推断可以在视觉图像等非语言表征中运作，例如，你弄丢了雨伞之后，回想自己可能把伞忘在了哪里，用这种回忆的方式找到丢失的雨伞。相比之下，推理则是语言的、有意识的和社会性的活动，例如，我们用语言向他人说明应该相信什么或者做什么。推断实在是无处不在，因而无法被视为智识的标志，但是好的推理则是人们用自己的智力让别人对自己刮目相看的一种方式。

哲学家将推理分为演绎推理、归纳推理和溯因推理（解释性推理）。演绎推理是指从前提到结论，具有确定性，如在"假言推理"（modus ponens）中便是如此：如果是一个苹果，那么就有种子；那是一个苹果，因此它有种子。归纳推理具有不确定性，例如在"我见过的每个苹果都有种子，因此所有的苹果都有种子"这个概括性归纳中，其结论是站不住脚的，因为上网查询能发现，有人培育出过无籽苹果。

最后，溯因推理可以得出假说来解释令人费解的事情，例如，推断出是基因突变导致出现了无籽苹果。当医生在诊断究竟是什么疾病导致了患者的症状时，他们会进行溯因推理；当机械师找出是哪个部件坏了才导致你的车发生故障时，他们也会进行溯因推理。溯因推理需要解释，而解释则通常依赖于对因果关系的理解。

所有这三种推理对科学家来说都很重要：用演绎推理根据实验结果对所提出的理论进行预测，用归纳推理从观察到的结果中总结出实验现象，用溯因推理得出可以解释前述结果的假设原因。工程师在解决技术问题和设计新的解决方案时，也同样会使用这三种推理。演绎推理在社会规划中可能很少用到，但是对于设计医疗保健系统等项目而言，从经验中归纳学习、对因果关系假说进行溯因并接受这种因果关系假说，是举足轻重的。艺术家在用语言描述其非语言作品时，至少会进行一定的归纳推理和演绎推理。

情感

在人们的刻板印象中，情感与智力是背道而驰的，比如人们会被问及究竟是理性的还是感性的。柏拉图和之后的许多思想家认为，智力的一大关键在于保持对情感的克制。但是这一普遍的观点已经为心理学和神经科学的研究发现所动摇，因为根据这些发现，睿智地解决问题和情感体验是相互交织在一起的。

几种有意识的体验都对有效地购买食品有所裨益。感知并非仅仅是冷静地认识到桃是成熟的，还可以包括桃的气味是多么香甜这样的体验。感知不仅是推断，也是体验，这种体验将各种感觉与情感评判相结合，从而产生感情。

情感能够影响决定，因而也会促使人们不购买某些食品。你可能会伸手去拿一块奶酪，可是当你意识到这块奶酪价格不菲时，就会知难而退了。精打细算的感觉很好，因为这有助于你实现理性消费这一目标，而大手大脚则可能会让你深感内疚乃至羞愧。从更为积极的角度讲，如果购买某样东西令你感到踏实、坦然，那么你可能因此真的就会采用符合你目标——为你自己和一同进餐的人买到健康又舒心的食品——的方式去购物。你可能会由于好奇心或者对过去习惯的厌倦情绪而去购买新的东西。因此，睿智的食品采购思路不仅事关思考和推理，而且也可能受到一时兴起的情感的积极影响。当你购物时，你会运用自己的价值观，例如要健康饮食和节约开支。这不仅是偏好，还是情感目标，能够解释为什么比起一种商品，你更加中意另外一种。

情感智慧现在已经成了许多组织中的一个重要话题，因为一个人的成功不仅仅取决于纯粹的思维能力。许多社会问题都需要人们通过自我意识、自我调节、共情能力和激情等来理解和控制自己和他人的情绪，而所有这一切都需要运用情感。今天的科学家很少独自工作，他们需要巧妙运用情感来与合作者交往，并激励大家为完成科研任务而努力工作。艺术家用诸如爱美之心等情感来指导自己的工作，并改善与赞助人及观众的互动。因此，情感常常是智慧的一种特征，而不是智慧的障碍。

交流

在我常去购物的那个超市里，我有时会看到人们成双成对地购物，有时候会停下来讨论该买些什么。人们偶尔会在通道里停下脚步给家里打电话，核实需要购买些什么。在商店购物也需要交流，人们会向店员咨询诸如鱼是否新鲜或加工食品里是否含有花生等问题。在新冠疫情流行期间，商店在地板上画上箭头，以此同购物者交流，告之如何保持安全距离。

交流不过是商店购物中一个无足轻重的部分，却是许多其他智识活动不可或缺的组成部分。今天，大多数科学工作都是由团队完成的，而且大量的学术出版物都是合著的。进行实验、制造仪器、解读数据和撰写论文这些过程都离不开交流。无独有偶，社会活动和技术生产也几乎不可能是个人活动，而是需要人们进行长时间的、卓有成效的交流才能完成。艺术想象虽然更有可能是一种个人活动，但是画家和音乐家等艺术家往往会从与其他人的交流中受益。例如，巴勃罗·毕加索（Pablo Picasso）和乔治·布拉克（Georges Braque）

就是在共用一个工作室的七年里共同创立了立体主义画派。

团队智慧不仅仅是团队中各个成员智慧的总和。团队成员之间的互动所取得的成就，是成员个人无法取得的。因此，一个人之所以睿智，其原因多是能够与其他人交流，能将专业知识与有时堪称创造性的共同成果结合起来。

行动

一旦你完成了感知、解决问题和学习，那么实施你深思熟虑的行动计划似乎就不难了。有些行动可以通过反射、本能或直接先例而自动完成。但是，有些行动可能需要智识才能完成，例如，你需要弄清楚，如何才能够到顶层食品货架上的一盒麦片，或者推着购物车从其他两个购物者之间的缝隙中挤过去。

到商店购物固然不像跳芭蕾舞或者打篮球那样复杂，但是要想拿到自己想要的东西，依然需要手脚协调才行。同样地，画家和雕塑家必须弄清楚如何用自己的肢体来实现自己的审美目标。无论是科学家在实验室使用设备，还是外科医生在手术室运用仪器，抑或机械师在修理汽车时使用工具，人们在行动中运用智识都是大有裨益的。因此，肢体动作是智识的一个重要特征，我们在将机器、动物与人类进行比较时应予以考虑。

至此，我已经提出了智识的 12 个典型特征：感知、解决问题、规划、决定、理解、学习、抽象、创造、推理、情感、交流和行动。这个清单或许还需要修改，但还是可以权且作为一份检查清单，用来评估机器和动物相对于人类的智识状况。这份清单也为一个尚能自圆其说的智识理论提供了一组解释目标，而该智识理论应该能够说明人类是如何拥有这些特征的。现有的各种智识理论无法提供这样的解释说明，但是心理机制却可以解释所有这些特征的起源。

智识理论

　　什么是科学理论？在物理学和经济学中，理论通常是一组可以用来产生预测的数学方程式。在历史学等社会科学中，理论则通常只是关于事物如何产生的文字叙述。但是在生物学和心理学中，现有的最佳理论就是对机制的描述。在生物学中，身体如何工作是由细胞理论来解释的；根据该理论，身体是由细胞组成的，而细胞通过化学方式连接在一起，构成了使身体机能得以运行的组织和器官。神经科学所研究的机制则是以神经元为基本单位，神经元之间的连接点是神经突触，神经元之间的相互作用包括相互刺激和抑制，并由此产生了种种放电模式。

　　在认知心理学中，我们对思维的神经基础的理解正在迅速增长，不过，即使没有一直探究到神经元层面，对心理机制进行研究也是有用的。在这样的研究中，心理机制是由心理表征组成的，例如图像、概念和规则等，而互动则是针对表征进行的、产生推断的计算过程。例如，你可以通过演绎法，根据猫是哺乳动物，而所有的哺乳动物都有两只耳朵，从而推断出猫有几只耳朵。你也可以在脑海中回想你最喜欢的猫，然后数出它们头上长了几只耳朵。

　　随着20世纪60年代认知心理学和80年代认知神经科学的发展，心理学出现了机械论转变，而大多数研究智识的人员则忽视了这种转变。他们有时会把处理速度和工作记忆能力作为智识的组成部分，却忽视了负责这些组成部分的神经或心理机制。关于智商的研究工作在很大程度上是经验性的和统计性的，尽管一些研究人员提出，人类拥有一个被称为 g 的一般因子，因此才得以在各种智商测试和学校任务中取得优异成绩，却鲜有人从心理机制或神经机制的角度

来阐述 g 因子。

罗伯特·斯腾伯格和霍华德·加德纳（Howard Gardner）对智识的解释比智商更为宽泛，因而两人颇有声望，但是他们提出的是分类法而不是解释性理论。斯腾伯格的"三元理论"（triarchic theory）将智识划分为分析性智识（即智商所衡量的部分）、创造性智识和实践性智识，但是对于这三类智识是如何分出来的，却语焉不详。同样地，加德纳提出的"多元智识论"（multiple intelligences）超越了智商的逻辑和语言成分，包括数学、视觉—空间、身体运动、音乐、人际关系和个人内在智识等。这些扩展是有用的，因为从解决问题和学习的意义上说，人类的大脑的确有不同的智识方式。但斯腾伯格和加德纳没有从机制的角度对这些划分方式的运作过程进行说明。

相比之下，认知科学中的各种理论则描述了解决问题和学习的过程是如何利用心理机制和神经机制的。这些理论通常被框定为"认知架构"，而不是智识理论，因为智识在历史上是与智商联系在一起的。我无意对人们提出的各种认知架构进行面面俱到的综述，而是简要阐述其中我认为最有说服力的一种理论，并指出它如何为智识的 12 个特征提供解释。

智识的特征和智识的机制之间的关系，就如同医学上症状和疾病之间的关系一样。特征和症状是一种描述，迫切需要用机制来解释。例如，如果你出现了皮疹和剧痛，医生可能会用这样一个假设来解释这些症状：你患有带状疱疹，这种疾病是重新激活源于水痘的带状疱疹病毒的内在机制所导致的。就像疾病可以解释症状一样，心理机制和神经机制也应该能够解释智识的特征。

心理机制

模糊的建构，例如用 g 代表一般智识，以及粗糙的分类法，例如"多元智识论"等，并不能提供多少解释。幸运的是，认知科学已经确定了一套看上去可信、具有合理适用范围的机制。我在 2019 年出版的《脑和心智——从神经元到意识和创造力》（*Brain-Mind: From Neurons to Consciousness and Creativity*）一书中对这些机制进行了详细的论述，在此只是概述如何通过意象、概念、规则、类比、情感、语言、有意图的行动和意识的心理机制来解释思维和智识。

对于这八种心理机制，我将在下文描述它们是如何影响购物和智商测试结果的。这些机制在运转方面的个体差异则解释了智力和智商测试成绩的差异。

意象

想象一下你最喜欢的商店，然后尝试回答问题：苹果和西红柿是放在同一排吗？当我做这个练习时，我可以知道苹果与西红柿的位置相距两排。有些人或许会通过文字推理来完成这项任务，例如，设想苹果在第二排，西红柿在第四排，4-2=2，因此苹果所在的那一排与西红柿所在的那一排相距两排。但是，对于我和其他大多数人来说，凭借心理上对各排的想象图景，不需要任何言语推理就能回答这个问题。

除了视觉，意象还能与其他感官协同运作。如果你在考虑把苹果和香蕉放在一起做成水果沙拉，你就能想象出苹果是什么味道，香蕉是什么味道，以及把它们放在一起又会是什么味道。如果你在商店广播中听到了你的名字，你就能在脑海中重复这个通知，以确定是否真的是在叫你的名字。你可以闻一闻哈密瓜的味道，然后试着将这种味道与记忆中的成熟和不成熟的哈密瓜进行比较。如果你想买一条毛巾，那么就可以运用触觉意象，感觉这条毛巾是否像你最喜欢的毛巾那样柔软。精神意象在动觉智识中也有用武之地，动觉智识使用身体意象来完成诸如体育运动等任务。

意象对于某些智商测试也很有用。通常，在教育环境中，当智力评估不宜依赖于特定语言知识时，瑞文矩阵图（Raven's matrices）就可以用作一种非语言智力测验。图 2.3 展示了一个样本问题，需要识别缺失的第九个图案。有些人可能会把相关信息转换成文字，但对我来说，用视觉表征反而更容易操作些。我得出了在前两行中产生第三个图案的意象规则，然后将同样的规则应用到最下面一行。就像前文超市中那个例子一样，智力依赖于操纵心理意象的能力。

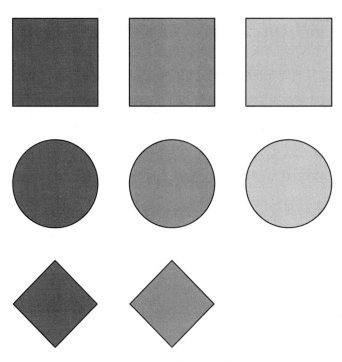

图 2.3　与瑞文矩阵图类似的任务

我认为意象是一种机制，而不仅是一种特征，因为意象具有组成部分（图像及其元素）和相互作用（例如，组合、旋转、缩放）这些可以产生规律的变化。在《脑和心智——从神经元到意识和创造力》一书中，我展示了如何将这些思维机制转化为神经机制。

概念

概念是经常用文字呈现的心理表征。例如，你在商店可以使用诸如"咖啡""格兰诺拉麦片"和"牛奶"这样的概念，每个概念都有相应的单词。但是，概念超越了语言，因为它融入了感官意象，例如咖啡的味道、格兰诺拉麦片的松脆口感和牛奶的乳白色。此外，你可能会有一些自己无法用语言表达的概念，比如蓝纹奶酪的气味。这种气味既适用于意大利戈尔贡佐拉蓝纹奶酪，也适用于英国斯蒂尔顿蓝纹奶酪。受过教育的人认识几万个单词，而他们知晓的概念则更多。

概念在智能问题解决中扮演着许多角色。你可以用"柠檬"和"酸橙"这样的概念来识别相似的水果。如果你将某物归类为酸橙，那么你就已经准许了就其做出许多推论，如可以把它榨好放到金汤力酒中。概念也可以作为恢复记忆的线索，例如，想到咖啡时，你就会想起或许还需要咖啡过滤器。对于那些更为复杂的、涉及规则和类比的推论而言，概念也是至关重要的。下文将讨论这些规则和类比。

掌握概念对于回答智商测试中的语言知识问题而言至关重要。要回答方框 2.1 中的问题，你需要理解"爱说话""工作""欣喜若狂""愤怒""空谈""健谈"等概念的含义，并且能完成对各组概念的含义进行比较这一任务。

像意象一样，概念可以算作一种机制，而不仅仅是一种特征，因为它们有非常明确的相互作用，可以组合成更复杂的概念，例如，

"自然"和"选择"结合后形成"自然选择"。我所写的《脑和心智——从神经元到意识和创造力》一书将概念作为精神机制和神经机制进行了全面的分析。

方框 2.1　依赖于概念的智商测试题目示例

从每组中各找出一个词语，组成意思最接近的一对词语：

A 组
爱说话、工作、欣喜若狂

B 组
愤怒、空谈、健谈

选项
a. 爱说话—空谈
b. 工作—生气
c. 爱说话—健谈
d. 欣喜若狂—愤怒

正确答案
c. 爱说话—健谈

规则

　　规则是一种心理表征。它使用一个以上的概念。这些概念通过"如果—那么"的关系连接起来，例如"如果某物是柠檬，那么它就是黄色的"。在认知科学中，规则指的是许多一般性的陈述，而不仅仅指诸如"如果你购买的商品少于 8 件，那么请你走快速结账通道"这样的规定。这样的规则可以将一系列推论串联起来解决问题，例如，"那个水果是黄色的，所以它不是青柠，因此我不想用它来做金汤力酒"。规则对于表达概念之间更为复杂的关系也很有用。比如说，你想做一份健康的沙拉，那么就应当买生菜、西红柿和黄瓜。疫情带来了新的规则，例如要去买菜就必须戴上口罩。

规则对于产生解释也很有用。如果你正在考虑购买一些鱼，而你注意到虹鳟看起来有点发黏，那么你就可以使用"如果鱼不新鲜了，就会变得黏糊糊的"这一规则来做出"鱼不新鲜了"这一解释。规则也可以用来做决定，就像我的规则一样：如果按照菜谱我需要白鲑（whitefish）来做菜，而且有不同品种的白鲑可供选择，那么就选看起来最新鲜的鱼。

规则对于解答智商测试中的问题往往很有用。要得出方框 2.2 中问题的答案，你就需要知道背景规则，即人的年龄是以相同的速度增加的，都是每年增加 1 岁。你还需要掌握一些数学规则，如 3×4=12，这样你就可以算出约翰的弟弟现在 4 岁。

方框 2.2　一则需要利用规则来回答的智商测试问题

约翰 12 岁了，他的年龄是他弟弟年龄的 3 倍。当约翰的年龄是他弟弟年龄的 2 倍时，约翰是几岁？

选项
15　16　18　20　21

要学会更好地解决问题，就需要学习新的规则。一些规则可能是与生俱来的，例如，新生婴儿会认识到乳汁的味道很好。但是大多数规则都是需要学习才能掌握的，例如有人教你，成熟的西瓜敲击时会发出空洞的声音。如果你尝了几个史密斯奶奶苹果[①]，发现是酸的，那么你就可能归纳出一个结论，不应该购买这种苹果。要对超出个人经验的规则进行推论，需要更复杂的推理，例如，推断出鱼之所以有臭味，是因为它滋生了细菌。

---

① 即澳洲青苹。——译者注

类比

　　如果有合用的一般规则，那么超市购物和其他问题都是非常容易解决的。但是对于许多新的情况，人们并没有足够的规则和概念来得出答案。类推法能够让你凭借一个本不足以产生规则的先例来解决问题。人类在许许多多的领域都在应用类比，例如笑话、日常问题的解决和科学发现。

　　假设你这辈子到目前为止只有一次弃用菜谱自创了一道水果沙拉，用料有草莓、香蕉、苹果、橙子和蓝莓，但是你邀请来吃晚饭的那些客人吃了之后都赞不绝口。你可以如法炮制，再次做同样的沙拉。可是当你去购物的时候，发现蓝莓没有了。在这种情况下，你可以转而决定用覆盆子代替蓝莓，做一种类似的沙拉。

　　认知科学家已经弄清楚，是什么样的心理机制使人类得以使用诸如科学发现这样更高级的类比。按照这些机制，你面对的是一个目标问题，比如做什么样的甜点。而源问题则是一个在先前的案例中行之有效的解决方案，即你的第一份水果沙拉的做法。你需要对源问题进行变通，使之适应目标问题，从而产生目标问题的解决方案。这样做不仅要用到诸如"水果"等简单的概念，而且还要用到更为复杂的关系，例如"大小相同"和"甜度近似"。将源问题映射到目标问题要遵循多种约束，比如保持结构安排：你要做的是把水果放进碗里，而不是把碗放到水果里。

　　智商测试中经常使用类比，如前文图 2.3 中的测试就使用了一种需要意象的视觉类比。米勒类比测试（The Miller Analogies Test）完全由类比组成。类比在智力上颇具挑战性，因为要进行类比，大脑就必须在工作记忆中同时保持对源问题和目标问题的记忆，并且依赖相当多的语言和世界知识。例如，要回答方框 2.3 中的问题，你就必须掌握"兄弟""姐妹""侄女"和"侄子"等概念，并且知道兄弟是男性、姐妹是女性等规则。而且，你还必须搞清楚，兄（弟）和妹（姐）之间最相关的区别是两者中一个是男的，一个是女的，然后把这个关系转移到"侄女"这个概念上。

方框2.3　智商测试中使用类比的题目示例

> **以下五个选项中哪一项是最佳类比对象？**
>
> 兄弟之于姐妹就像侄女之于：
> 母亲　女儿　阿姨　叔叔　侄子

善于进行类比，既需要文化学习，也需要心智处理能力。要解决方框2.4中的类比问题，就必须知道作曲和绘画都是产生艺术作品的方式，还要知道莫奈（Claude Monet）是一位画家。只有那些业已掌握了诸如"作曲"这样的概念并且了解不同作曲家和画家的人才能解答这个问题。这个问题对工作记忆也是一个挑战，因为你必须记住不同的艺术家、艺术实践及其关系。如果智商测试或者考试有时间限制，那么处理速度也很重要。个体差异是教育背景和心智能力综合作用的结果。

方框2.4　智商测试中的类比题目

> 巴赫：作曲::莫奈：
> a.绘画　b.作曲　c.写作　d.演讲

很小的孩子在类比方面会感到吃力，但是等他们长到4岁左右，就具备了足以理解各种关系之间关系的记忆能力了，例如，认识到寓言和现实生活之间的对应关系。要提高类比能力，部分在于要学习大量作为源问题的案例，然后这些案例就可以用来为目标问题提出新的解决方案。如果你了解很多烹饪食谱，那么就有了大量的资源储备，可以通过类比来自创新的食谱。在提高工作记忆能力和处理速度方面，你能做的并不多。不过，如果你能通过自学来增加自己掌握的源问题，并且能够识别那些需要类比思维的问题，就能够更为有效地进行类比，从而变得更加睿智。

情感

　　情感有时会对在超市有效购物造成妨碍，例如你一时头脑发热，购买了大量昂贵的牛里脊。不过，情感也在多个重要方面对智识有贡献。情感对智识行为有六大主要贡献：评估、信息、注意力、动机、记忆和交流。

　　第一，情感对你的表现提供了一种持续的评估。对拟采购产品的评估有时可以通过数字成本效益计算来进行。这种计算很费时间，而且依赖于数字信息，而这种数字信息又不容易获得。相比之下，你可以借助某种情感——从热衷到厌恶——来快速而有效地评估商店里的某个产品。

　　第二，情感提供了有关你可能采取的行动与你的目标之间相关度的信息。或许你连自己的目标是什么都不知道，但是如果你发现自己真的很想买某种价格不菲的奶酪，那么你可能会意识到，你更关心的是得到美味的食物，而不是省钱。

　　第三，情感有助于你把注意力集中在对你重要的事情上。我觉得去商店购物很无聊，因而在购物过程中，思绪往往会不由自主地转移到个人和职业话题上去。但是这样一来，我会对自己感到很懊恼。这种懊恼之情会帮助我重新把精力集中到购物上来，采购需要的食物，为自己提供能量，好让自己从事更为有趣的活动。

　　第四，情感提供了实施行动的动机。由于我不喜欢去超市购物，所以需要去超市的动机，比如担心食物吃完后自己会挨饿，或者想让客人开心。我的橱柜空了，所以应该动身去超市。这种纯粹的文字推断，不如恐惧或者欲望这样的心境对我的行为施加的影响力大。情感也有助于在人们之间形成纽带，促使他们一起生活和工作。

第五，情感能帮助人们确定什么是值得记忆的重要内容，又为回忆相关事件提供线索，因而有助于记忆。例如，如果我在超市里打碎了一罐泡菜，让自己大丢脸面，那么这种强烈的情绪就会促使我记住这个事件，并在日后需要更小心地取放罐子的时候，回忆起这件事来。

第六，情感有助于人们就精神状态进行交流。如果我在说"谢谢你"的时候对收银员真诚地微笑，我就是在向对方表达我对自己所得到的帮助感到非常满意。相反，如果我在卖鱼的柜台前对一个动作迟钝、笨手笨脚的人怒目而视，那么我就是在表达对自己得到的服务感到不满和恼火。

目前，关于情感的理论针对情感的运作提出了不同的机制。一些理论家声称情感属于评价，是对某种情况在多大程度上满足目标所做出的判断。另一些理论家则强调情感是由你的大脑所解读的身体上的变化。我更欣赏关于情感的一种新理论，这一理论描述了大脑是如何将评价和生理相结合的，同时还考虑到了社会背景。就购物而言，情感来自一种大脑机制，这种机制会在无意识的情况下评估购买某物在多大程度上达成了你的目标，同时又会察觉购买东西所引发的生理反应，例如心率。

语言

如方框 2.2、方框 2.3 和方框 2.4 所示，语言能力是智商测试的一个重要组成部分。这是因为语言技能也是在教育和工作方面取得成功的一大预测因素。语言对于超市购物和许多其他任务也非常有用。我在超市里经常阅读营养标签，以了解食物的成分、热量，以及碳水化合物与纤维的比例。在我用概念、规则和类比做出的推论中，多数都使用了语言，尽管意象和情感表明，思想不仅仅是语言。

语言机制将句法学、语义学和语用学结合到了一起，用于解决问题和学习。

句法学关注句子的结构，例如，体现"玛丽想要食物"和"食物想要玛丽"这两个句子之间的差异。句法学的心理机制包括将句子分解成成分的机制和将成分合并成新句子的机制。

句法学与语义学紧密结合。语义学关注的是单词和句子的意义。语义学有两大至关重要的问题，即单词是如何因为与其他单词相互关联而具有意义的，以及单词如何与世界相关联。单词相对于世界的意义来自它与感知的联系，例如，你通过看到、触摸现实中的猫和听到猫叫声来学习词语"猫"的意义。单词与单词的对应意义来自单词和头脑中相应概念之间的联系。通过了解到猫是哺乳动物这一点，你可以通过"猫"和"哺乳动物"这两个概念之间的心理联系来扩展对这两个词的理解。语义学的心理机制跟踪句法的分析和合并操作，借此理解和生成有意义的句子。

语用学关注的是语境和目的。语言往往是模糊的，要解决智商测试或现实生活中的问题，就需要在特定的语境中确定语言是什么意思，例如，河岸（bank）与银行（bank）是不同的。语词的产生是有目的的，而不是随机的，掌握一句话的认知功能或社会功能是以智识方式使用语言的重要特征。为了掌握语境和目的，需要用到的心理机制包括，通过词和句子的表征之间的相互作用，来满足不同解释之间的约束条件。

语言的计算机模型往往首先在语法上下功夫，然后再加上语义，也许还能解决一些语用学问题。人的大脑之所以在语言方面表现出色，是因为它处理语言的平行过程由数十亿个神经元执行，可以同时管理句法、语义和语用。人们可以迅速说出和理解复杂的句子，其效率远远超过其他动物和目前的计算机。

有意图的行动

我之所以把行动作为智识的特征之一，是因为做事要落到实处，而不能仅仅止于幻想，这一点是非常重要的。行动可以通过反射自动完成，比如躲避扔过来的石头，也可以在日常行为中自动完成，比如走路。智识行动之所以有别于自动行动，在于它源自意图。例如，我去商店是有买食品的意图，同时还要受到诸如乐趣、成本、健康和时间等各方面的约束。那么意图是通过哪些机制落实到行动上的呢？

根据常识心理学，行动是因为信念、愿望和意图而产生的。如果我相信吃菠菜是有益健康的，并且我希望保持健康，那么我就会形成购买菠菜的意图，从而导致购买菠菜的行动。信念是人们对世界的看法，愿望是他们所希望世界变成的样子，而意图则是执行行动、实现预期结果的决心。信念、愿望和意图这三者的表征相互作用，从而导致了对行动的选择。

当人类的信念、愿望和意图的相互作用在大脑的运动皮质（大脑的运动皮质负责指示身体采取行动）产生活动时，这些信念、愿望和意图就会促使人类做出行动。例如，当我在商店看到菠菜时，我的意图——来源于我的信念和愿望——促使我的大脑运动皮质带动我的手臂拿起菠菜，然后放入购物车。托拜厄斯·施罗德（Tobias schröder）、特里·斯图尔特（Terry Stewart）和我开发了一个神经计算模型，研究六个脑区之间的相互作用如何产生特定的结果。我们把信念解释为世界的神经表征，把愿望解释为情感，把意图解释为若干神经过程，这三者综合了情境表征、对情境所做的情感评价和行动。

意图并非总能导致行动，因为人类可能会由于三心二意或者受到诱惑，转而去做更让他们心动的事情。例如，当我正要伸手去拿豆腐的时候，一包昂贵且油腻的布里干酪却吸引了我的目光。于是乎，我的反应可能会是见异思迁，赶紧去抓那包布里干酪，而不是那块不受待见的豆腐。要做出更为明智的行动，就必须牢记所有相关的目标，比如健康和财富，从而在充分考虑相关信念和愿望之后——而不是单凭一时兴起——采取行动。人们能够在多大程度上根据长期目标——而不是眼前的诱惑——做出决定，这方面人与人之间是存在差异的。这就如同那个著名的实验一样：孩子们可以立即得到一块棉花糖，也可以在等待一段时间之后得到两块棉花糖，他们必须在这两个选项之间做出选择。

意识

你或许会怀疑意识究竟是否算得上智识的一个特征，更不要说是一种机制了。截至目前，我已经描述了情绪和情感对智识的重要性，现在，我期望能有一种关于意识的理论来解释感情是如何运作的。人们能够意识到自身的体验，比如脚趾被踢到之后会感到疼痛，能够意识到自己看到了一个西瓜，能够意识到快乐等情感，能够意识到自己的思想，比如我意识到自己正在写这一段文字。一种关于意识的理论应该提供若干机制，用来解释所有这些体验的发生和特征。

意识至少在三方面对睿智的行动有所贡献。

首先，它能促使注意力集中在与做出明智决定相关的因素上，例如，我清醒地意识到，我应该买豆腐而不是布里干酪。意识能够打断下意识的处理过程，促使人类对更为广泛的因素进行认真的思索。这种专注推动力十足，因为，如果你能够清楚地意识到手指疼痛，而不是仅仅担心抽象意义上的疼痛，那么你就更有可能针对疼痛的手指而采取行动。感情通常包括意识的清醒，而这对评估、信息、注意力、动机、记忆和交流都很重要。

例如，当我刚刚开始撰写本书第 5 章时，很难静下心来写作。这种情况对我而言是很少见的，因为我很少遇到写作瓶颈。当我停下来有意识地扪心自问，为什么写作进展得如此不顺利时，我很快就意识到了答案：因为第 5 章很无聊！于是我把第 5 章，连同与之类似的第 6、第 7、第 8 章都一并给废弃了，然后想出了一个引人入胜的新方案来撰写本书的后半部分。要不是因为这种有意识的打断，我可能会继续卡在那个无聊的章节和蹩脚的方案之中动弹不得。在更为惊险的情形下，能够起到打断作用的意识也是非常宝贵的，例如，蛇发出的"嘶嘶"声，可以让你把注意力从正在做的任何事情上转移开。意识使你能够抽身出来，更加深思熟虑，并找出解决问题的常规方法中有哪些不妥之处。

其次，意识对于整合来自不同感官的输入也是有用的。例如，你把苹果的外观、手感、味道和气味联系在一起。意识还有助于调和感官之间的冲突，比如当看起来像苹果的东西尝起来却像梨的时候。意识提供了对多样化复杂环境的统合模拟，使得人们更容易了解环境。

最后，在社交场合，意识往往大有裨益。弄清别人心里在想些什么的重要途径之一是移情，也就是把自己放在别人的位置上，体验与他类似的情绪。有意识的共情能帮助我们解释他人的做法并预测他人可能会做什么。没有意识，人们就无法揣测他人的感受，从而也就无法进行高效的社会合作。

在教育方面，意识也是很有价值的。经验丰富的司机、运动员或音乐家在不经意的情况下依然可以有效地工作。但是，那些想要把自己的知识传授给他人的专家可能就需要抽身出来，对自己正在做的事保持清醒的意识，例如，用特定的手法扳动变速挡杆，让别人如法炮制。因此，意识对智识思维做出了重要的贡献：目标相关的注意力、对不同感官输入的融合、共情理解和教学。

有些关于意识的理论只关注心理过程，例如，主张意识的特征是具有关于表征的表征。不过到了1994年，弗朗西斯·克里克（Francis Crick）开创了一种理论，试图通过大脑各区域——比如屏状核——之间的相互作用来解释意识。当前的神经理论包括：斯塔尼斯拉斯·德阿纳（Stanislas Dehaene）的观点，即意识是大脑皮质内的信息传播；朱利奥·托诺尼（Giulio Tononi）的主张，即意识是信息的整合；以及我自己的说法，即意识是神经表征之间竞争的结果。关于有意识的体验的成因，目前仍有许多内容有待探究，但是神经科学已经开始为解释感情打下基础了。

对机制的总结

我关于智识的理论包括8种机制。这些机制为12种特征提供了解释。其他的心理机制和神经机制或许也有助于智识，但是这8种机制为将人类同机器、动物进行比较提供了一个良好的开端。有望成为第9种机制的最佳候选者是记忆，包括对事件信息的存储和提取（情景记忆）、一般知识（语义记忆）和做事方法（程序记忆）。所有这些都可以用与意象、概念和其他类型的心理表征相关的机制来加以解释。

表2.1总结了这些机制是如何由相互联系的部件组成的，而正是这些部件之间的相互作用产生了对智能行为而言非常重要的变化。我所写

的《脑和心智——从神经元到意识和创造力》一书展示了如何可以通过一套通用的神经机制来实现所有这8种思维机制，其中许多机制已被计算机模拟出来。

表2.1　智识机制概况

机制	组成部件	连接方式	相互作用	变化
意象	感官表征，例如视觉	成分	组合、并列、聚焦等	新意象的构建，结论
概念	类词表征	联系、种类	组合、修改	分类、推论、形成
规则	"如果—那么"表征	"如果"和"那么"部分的连接	演绎、归纳和溯因推论	新的信念和规则
类比	对象、关系、源和目标类比物	绑定到结构	检索、映射、转移	利用资源解决目标问题
情感	情景、感受	强度、抗体效价	评估和生理变化	对情景的感觉
语言	单词、句子	句法结构	词组构成句子，句子构成段落	话语、理解
有意图的行动	信念、愿望、意图	情景的表征	推论	行动
意识	心理表征	推论	竞争	经验

要解释智识的12个特征，就离不开这些机制。例如，人类根据情况和目标，使用意象、概念、规则、类比、情感和语言，以各种方式解决问题。问题情境有时用语言来呈现，但也可以用视觉或其他类型的意象来描述，例如采用心象地图描述导航问题。在熟悉的问题中，你可能会有一个既定的概念，它会马上告诉你该去做什么，例如，你将某种情况识别为商店的结账队列，并应用你关于"商店"的概念。

在比较复杂的情形下，你可能需要使用规则进行一系列的推理，找出一条从现状通往目标的路径。如果你没有现成的相关规则，可以通过将现有问题与此前某个问题相类比来解决问题。情感之所以对解决问题有所裨益，是因为伴随目标而来的是对达到目标的渴望和对失败的恐惧。情感为解决问题提供投入，不过当解决问题让你感到快乐或兴奋时，情感也能提供输出。此外，当你被热情、无聊、焦虑、挫折或失望等情感所影响时，情感也会伴随在解决问题的过程中。

当目标、情境和推论是用词语和句子呈现出来时，语言就有助于问题的解决。语言还使人类得以从感知表征中脱离出来，利用诸如"原子""精神状态"这种隐藏的原因来理解问题。那些需要在现实世界中采取行动的问题，在一定程度上是要形成意图才能解决的，而且这种意图是行动的动因。最后，当意识对问题处理过程产生有益的打断或社会互动时，也有助于解决问题。

因此，这一将智识视为多重机制的理论为解决问题的过程提供了一套全面的解释，而且类似的解释还可以适用于智识的其他 11 个特征，比如学习等。这种解释比 g 因子或斯腾伯格和加德纳的分类法都更为广泛、深入，也更符合生物学解释的标准。

个体差异

为什么有些人会比其他人聪明，不仅在商店购物和智商测试方面能力强于他人，在科学、技术、艺术和社会创新领域的成就也高人一等？一般来说，如果一套机制较之另外一套机制，具备更加优质的部件、更加优良的连接方式和更加卓越的相互作用，因此带来的变化能够更充分地达到该机制的目的，那么这套机制就比另一套机制更为出色。

有鉴于此，如果有些人具有更多的意象、概念、规则、类比、情感、语言元素、意图和有意识的经验，那么我们就应该顺理成章地认为，他们更聪明。在这方面，人与人之间存在巨大的个体差异。人们之间也因为文化背景的不同而具有不同的概念、规则和类比。

这些部件之间的相互作用可能会受到生物因素的影响，如处理速度和工作记忆能力等，但这些差异的神经基础是什么，尚不清楚。情绪智力方面的个体差异可能来自那些导致不同情绪反应的生理差异和大脑结构方面的生物学差异。例如，有些精神病患者是没有能力去关心他人的，也没有能力体恤他人的痛苦情感。但是大多数人能够通过心理疗法来提高自己调节情绪的能力，并通过学习来更好地理解他人的情感。这种可能实现的改善有一个例证：人们发现，那些爱读富含情感描写的文学小说的人，比那些只阅读动作故事的人更善于与他人共情。

语言能力的个体差异部分地是由于人们语言处理方面的先天差异，但大多数差异更有可能是由文化学习的不同造成的。获取大量的词汇来理解和运用语言需要充足的时间和社会交往。同样，要掌握复杂的句法，就离不开通过倾听许许多多句子积累而来的文化经验。如果人们阅读深奥微妙的散文，那么他们掌握的句法就会更为出色。如果人们能更多地接触各种不同的场景和限制条件，那么这将对他们务实有效地理解背景和目的大有裨益。

你可能会质疑，人类是否真有那么高明，因为丹尼尔·卡内曼（Daniel Kahneman）等心理学家发现，人类经常会表现出几十种认知和情感方面的偏见。此外，人类使自己陷入了许多困境，如全球变暖、人口增长，还曾选出了大权在握却只顾一己私利的领导人。话虽如此，我们这个物种在世界各地传播和发展艺术、科学、技术和治理经验，在此方面还是取得了巨大成就。这表明，人类拥有解决问题和学习的能力，而这正是智慧的标志。

智识的基准

上述 12 个特征和 8 种机制提出了以下问题，并为评估机器智能和动物智慧提供了一套基准：某个机器或动物在多大程度上展示了人类智能的各个特征？它们在多大程度上运用了那些解释人类智识的机制？鉴于现有的机器智能多种多样，形式不一，它们整体而言在多大程度上堪与人类的能力（即完整的功能和机制列表所示的那些能力）相比较？找出差距有助于指导研究和开发，为机器提供这些能力，同时，也有助于找到方法保护人类免受危险智能机器的伤害（详见第 7 章）。

为了使比较显得生动直观，我将按照 A、B、C 和 F 这几个等级，依照上述每个基准，对人工智能程序和动物进行评级。

A 级意味着机器人或动物在该基准上实际已经可以与人类等量齐观了，因此我们人类在自己的成绩单上得到的都是 A。我忽略了一些复杂因素，比如某些人在一些基准测试中比其他人表现得更好，某些机器和某些动物在某些方面优于人类。又比如计算机在算数方面比人类优秀，鹰的视力比人类好。

B 级则意味着机器人或动物缺乏在人类身上发现的特征或机制中的某些方面，而 C 级则意味着缺乏其中许多方面。例如，我在对学习的描述中列出了人类可以进行的七种学习，因此，如果机器或动物拥有其中的大部分，就会得到 B，如果只拥有其中少部分，就会得到 C。F 级意味着机器人或动物完全无法展现出相关特征或机制。

不过我们也要认识到，机器最终可能通过人类编程或者自行编程来获得那些缺失的特征。

为种类以百万计的动物做出基准打分报告卡，或者哪怕是仅仅给数百个令人称奇的人工智能程序提供基准打分报告卡，都是无法承受之重。幸运的是，我在第 1 章中提到的六款智能机器和六种智慧动物揭示了相当多关于机器智能和动物智慧总体状况的信息，因此，让我们开始进行比较吧。

3 神奇的机器

    人工智能已然在改变你的生活了。如果你在亚马逊上买过东西或者在网飞上看过电影，那么你肯定收到了购买更多商品或观看更多电影的推荐。这些推荐是由机器学习算法的推荐系统提出的，而机器学习算法是利用你的消费历史来推测你接下来可能会喜欢什么。

    许多人使用诸如亚马逊的 Alexa、苹果的 Siri、谷歌的家庭助手（Home Assistant）或微软的小娜（Cortana）等语音识别工具同手机或电脑进行互动。这些设备需要利用人工智能来理解请求并生成回应。在有些机器上，你可以通过人脸识别来登录。该项技术也用于社会监控。你可能会发现，谷歌翻译在寻找不同语言的对应文本方面非常有用。如今机器人的使用越来越多，许多制造行业已经因此改头换面。即使你的汽车并没有人工智能的新功能，例如特斯拉的自动驾驶仪，你依然可以使用电子地图导航。它不仅能指明方向，还能为你提供最便捷的路线。2019 年，研究人员编写了一个程序，在扑克游戏中击败了几名高手，扑克玩家们也许会对此感到惊恐。

    人工智能的其他影响正在显现。10 年或 20 年后，无人驾驶汽车可能会广泛应用，而军事力量会越来越多地将杀手机器人编列其中。人机自然语言交互会不断改善，并将在你同政府、公司和医生的互动中发挥更大的作用。科学、技术和专业活动等领域则会因为有了解决问题和学习的自动化系统而如虎添翼。

但是，机器智能不会超越人类智能。人工智能领域自 1956 年以来就一直存在。1978 年，我读到了马文·明斯基（Marvin Minsky）撰写的一篇有关知识表征的精彩论文，对该领域产生了兴趣。正如第 1 章概述的六种智能机器所示，人工智能在过去十年间取得了令人瞩目的进步。在第 2 章，我提出了 20 项基准，用于评估机器智能和动物智慧在 12 个特征和 8 种机制方面与人类智识的比较结果。下面，对于每台智能机器，我将分别描述它会做什么，如何运转，以及在多大程度上符合基准。这些比较显示了当前的人工智能与人类智识之间的差距有多大。如果你想要查看总体结果，请跳到本章末尾查看表 3.1 和表 3.2 中的报告卡。

IBM 沃森机器人

1997 年，IBM 的国际象棋程序"深蓝"和人类国际象棋世界冠军进行了六场比赛，大获全胜。2004 年，IBM 接受了一项新的挑战，研发了一款能参加电视游戏节目《危险边缘》的计算机程序。这个节目要求选手理解线索并提出一个相关的问题。研发一款能在这一节目中参赛的程序，需要在大型信息数据库的管理、自然语言的理解、合理答案的生成和实时竞赛等方面取得诸多进展。IBM 以公司创始人的名字"沃森"为该程序命名。截至 2011 年，IBM 已经研发出了一款颇具竞赛实力的软件，并获准与《危险边缘》节目中两个实力最强的真人选手现场对决，结果沃森以绝对优势胜出。

它能做些什么

IBM 意识到，用于在那个电视节目中答题的技术，在医学、商业和法律等领域还有许多潜在的其他用途。此前，IBM作为硬件生产商曾经大获成功，如今，该公司计划在原有的基础上再创佳绩，为此将沃森作为力推的主要产品之一。沃森的商业应用领域包括客户服务、风险管理和税法等。

在医疗卫生领域，沃森推出了一项名为"沃森肿瘤治疗方案"（Watson for Oncology）的重大业务，以帮助医生改进癌症患者的治疗为宗旨。IBM与世界领先的癌症医院之一——纪念斯隆－凯特琳癌症中心（Memorial Sloan-Kettering）——合作，建立了一个关于患者治疗过程和结果的大型数据库。沃森还从医学教科书和期刊文章中获取了海量信息。在理想情形下，"沃森肿瘤治疗方案"系统应该为治疗提供建议，但是它却饱受争议，因为该系统需要投入大量的时间和金钱，却在患者护理方面没有取得切实可证的改进。

沃森还被用作科学研究的顾问，因为它能快速搜索大量的研究文献。这得益于一款名为"沃森发现"（Watson Discovery）的程序。该程序现已应用到包括遗传学和生物化学在内的生命科学领域。

另一个需要广泛使用大型数据库的领域是法律。人们根据沃森技术开发出了一款名为"ROSS"的程序，用于回答有关法律的问题，为律师提供协助。就像沃森在《危险边缘》问答节目和肿瘤治疗方面的应用一样，ROSS能够从大量的数据库中迅速提取可供参考的答案。

IBM在这方面最有趣的应用是"沃森大厨"。它凭借一个包含数以千计食谱的数据库来应答人们的查询并生成新的食谱。例如，你可以要求它找到一份使用鸡肉、菜花和芝麻油的食谱。它如果没有检索到这样一份食谱，就会自己生成一个。"沃森大厨"创作的食谱听起来颇为新颖，值得尝试，不过"沃森大厨"的网站现在已经不能使用了。

IBM在人工智能领域另一项令人瞩目的应用是2018年发布的

"辩手项目"（Project Debater）程序。只要为该程序指定任意一个辩论主题，它就能快速访问数以百万计的文档，处理自然语言并生成一个列表，表中列明了可以用作具体问题的正反两方面证据的内容。最令人印象深刻的是，无论指定该程序站在辩论中的哪一方，它都能生成逻辑连贯的论点，从而能够与训练有素的人类辩手进行有效的辩论。

它是如何运作的

图 3.1 显示了沃森参与《危险边缘》节目的步骤。沃森首先必须以线索的形式理解一个问题，例如，"在哪位总统的任期内美国正式承认了中华人民共和国政府是中国的唯一合法政府"。沃森使用算法来分析这个问题，确定它究竟问的是什么。它对该句子的语法进行分析，识别句子成分，如主语、谓语和宾语等。

接下来，沃森查阅了由多部百科全书和其他参考资料组成的、涵盖了数以百万计的文件的数据库，并借此对问题的答案提出了多种假说。沃森在参加《危险边缘》节目时，不被准许在互联网上进行实时查询，但是它凭借数据库生成了若干个候选答案，其中可能包括多位美国总统，如理查德·尼克松（Richard Nixon）、吉米·卡特（Jimmy Carter）和罗纳德·里根（Ronald Reagan）。

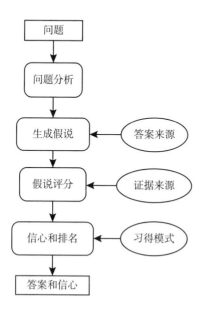

图 3.1　沃森回答问题的步骤

要想在《危险边缘》节目中

立于不败之地，沃森需要有一定程度的信心，相信自己的最佳答案是正确的，足以赢得比赛；同时，避免因为作答错误而受到惩罚。它使用不同类别的证据对假说进行评分，并使用其他算法来查询答案来源，而这些答案的词语排列模式表明该答案可能是正确的。这种评分方式使沃森能够对各个假说进行排序，并评估自己对最佳答案的信心。该评估是在学习如何加权和组合分数的基础上，采用统计学方法进行的，并且随着经验的积累，这种评估会越来越出色。综上所述，沃森得出了正确答案：在吉米·卡特担任美国总统期间，美国正式承认中华人民共和国政府是中国的唯一合法政府。

要想在《危险边缘》竞赛中取胜，参赛选手必须比对手更快地回答问题，而沃森在单台计算机上运行太慢了。因此，IBM 让沃森数百种寻找和评估答案的算法在多台计算机上各自独立运行，从而提高了它的速度。此外，沃森还必须使用参加《危险边缘》节目所需的专门算法，用于特定用途，例如选择答案的线索。

IBM 的研究人员已经证明，除了在《危险边缘》节目中大显身手，沃森的答题能力还有潜在的用武之地。例如，医学诊断就相当于试图回答关于什么疾病引起了症状的问题。沃森的最新版本广泛运用了深度学习，我将在本章后文对此进行解释。

功能基准

沃森是世界上大型计算机公司的一项重要成就。该公司声称沃森能够进行"认知计算"。沃森清楚地展现出了人类智识的一些核心特征。当沃森回答商业、科学、医疗和法律领域的问题时，它是在学习的基础上对可能的答案进行评估，并借此来解决问题。沃森运用其答案评分系统做出决策推荐，例如对癌症患者使用何种治疗方法。"辩手项目"能够给出支持或反对某一立场的理由，展现了自己的推理能力。"沃森大厨"能生成别出心裁且有点价值的食谱，这表明该程序具有创造。沃森能够接受人类输入的信息，并产生合理答案，这种能力体现了一种初级的交流方式。因此，沃森的确具备了人类智识的许多特征。

但沃森并不具备人类智识的其他特征。它可以通过语音转文字功能来处理一些听觉输入，但是却没有处理视觉、触觉、嗅觉或味觉输入的感知能力。它不具备从已有的概念中抽象出新概念的学习能力，例如，它不能产生可以解释癌症起因的新的理论观点。它给出的答案并没有被组织成可以呈现行动顺序的时间计划。它只能做出口头回答，不能独自执行任何实体动作，因为它并没有机器人接口。沃森具有语言理解能力，这点体现在它能够将语言输入转化为可理解的输出，但它不具备理解事情成因所需的那种深层次的因果知识。最后，沃森只是在为做事而做事，却并不具备丝毫的感官体验和情感。

机制基准

人类智知的 12 大特征中存在 8 种心理机制，就这点而言，沃森更具有局限性。沃森用句子的形式处理自然语言文本，因此它缺乏与概念对应的代表性结构。不过，从对词的处理还是能够看出，它能处理概念的某些方面。从更积极的角度来说，沃森储存了数以百万计的句子，包括"如果—那么"结构在内，因此还是具备一定的规则和与之相关的推理过程。

沃森具备许多在复杂语言使用中的机制，特别是具备使用句法信息分析和组成句子的能力。沃森具备一种语义，即从单词到单词的那种语义，却不具备感知和行动，这表明它缺少那种从单词到现实世界的语义。约翰·塞尔（John Searle）等哲学家声称，任何计算机都不可能产生在现实世界中具有意义的符号，但本章稍后讨论的自动驾驶汽车则驳斥了这种说法。尽管如此，大多数人工智能系统，包括沃森在内，在语义上都缺乏与世界关联的符号。

从人类智识的角度来看，沃森具有很大的缺陷，没有意象、类比、情感、有意图的行动和意识等机制。其中，类比是最容易被沃森采纳的机制，因为人工智能已经有了类比映射和检索的计算方法，例如肯·福布斯（Ken Forbus）和戴德雷·根特纳（Dedre Gentner）的"结构—映射"引擎。

评估

沃森既有令人叹服的成就，也有显而易见的局限性。它出色地实现了在《危险边缘》节目中击败顶级人类选手的最初目标。"沃森大厨"可以生成有创造性的食谱。沃森的商业应用程序目前在纳税申报准备、汽车咨询和银行业等领域运行。"沃森肿瘤治疗方案"项目在治疗多种癌症方面的专业知识接近人类，其功能正在向其他领域扩展。无论是针对什么主题，"辩手项目"程序几乎都能提出论点来，这着实令人称奇。沃森这种应用范围表明，IBM 在人工智能方面的工作非同凡响。

沃森之所以成功，是因为整合了智能的若干个机制，包括规则以及语言和概念的某些方面，但它缺乏意象、类比、情感、行动和意识所需的机制。就智能的特征而言，沃森有能力完成某些类型的解决问题、决定、学习、推理、创造和交流。但是在感知、抽象、规划、理解、情感和行动方面，沃森远远赶不上人类的表现。

在这些缺陷中，有一些是容易克服的。将沃森与机器人连接，使之能够感知和行动，这应该不难。沃森构建论点的能力应该能拓展成顺序规划的能力。它复杂的语言能力应该能调整成类比推理能力。

但是，智能的其他方面特征似乎远远超越了沃森和其他人工智能程序的能力所及。沃森虽然运用了多种多样的学习方法，但是并不能产生抽象的概念。让它通过机器人与世界进行互动不会太难，但是想要让它的语言表征同感觉、运动的输入输出紧密协调，那就需要一个大得多的飞跃了，而这正是基于因果关系的解释性理解所需要的。在第 5 章，我将讨论人类对原因理解的起源，以及机器如何才能具备类似的理解。要让沃森具备意象、情感和意识的能力，需要在理论和编程上实现重大飞跃。

很明显，沃森代表了当今最令人叹服的一种人工智能思路，但是想要与人类智识相匹敌，依然任重道远。在可预见的未来，沃森还只能为人类提供补充和辅助，而不能超越或替代人类。

深度思维公司的阿尔法元算法

一些人喜欢玩国际象棋和围棋这样的经典游戏，或者《堡垒之夜》等视频游戏，以锻炼自己的智力。这类游戏要求有解决问题、学习、感知等智识特征，因此为评估机器究竟在多大程度上接近人类智识水平提供了一个良好的测试平台。除了在国际象棋比赛和《危险边缘》节目中取得成功的 IBM 之外，在游戏实力方面最出色的公司是深度思维公司。该公司于 2010 年在伦敦成立，2014 年被谷歌以 4 亿英镑（相当于约 35 亿元人民币）的价格收购。2019 年，深度思维公司的网站上公布了该公司的宗旨："解决智能问题，用智能让世界变得更美好。"

它能做些什么

深度思维公司将神经网络技术应用于复杂程度一个比一个更高的多款游戏中，取得了巨大的成功。在最开始的时候，深度思维公司证明了计算机程序是可以学会玩《乓》（Pong）等简单电脑游戏的。后来，该公司在诸如国际象棋、围棋和《星际争霸》等挑战性更高的游戏中取得了令人瞩目的成功。2018 年，深度思维公司以游戏的方式在预测蛋白质如何折叠这一科学难题上取得了重大突破。

深度思维公司正在扩大其算法的应用范围，延伸到健康等非游戏领域，不过主要还是以其在国际象棋和围棋等游戏中的突破而著称。围棋是一种古老的中国棋盘游戏，其玩法是，在一个 19 行、19 列、共 361 个点位的棋盘上放置黑色和白色的棋子。围棋棋盘的这种布局使得围棋中可能的落子选择远多于国际象棋（国际象棋的棋盘仅有 64 个方格）。因此，当深度思维公司于 2016 年制作出一款可以击败世界上排名最高的围棋选手的计算机程序时，人们都深感意外。这个程序之所以被称为"阿尔法狗"（AlphaGo），是因为谷歌成立了新的母公司——字母表公司（Alphabet）。阿尔法狗的部分训练是由人类进行的，但是它的大部分能力则是得益于反复与自己对弈以学习更好的手法。

2017 年，深度思维公司宣布推出一个更强的版本，即阿尔法狗元（AlphaGo Zero）。该版本比阿尔法狗更为出色，不用接受针对人类所玩游戏的训练，而是仅仅靠反复与自己对弈就能实现自我提升。深度思维公司的研究人员将这个程序加以延伸，形成了一款新程序，即阿尔法元。这款程序也能够学会以世界冠军的水准来下国际象棋和将棋。它是依靠深度强化式学习的技术与自己对弈，并由此获得专业技能的。

它是如何运作的

要理解阿尔法元何以在游戏领域如此成功，就必须对神经网络、深度学习和强化式学习的力量有所了解。图 3.2 显示的是一个简单的双层人工神经网络，它将感知输入转化为分类输出。假设你家附近能够见到的动物包括松鼠、花栗鼠、兔和鸟等，当在公园里看到一种动物时，你会想把它认出来，弄清它究竟是哪一种动物。神经网络收到的感知输入，表明了该动物的体型是小还是大，毛色是棕色、黑色还是白色，以及生性安静还是吵闹。

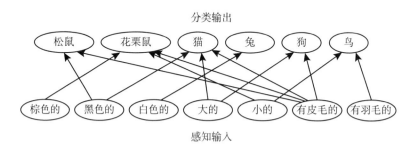

分类输出

感知输入

图 3.2　简单的神经网络接收感知输入并将对象归类为某种动物

注：椭圆代表人工神经元，线条代表人工神经元之间的连接。

这些输入会激活输入层中的人工神经元，类似于大脑中真实神经元的放电活动。这些神经元继而通过刺激或抑制其他神经元来影响后者的放电活动。图 3.2 仅显示了导致输出层中的部分神经元得到更多激活的兴奋性连接。例如，如果输入的内容是某个很小且有羽毛的物体，那么输出层会将其归类为鸟。这些网络表面上看来不过是在执行可以轻松使用语言表达的规则，但是实际上它们能够以更为复杂的统计学方式运作。一个更为丰富的网络会在不相容的类别——比如狗和鸟——之间设定抑制性的联系。

儿童和其他不熟悉动物的人最初可能会出错，并对它们进行错误分类。神经网络中的学习包括改变神经元之间的连接强度，例如，关于"大"的输入神经元和关于"松鼠"的输出神经元之间的连接强度。20 世纪 50 年代，人们开发出了针对图 3.2 所示的双层人工神经

网络的多种学习算法。但事实证明，这些算法所能处理的推论的复杂程度是有限的。

20世纪80年代，杰弗里·辛顿（Geoffrey Hinton）和其他研究人员证明，在学习输入特征和输出特征之间的复杂统计学关联方面，像图3.3那样的三层人工神经网络的能力要强大得多。中间层被称为隐藏层，因为它既不是输入也不是输出。这类网络是通过向其进行输入来训练的，这些输入激活了从隐藏层到输出层的传输机制，从而产生分类，而分类可能是错误的。

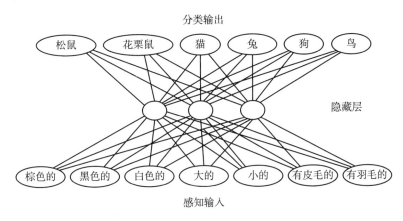

图3.3 三层人工神经网络，能够通过网络反向传播误差并改变连接强度，以这种方式来学习

这种训练改变了各层之间的连接强度，通过网络在输出层面反向传播误差。例如，某项输入的信息是一种庞大、黑色且安静的动物，却导致关于鸟的神经元被激活，那么反向传播的学习算法会改变所有连接强度，最终产生错误的预测。

2006年，辛顿和他的学生提出了新的算法，用于训练具有不止一个隐藏层的"深度"神经网络。当时，计算机的速度变得更快了，因而可以更快地进行培训，而且还有大型的输入和输出数据库可供使用。有了更多的层、更好的算法、更快的计算机和庞大的训练集，

机
器
和
生
灵

人
工
智
能
、
动
物
智
慧
与
人
类
智
识

深度学习开始在诸如识别笔迹等产业应用中大显身手。在之后的十年间，深度学习得到了数以千计不同种类的应用，如人脸识别、语音识别和翻译等。一些有效的深度人工神经网络运用了 100 多个隐藏层，每个隐藏层有 1000 个以上的神经元。2019 年，辛顿以及和他共同从事深度学习研究的约书亚·本吉奥（Yoshua Bengio）、杨·勒丘恩（Yann LeCun）被授予计算机科学领域的最高奖项——图灵奖。深度学习令人瞩目的应用还包括扑克游戏程序 DeepStack，以及在医疗领域的运用，比如评估心血管病的风险。

深度思维公司的突破源自将深度学习与强化式学习（后者会对有效行为进行奖励）相结合。假设你正在训练一只鸟，让它学会停在一根特定的栖木上。你可以通过一种设定——每当这只鸟儿落在栖木上时，就喂它食物加以奖励——来强化它的这一行为，从而训练鸟儿更频繁地落在栖木上。在游戏中，强化则是通过下列过程形成的：注意到何时采用哪些步骤会赢得胜利，然后改变神经元之间连接的强度，鼓励使用这些步骤。深度思维公司在已知大脑机制的启发下开发了新的算法，这些算法使用奖励来持续塑造深度网络中的表征。通过深度学习训练出来的人工神经网络可以随机修改，生成新的网络，然后可以通过强化式学习来评估这些新生网络的有效性。

功能基准

深度思维公司的程序在视频游戏、围棋、国际象棋和蛋白质折叠游戏中超越了人类的水平。这种能力令人惊叹。这些程序擅长解决特定类型的问题，例如在那些需要筹划和决策的游戏中如何出招。阿尔法元将两种重要的学习方式——改变了多层神经网络连接强度的深度学习，以及利用奖励从成功和失败中学习的强化式学习——

结合起来，形成了强大的合力。国际象棋专家和围棋专家对深度思维公司的算法大加赞扬，称赞它们能够创造出新颖别致的、令人惊讶的、很有价值的着数，因此像阿尔法元这样的程序算得上是具有创意的。阿尔法元国际象棋程序能够算出出奇制胜的走法，例如牺牲若干棋子，换取整体棋局方面的优势。

但是，深度思维公司的各个程序还是缺少人类智识的若干重要特征。它们需要依赖电子输入才能知晓棋局态势，而没法像人类那样感知，不过，相关的一些机器人应用正在开发中。深度神经网络能够识别感知输入和分类输出之间的微妙联系，但是它们没有能力形成超越感知的抽象概括。例如，理解"宠物"这个概念，需要对下列内容进行多种抽象化思考：对于被驯化的、用来陪伴的家养动物的所有权。深度思维公司应用联想式和强化式学习获得了丰硕的成果，但是却忽略了第 2 章列出的其他五种人类学习类型：类比学习、因果学习、隐因学习、模仿学习和教学学习。

深度思维公司的人工神经网络在规划和决策方面卓有成效，但是它们却无法退而对自己正在做的事情进行推理，或为自己所做选择提供因果解释。它们能够产生有效的计算机输出，但是无法对现实世界采取行动。深度思维公司的表征部分基于人脑，它在多人游戏方面的新应用还引入了团队合作。但是这些程序设计者却并没有试图在程序中引入情感，而人类在玩游戏时充满了预感、担忧和遗憾等情感。

机制基准

深度思维公司的程序巧妙地利用了人类大脑运行中的一些机制，这反映了公司创始人在计算神经科学方面的背景。这些程序的基本表征形式不是基于人类语言的符号形式，而是统计式的，分布在大量人工神经元之上。这种系统中的知识不是基于语言符号和句子的连接，而是位于人工神经元之间的连接。它的学习不是添加新的符号和句子，而是通过深度学习和强化式学习来改变连接的强度。因此，深度思维公司的程序有点像人脑，可以被解释为具有概念、规则和意图，这些概念、规则和意图可以理解为由成千上万个神经元之间的连接而产生的放电模式。

然而，有些大脑机制对人类智识而言非常重要，却很少运用于构建人工神经网络。人类每天都会通过一个叫作"神经发生"的过程获得成千上万的新神经元，这似乎对学习和情绪稳定很重要。深度思维公司使用的各种人工神经网络拥有一定数量的神经元，不会定期生成新的神经元。用于深度学习的人工神经网络在神经元之间有兴奋性连接，但真实的神经元之间还具有抑制性连接。在抑制性连接中，其中一个神经元的放电往往会减缓另一个神经元的放电。人类大脑中大约有 20% 的连接是抑制性的，而不是兴奋性的，这对决策和控制神经网络的整体活动而言非常重要。深度学习中使用的人工神经网络的另一个局限之处是，它们的计算仅使用神经元的放电率，却忽略了那些增强计算能力的特定放电模式（例如，放电—放电—休息，以及与之相对的放电—休息—放电）。

大脑在执行兴奋和抑制的方式上也是多种多样的。它使用大约 100 种不同的神经递质，以不同的节拍（time signatures）和不同的路径工作。谷氨酸是兴奋的主要神经递质，γ 氨基丁酸是抑制的主要神经递质，但大脑运作的微妙之处取决于许多其他神经递质和神经调节剂，如去甲肾上腺素、多巴胺和血清素。人脑中神经元的放电不仅受神经连接和神经递质的影响，还受神经胶质细胞的化学信号和血液中循环的激素（如皮质醇、睾酮和催产素）的影响。

从心理机制的角度来看，深度思维公司的程序与人类就更加不同了。这些程序的神经网络显然没有使用概念和规则，因为它们没有符号，但是神经网络中的连接间接地呈现了这些表征。例如，如果一个人工神经网络经训练后能够成功地对"动物"和"松鼠"进行分类，那么就此可以解读，该网络其实具有"松鼠"这一概念，尽管该网络并没有语言符号。神经网络多数情况下是通过统计关联来运行的，不过有时这些关联累积之后可以形成更为明确的规则，例如松鼠有皮毛。人类使用的是一个巨型神经网络，这个神经网络能够解决各种问题，并在无数领域进行学习，而深度思维公司的人工神经网络则是经过训练后专门适用于某一狭小范围内的问题。

通过深度强化学习开发的人工神经网络不使用意象。许多玩国际象棋和围棋等游戏的人使用对棋盘和棋子位置的视觉意象来设想可以如何移动棋子和可能产生的结果，但深度强化人工神经网络并不会产生意象。目前唯一能够处理意象的人工神经网络系统是克里斯·埃里亚史密斯（Chris Eliasmith）的语义指针架构。

此外，深度人工神经网络也无法进行类比，因为类比需要厘清关系之间的关系，包括因果关系。深度思维公司使用的人工神经网络在察觉概念之间的联系方面卓有成效，但是在区分究竟是狗追猫还是猫追狗时却表现不佳。而语义指针架构中的神经网络则可以理解那些有助于进行类比的复杂关系。

现已证明，深度学习在完成一些与语言相关的任务——如语音识别和翻译等——方面颇为有效，但是深度思维公司尚未使用深度学习或强化式学习来解决语言处理中那些需要综合运用语法、语义和语用知识的一般性问题。不仅如此，深度思维公司还忽略了情感和意识对人类智识的贡献。

评估

深度思维公司那些成果丰硕的研究人员并没有声称他们大获成功的程序提供了一套关于人类思维的一般理论。不过，他们的确在暗示，他们正走在"解决"智能问题的征途之上。但是我的 20 项基准测试表明，深度思维公司所研发的智能程序与人类智识相比还差之甚远。它的程序仅仅展现了人类智识 12 个特征中的 7 个。而且，即便是这 7 个特征，它们中的任何一个，比如学习，智能程序也仅仅具备了人类能力的一部分而已。此外，它还缺少另外 5 个特征：感知、交流、行动、理解和情感，尽管前 3 个特征可以很容易地通过与机器人的交互来获得。

以上，我描述了深度思维公司所用的人工神经网络如何与人类的大脑机制大致对应，同时还指出，这些人工神经网络缺少神经递质等人脑机理的重要方面。诸如阿尔法元这样的程序具有处理概念、规则和意图的机制，但是在处理意象、类比、语言、情感和意识方面并没有表现出多少潜力。深度思维公司研发了一些在游戏和蛋白质折叠方面超越人类的程序，这种成功固然令人惊叹，却又冲昏了人们的头脑，使人高估了它们与人类智识的接近程度。尽管深度思维公司最近已经开始涉足科学和医疗领域，但是较之 IBM 的沃森在众多不同领域取得的成就，深度思维公司的路径似乎失之于狭隘了。与人类在完成觅食、农业、育儿、导航、技术、科学、医疗和艺术等各种任务时表现出的智慧相比，无论是深度思维公司的阿尔法元还是 IBM 的沃森都相形见绌。

自动驾驶汽车

我是一个在家工作的全职作家。因此，我的车大部分时间都是停在车库里的。我希望有一天，终于有无人驾驶汽车可以供我在需要出行时随时召唤，那么我就可以完全不必拥有自己的汽车了。无人驾驶汽车已经在诸如凤凰城等城市运营了，各大公司也在努力实现完全自动驾驶汽车的运营。

可以自动驾驶的汽车在 2005 年之前还只是人工智能的幻想而已。当时，斯坦福大学研发的一辆汽车赢得了美国国防部高级研究计划局挑战大赛。2009 年，谷歌启动了一个无人驾驶汽车项目，由主导了前述 2005 年重大成功的计算机科学家塞巴斯蒂安·特龙（Sebastian Thrun）负责。七年后，谷歌又另行组建了一家公司，即威摩公司，致力于实现无人驾驶汽车的商业化，在凤凰城和其他地方的城市街道上进行测试（图 3.4）。截至 2018 年，该公司旗下的车队已经行驶了超过 1600 万千米，此外还有超过 112 亿千米的模拟里程。

其他大公司，包括特斯拉、福特、通用汽车、梅赛德斯—奔驰和优步等，也在开足马力开发自动驾驶汽车项目。特斯拉拥有 100 万辆在路上行驶的汽车，为该公司提供数据来改进其自动驾驶系统，该系统目前用于为司机提供协助，预计最终会具备完全的自动驾驶能力。这项技术也正在用于自动驾驶卡车的研发，为的是使这些卡车快速相互通信，在高速公路上排队行驶。自动驾驶汽车在应对恶劣天气和高速变道方面仍然存在问题，不过工程师们对此持乐观态度，认为这些问题可以通过更好的编程、学习和传感技术来解决。

图 3.4　自动驾驶汽车

资料来源：维基共享，根据知识共享署名—国际许可协议 4.0 授权。

它们能做些什么

　　据世界卫生组织统计，全世界每年有 100 多万人死于交通事故，其中大部分事故是由人为失误导致的。人类很容易因为与人交谈、路遇突发事件或情绪问题而分散注意力，而且经常因为喝酒、吸毒或者困倦而受到影响。相比之下，操作自动驾驶车辆的计算机可以全天 24 小时不间断驾驶，而且不会在行车途中分散注意力。因此，淘汰人类司机将大幅降低出租车和长途卡车的运输代价。

　　自动驾驶汽车已经能够执行人类司机的功能。第一个功能是感知，即汽车需要弄清楚周围在发生些什么。人类多数情况下是依靠视觉来达到这一目的的，不过有些时候听觉也有助于察觉其他汽车的动向。自动驾驶汽车装有摄像头，可用于检测道路、其他车辆和行人的情况，不过它们还可以使用其他传感器，包括 GPS、雷达、声呐和激光雷达等。

　　在感知环境的同时，自动驾驶汽车会制订计划并决定去哪里以及如何到达目的地。在规划过程中，它们可能运用人类驾驶员熟悉的工具（如谷歌地图等）来绘制路线。在这样一个总体规划中，汽车或者人类驾驶员需要不断做出前进、停车、转弯、加速或减速的决定。早期的无人驾驶汽车必须依赖人类编程来提取关于该做什么的指令，但是如今，自动驾驶汽车凭借基于数百亿千米驾驶里程的学习，已经能够自己做出明智的决定了。

它们是如何运作的

图 3.5 描绘了自动驾驶汽车如何使用感官输入来推断周围环境，包括道路、其他车辆和潜在障碍等因素。早期的自动驾驶汽车在这些感知方面表现很差，但是当引入机器学习后，它们的性能就大为改观了。2005 年，美国国防部高级研究计划局挑战大赛的赢家花了几个月的时间在沙漠中行驶，学习区分岩石和阴影。

像人眼一样，摄像头要依赖反射到它们之上的光线才能看见事物，但除了闪光灯摄像头外，摄像头自身并不产生光线。相比之下，雷达会发出无线电波，声呐可以发出声波，而激光雷达则能够发射激光束，再通过反射和解读来识别环境中的物体。与威摩公司和其他大多数自动驾驶汽车制造商不同，特斯拉不使用激光雷达，而是希望通过多个摄像头、雷达和声呐来识别环境。

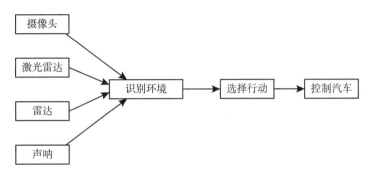

图 3.5　自动驾驶汽车如何感知和行动

自动驾驶汽车将多个信号与过去的经验相结合，以此推断自己正在行驶的道路的当前状态。它们运用各种算法将感官输入和先前的经验相互整合并进行推理。谷歌早期研发的自动驾驶汽车使用的是贝叶斯网络（其中的变量通过条件概率连接）。例如，某个变量 X 可能代表前方的一辆汽车，另一个变量 Y 则可能代表一种感官模式。然后贝叶斯网络可以使用 $P(X|Y)$ 的概率等信息来计算有车的概率。后来，就在谷歌在深度学习领域日益精专的同时，威摩汽车开始在人工神经网络中运用深度学习来进行感知推理。特斯拉也运用人工神经网络将多种来源的感官信息整合起来，得出关于环境的推断。

人类必须独立学习如何在真实世界中行动；与人类不同，自动驾驶汽车可以借鉴所有其他类似汽车的经验。例如，每辆威摩汽车都可以借鉴所有其他威摩汽车积累的经验，还可以从计算机上运行的大量模拟中获益，而这些计算机与现实世界并无直接互动。

在得到感官信息和乘客的目的地之后，无人驾驶汽车可以推断出该如何行动。这种推断可以通过各种算法进行，包括基于深度学习的贝叶斯网络和人工神经网络。由此产生的决策用于控制车辆的速度、制动和方向。

功能基准

与人类相比，自动驾驶汽车在处理不可预测的行车状况（如下雪和交通事故）方面的能力仍然有限，但是它们在防止干扰和集中注意力方面已经超越人类了，因此我希望自动驾驶汽车目前的缺陷能够被克服。

自动驾驶汽车已经具备了许多让有智识的人类得以驾驶汽车的功能。借助模拟人类视觉的摄像头，并辅以雷达、声呐、激光雷达和 GPS 等人类并未内置于身的其他技术，汽车实现了感知。然而，汽车却用不到人的其他感觉，如嗅觉、味觉、触觉和痛觉。

在前往目的地的过程中，自动驾驶汽车解决的问题包括规划、决策和自主行动。在通信方面，它们比人类更有优势，因为几百辆汽车可以持续保持电子联络，支持高效的交通。

每辆自动驾驶汽车都能从自己的经历中学习，也能从其他汽车的经历中学习。特斯拉在学习方面具有优势，因为它已经有数十万辆汽车在路上行驶了，可以把这些车生成的记录汇总起来利用。深度学习以及其他识别感知模式的方法是联想型的，并不包括其他类型的学习，不过，将强化式学习纳入汽车之中也并非难事。只是目前并没有计划将通过类比、原因、隐因或模仿等方式进行学习纳入自动驾驶汽车的研发中。自动驾驶汽车可以相互交流，但交流方式过于简单，算不上教学。联想式学习可以产生一些抽象化概念，但是并非因果型的抽象，例如获得"危险的驾驶员"这一概念，去解释不稳定的行为。

尽管自动驾驶汽车已经可以通过电子信号进行交流了，但是它们并不具备语言能力来为它们正在做的事情提供理由。与人类司机不同，你不能要求一辆汽车解释为什么它要左转。不允许自动驾驶汽车有创造性，这是一件好事，因为新颖别致而出人意料的举动到头来反而很可能会危及生命。同样地，也没有人会平白无故地想要制造一辆具有感情的自动驾驶汽车，因为自动驾驶汽车在可靠性方面的优势，正是由于它们可以避免那些困扰人类驾驶员的情绪波动和疏忽走神。

机制基准

自动驾驶汽车正在迅速变成智能驾驶员，但是成就它们的机制与支撑人类智识的机制不同。自动驾驶汽车具有激光雷达等技术，而这些技术并未内置于人类体内，因而自动驾驶汽车可能会在感知方面超过人类。但是自动驾驶汽车没有进行想象的能力，例如，想象一辆汽车顶上站着一个人是什么样子。自动驾驶汽车在预测到行人进入街道并通过刹车做出反应时，会进行微弱的想象，但这种预测是在概率等非想象的模拟基础上做出的，而不是通过在大脑中播放一部带有动态画面的电影后做出的。

自动驾驶汽车通过贝叶斯网络和人工神经网络运作，不需要语言，因此缺乏明确的概念和规则。不过，它们似乎具有隐含的概念和规则，它们能够将岩石和阴影、人和车区分开来，便是明证。它们还合成了非语言规则，例如，"如果左转，那么就激活左转信号"。无人驾驶汽车显然能够采取行动，而且当它们做出内部表征，准备在下一个出口驶出高速公路时，可以说它们具有某种隐含的意图。

虽然自动驾驶汽车没有语言，但它们有一种沃森和阿尔法狗都不具备的语义。自动驾驶汽车就像人类的大脑一样，从与外界的互动中学习，它们感知外界特征并在外界移动的能力很大程度上就是通过这种方式获得的。因此，这种汽车中的贝叶斯网络或神经网络具有一种从表征到现实世界的语义。不过，语言所具有的从表征到表征的丰富联系，多数是自动驾驶汽车并不具备的。沃森拥有强大的语言处理能力，这为它提供了句法，但是并未提供从词语到世界的语义；相反，自动驾驶汽车具有语义却不具有句法。而在人类身上发现的完整语言机制则有效地整合了语义、句法和语用。

虽然自动驾驶汽车在很大程度上依赖于自己和其他车辆之前获得的经验，但是它们在规划和决策中并不采用具体的类比。人类有时会这样想：昨天我走某条路线上班，而且这条路线很快，所以今天我要走一模一样的路线。相比之下，自动驾驶汽车是通过较小的经验片段——而不是通过在类比思维中采用的整套方案——来进行学习。

自动驾驶汽车在确定绕过事故路段的最佳路线时会做出评估推断，不过，它们的感官输入虽然广泛，却并不包括对自身内部"生理"的任何表征。因此，无人驾驶汽车似乎不可能拥有情感机制。同样地，也没有行为证据或自我报告证据表明，自动驾驶汽车现在或者未来可能具有意识。

评估

对自动驾驶汽车的主要评估依据是，它们未来是否会优秀到足以在人类的道路上得到广泛运用。鉴于目前已经有了充分的技术进步，这个问题的答案似乎是肯定的，不过对于某些汽车制造商声称只要短短几年之后汽车完全自动驾驶时代就能到来的说法，我是持怀疑态度的。我很难相信机器人汽车能在加拿大的严冬中行驶，不过已经有人开始在这种恶劣条件下进行自动驾驶测试了。

我的兴趣则在于一个更大的问题：自动驾驶汽车与人类智识相比究竟如何？在某些方面，自动驾驶汽车似乎更胜一筹，因为它们具有传感输入能力（如激光雷达）、持续不断的注意力、借鉴整个车队的经验，以及与其他车辆所进行的快速通信。自动驾驶汽车已然展示出感知、解决问题、学习、规划、决策、行动和交流的部分特点了。自动驾驶汽车以自己的方式运行有意图的行动、概念和规则的机制。

话虽如此，在创造、推理、理解和情感方面，自动驾驶汽车很可能要继续落后于人类了。此外，它们还缺乏支持人类智识的五种机制：意象、类比、情感、语言和意识。鉴于并不奢求无人驾驶汽车能够实现通用智能（general intelligence），因此只要它们在完成分配给它们的任务——驾车服务人类——方面继续进步，它们缺乏这些功能和机制也就不重要了。

自动驾驶汽车是机器人，是有了身体的计算机，因而它们能够在现实世界中运转并完成动作。电子自主机器人可以追溯到20世纪40年代，不过近年来它们的功能变得越来越强大了。驾驶领域之外的自主机器人越来越多，例如本田公司的阿西莫（ASIMO）和波士顿动力公司正在制造的仿生机器人。机器人不再只是由人类来编程，而是越来越多地依靠学习来提高性能。例如，有一个名叫巴克斯特（Baxter）的机器人，人们可以通过移动它的手臂并让它重复任务来对它进行编程，这是一种通过教学进行的学习。阿西莫等少数机器人拥有初步的沟通能力，但是远远赶不上人类智识。同样地，机器人的设计理念也不是为了让它们理解自己在做什么，或者创造性地探索做这些事情的新方法。

不过，也有一个罕见的例外，那就是建于威尔士地区的一个机器人实验室，该实验室不仅进行科学实验，还生成了可能引出新实验的假说。话虽如此，总体而言，今天的机器人与人类智识的差距，比自动驾驶汽车与人类智识的差距还要大。

Alexa 和其他虚拟助手

无论是IBM的沃森还是深度思维公司的程序，对我个人而言并无用途，而自动驾驶汽车则还要在若干年之后才能出现。不过，智能语音识别已经在我的生活中发挥了很大的作用。大概是在2010年前后，我决定试用一款叫作"Dragon Naturally Speaking"的听写软件，因为我打字很慢，但说话倒是挺快的。这款软件错误百出，用起来痛苦不堪。但是到了 2014 年，当我开始动笔写《心灵与社会论》（*Treatise on Mind and Society*）初稿时，我又试用了一次。到那时，该软件已经有了长足的进步，可以用于撰写初稿了，所以我用它口述了每部分的初稿。而到 2016 年，该软件更上一层楼，这对我的写作颇有帮助。现在，我的大部分作品最初都是通过向该软件口述完成的。不过，我所有的编辑工作还是要以传统的打字方式来完成。

此外，我还在平板电脑和苹果手机上利用语音识别功能处理我的电子邮件和短信，因为我不喜欢用一个手指在小小的键盘上打字。虽然使用语音识别来写作时，我总是免不了要做一些修改，但我发现口述仍然为我节省了很多时间。此外，我还试用过瓦伯特（Woebot），这是一款计算机心理治疗师软件，可以和用户互动，进行一种简单的认知行为治疗。

语音识别的一个主要用途是用在虚拟助手之上，例如亚马逊的 Alexa、苹果的 Siri、微软的 Cortana 和谷歌的家庭助手。苹果在 2010 年推出了 Siri，我偶尔会用它来查询网页，并向我的平板电脑和苹果手机发出指令。2014 年，亚马逊推出了智能音箱 Echo，由一个名为 Alexa 的个人数字助理控制。从 2018 年到现在，我一直在使用 Alexa 查询天气等问题，不过用的最多的功能还是播放音乐。亚马逊 Echo 音箱已经售出了数千万台，因而亚马逊的产品是在语音识别领域应用得最广泛的。有鉴于此，我将通过讨论 Alexa 来解释语音识别的工作原理。此外，语音识别在其他方面的商业应用也在迅速增多，例如在控制电视和汽车等方面。

它能做些什么

计算机语音识别始于 20 世纪 50 年代，但是当时遇到了严重的问题。当人们对着电脑说话时，在背景噪声、口音、清晰度、语速、音量和音调等方面千差万别。为了理解人们在说什么，计算机需要把他们嘴巴里发出的声音翻译成词语。例如，如果我要求 Alexa "播放布鲁诺·马尔斯（Bruno Mars）的歌曲"，它需要将我的发音所产生的声波转换为关于播放音乐的指令的内部表征。此外，还需要其他步骤来使用该表征，才能执行有关指令。其他个人辅助和听写软件同样必须可靠地完成一项任务，即将声音转换成词语并推断出该如何反应。早期的语音识别系统需要大量训练才能识别出人的声音，但是 Alexa 在处理我的声音时完全没有问题，哪怕在我因为感冒而声音嘶哑时也不在话下。

它是如何运作的

图 3.6 显示了 Alexa 和其他虚拟助手如何执行回答问题、播放音乐和控制家务等任务。Alexa 要完成的第一项重要任务是处理声音信号。你的声音并不是环境中唯一的信号，因为环境中还有背景噪声，如炉子、冰箱和其他人的声音，以及可能正在播放的音乐，包括 Alexa 本身的声音。Alexa 能够设法从所有这些声音中筛选出与你的声音相对应的信号。

Alexa 要完成的下一项任务是弄清楚：你是在和它说话，而不是在自言自语或者与另一个人说话。Alexa 是通过一个唤醒词——一个你专门用来跟它打招呼的词——来解决这个问题的，这个词可以是"Alexa"，或者是你从"Echo""电脑"和"亚马逊"中选择的另一个词。处理声音信号和识别唤醒词都是由你家中的 Echo 设备完成的，但随后的处理则要通过无线局域网发送到亚马逊在云端运行的计算机上来完成。你的家庭设备只需要做最基本的语音识别任务，即察觉到你使用了唤醒词。

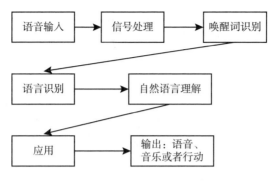

图 3.6　Alexa 如何做你让它做的事

　　当你说了"Alexa"之后，Echo 设备会把有关信号记录下来，并把它发送到亚马逊的计算机，进行更深入的处理。亚马逊是如何把你的声音转换成可识别的语音的呢？这项任务过去是通过统计技术来完成的，但是现在大多数公司都转而采用深度学习神经网络。在 2010 年前后，杰弗里·辛顿同微软、谷歌、IBM 合作，展示出深度学习在语音识别方面非常出色。

　　亚马逊的计算机一旦将你的声音转换成文本，就会立刻明白文本的意思。这种推断需要进行自然语言处理，这种自然语言的处理过程我已经在关于 IBM 沃森的章节中进行过描述：将单词串解析成语法成分，然后解读句子。像沃森一样，亚马逊并不具备从词语到外部世界的语义，但是它拥有大型的关联文本数据库，可以提供从单词到单词的语义。亚马逊还有一个庞大的数据库，内容是人们在特定情况下很可能查询些什么。亚马逊目前还仅能处理一组范围狭窄的查询，不过它正在举办一场比赛，悬赏奖励那些能让虚拟助手进行 20 分钟对话的研究人员。正如你可能已经想到的，当 Alexa 说，"我很高兴你回家了"，它并不是真的感到高兴，而只是做出一个事先设置好的反应。同样地，如果你告诉 Alexa，你感到非常孤独，当它说"深表同情"时，它只是假装的；不过，它给出的诸如多跟朋友聊聊或者出去散步的建议，倒是言之有理。

亚马逊处理了你的查询之后，就会立即使用自己的资源和其他数千家公司的资源来做你想让它做的事情。Alexa 可以轻松地访问互联网，回答诸如"贾斯廷·特鲁多（Justin Trudeau）是谁？"等问题；它还可以播放多家供应商提供的音乐。为了完成其他任务，例如控制你家的炉子，亚马逊需要使用其他被称为"技能"的应用程序，这些应用程序可以下载并集成到 Echo 之中。通过这些应用程序，Alexa 可以产生词语、音乐或者现实世界中的行动等输出，借此完成其任务。

特征基准

Alexa 和其他虚拟助手具备了人类智能 12 个特征中的一部分。Alexa 首先使用它的麦克风接收信号，然后使用深度人工神经网络来解读信号，以此方式来感知声音。Alexa 与亚马逊公司的计算机协作，首先弄清楚用户想要什么，然后执行所请求的任务，从而解决问题。

Alexa 在几个阶段中运用了学习。利用大型数据库开展的训练使 Alexa 能够识别唤醒词，并处理自然语言，从而弄清楚该如何解释说话者所说的话语。此外，Alexa 会学习如何以前后更为一致的方式理解特定说话人的话语，从而更好地解读他们的询问。也许 Alexa 会进行一定的抽象，因为多层网络中的深度学习会生成最初记录输入中没有出现过的若干声音类别，不过，它不会做出任何超出感官输入的理论抽象。Alexa 是通过倾听人类的询问并做出回答（这些回答往往还颇有见地）来与人类进行交流的。

Alexa 会从若干个可能有意义的答案中选择一个来答复问话人。

当它这样做的时候，就是在做决定。Alexa 有时会做出错误的决定，例如，它会把某个要它提供体育新闻的请求误解为要求提供新闻快讯的请求。不过，在它做出的关于该说什么或该做什么的决定中，有很多还是有效的。Alexa 对声音的处理结果就是做出语言回复，播放音乐，或通过调整光照、火炉状况来调节环境，以这种形式来行动。

不过，像 Alexa 这样的虚拟助手，按照设计并不具备人类智识中的另一些特征。Alexa 能够做出语言回应，但是这些反应都不包含为给结论提供论据而进行的推理，尽管 Alexa 可能会集成 IBM 的"辩手项目"中的辩论能力。Alexa 可以逐句地回答问题，但是却没有能力策划出相当于辩论式对话的一系列回答。语音识别不具有创造性，因为它不会产生任何新的东西，不过，如果 Alexa 具备了对话的能力，也许有一天它就会具有创造性。对于自己是如何做到回应语音的，Alexa 没有表现出任何理解。最后，Alexa 的声音听起来或许非常迷人，因为它融合了人类语音的某些方面，但是却没有理由来设想 Alexa 实际上具有任何感情。因此，可别爱上"她"哟！

机制基准

Alexa 和其他虚拟助手严重缺乏人类智识的各项机制。它们固然有一些语言机制，如从声音到词语的转化能力，以及为这些词语赋予某种意义的自然语言处理能力。像人类的语音感知一样，Alexa 是通过自下而上地处理声音信号和基于过往经验自上而下的预期，来实现感知语音的目标。不过，就像人工智能系统（从与世界的交互中学习的机器人除外）一样，Alexa 的语义仅仅是从词语到词语的，因而是不足的。

Alexa 还缺少人类智识的其他机制。它虽然能获取声音输入，却并没有将这些输入存储为可操控的意象。人类可以听到一首歌，然后想象用或快或慢的速度、或高或低的音量来播放这首歌，相形之下，Alexa 无法保留自己的声音输入以供未来操控。或许深度学习能在 Alexa 的人工神经网络中产生某种抽象概念——就像人类用来处理声音时所用的抽象那样，但是这些抽象却无法与人类在其他场景下使用的概念和规则等量齐观。Alexa 的决定是在学习了许多已有案例的基础上做出的，而不是在特定类比的基础上做出的。Alexa 可以实施行动，但是似乎并没有任何可以算得上行动意图的内部表征。最后，Alexa 没有任何情感和意识的认知机制和神经机制，它用语言表达的情感仅仅是在作假而已。2019 年，亚马逊为 Alexa 的一个版本申请了专利，该版本可以通过倾听来察觉人类的情感状态。

评估

Alexa 和其他虚拟助手可以成功回答人类提出的问题，因此语音识别可以算是人工智能取得的一项令人惊叹的成就。我的亚马逊 Echo 会判断出我在对它说什么，而且多数情况下还能通过给出我想要的答案和播放我想听的音乐来做出适当的响应。它的成功可以归因于实现了人类智识的一半特征，包括感知、解决问题、决策、学习、行动和交流。不过，它进行抽象的能力就不那么明显了，而且它并没有表现出规划、创造、理解、推理和情感等人类智识的特征。

就机制而言，目前的虚拟助手远远赶不上人类智识。它们虽然展现出了一些从声音到词语再到反应的语言机制，但是缺乏其他的语言机制，例如创造性地生成新颖的话语以及从词语到外部世界的语义。今天，虚拟助手所扮演的角色着实有限。这表明，没有理由认为它们包含了更广泛的人类智识机制，包括意象、概念、规则、类比、有意图的行动、情感和意识。如果这些虚拟助手要实现更为宏伟的目标，比如成为真人朋友的替代者或者手段高明的治疗师，那么就必须给予这些机制更多的关注。例如，友谊和治疗最有效的工具之一是共情，这是一种情感上的类比，即你设身处地为他人着想，想象自己在他们的处境下会有什么感受。

谷歌翻译

今天，谷歌翻译是人工智能最常见的应用，每天帮助 5 亿多人，在 100 种以上的语言中为人们导航引路。翻译是一项复杂的任务，需要运用智慧将一种语言转换成另一种语言，而且意思要保持大致相同。谷歌翻译并不像人类译者那样工作，不过功能足够强大，因而大有用武之地。

从 20 世纪 50 年代计算机问世不久之时开始，科学家就将机器翻译视为一个令人向往的目标，不过在机器翻译方面的早期尝试却以惨败告终。研究人员想要设计出能像人类那样进行翻译的程序，即把句子分解成有意义的成分，然后设法将这些成分转换成另一种语言来组成句子。但是科学家对人类如何处理语言并没有足够的了解，因而无法使这种翻译途径发挥效力，而且彼时的计算机速度也不够快，无法处理种种歧义。例如 "The pen is in the bank." 的意思究竟是"笔在银行里"还是"猪圈在河边"。[①]

在 20 世纪 90 年代，科学家们改用了一种不同的路径，不再寻求让机器翻译像人类译者那样工作。机器翻译另起炉灶，利用欧盟和加拿大议会（加拿大议会使用英语和法语两种语言工作）等机构所做的翻译构建成的数据库，采取了一种统计式的路径。这种统计

① 在该例子中，英语单词 "pen" 和 "bank" 均为同形异义词，前者有"笔"和"猪圈"等不同含义，后者则有"银行"和"河堤"等含义。——译者注

式翻译路径开始发挥作用，到了 1997 年，基于网络的翻译器——巴别鱼——问世了。不过，由于它得出的译文经过回译之后就会变得荒诞不经，这款翻译器一时沦为笑柄。十年后，谷歌推出了自己的翻译系统，与巴别鱼相比，高下立判。2016 年，谷歌翻译更进一步，经过修改调整之后，它使用基于深度学习的人工神经网络来产出译文，这些译文以完整句子为单位，而不再局限于短语。

它能做什么

谷歌翻译用起来非常简便。你进入它的网站，用它支持的 100 多种语言中的任何一种输入文本，它就会立即将其翻译成你选择的目标语言。谷歌翻译的手机应用程序则更加方便，你可以口述你想要翻译的句子，然后谷歌翻译手机应用程序会结合语音识别和产出功能，生成这句话的译入语的口语版本。

法语是唯一一门我拥有足够知识、能够对谷歌翻译译文进行评判的外语，因此我就用谷歌翻译把上一段话翻译成了法语：

> Google Traduction est facile à utiliser lorsque vous accédez à son site web et saisissez du texte dans l'une des 100 langues proposées, qu'il traduit instantanément dans votre langue. L'application téléphonique est encore plus pratique car vous pouvez dicter les phrases que vous souhaitez traduire et elle produira une version parlée dans la langue traduite, combinant la reconnaissance vocale et la production avec la traduction.

这段文字中或许有我因为法语水平有限所以无法发现的错误，但是在我看来这段话还是不错的。接下来，让我们看看当谷歌将这段话回译成英语之后会是个什么光景：

> Google Translate is easy to use when you visit their website and enter text in one of 100 languages, which they instantly translate into your language. The phone application is even more convenient because you can dictate the phrases you want to translate and it will produce a spoken version in the translated language, combining speech recognition and production with translation.

我发现，与我的原文 [1] 相比，这段译文存在一些偏差，但是意思经过翻译和回译之后还是保留了下来。有人告诉我，谷歌翻译进行英文和中文互译时就没有这么成功了，因为中文不像法文那样接近英文。

谷歌翻译在处理歧义和性别等语言的复杂之处时，存在缺陷。它把英文 "He gave her his ball." 翻译成了 "*Il lui a donné sa balle.*"。这个译文很是费解，因为 "*lui*" 作为间接宾语是中性的，而 "*balle*" 在法语中则是阴性的。把这个译文回译成英文，就变成了 "He gave him his ball."。谷歌翻译依靠的是统计数据而不是意义，因此它有时会选择最常见的解释，而不是最符合语境的解释。例如，"She put the box in the pen." 就被翻译成了："*Elle mit le coffre à jouets dans le stylo.*"（她把玩具箱放在笔里。）因为 "pen" 这个单词最常见的翻译

---

① 作者英文原文（本书第 94 页第二段话的原文）如下：Google Translate is easy to use when you go to its website and enter text in any of more than one hundred languages, which it instantly translates into your choice of language. The phone App is even more convenient, because you can dictate the sentences that you want translated, and it will produce a spoken version in the translated language, combining speech recognition and production.——译者注

是"*stylo*"（笔）。但是这句译文驴唇不对马嘴，因为笔比玩具箱要小得多，"pen"正确的译法应该是"*parc d'enfant*"（儿童防护围栏）。尽管如此，谷歌翻译在大多数情况下还是很有用的。

它是如何运作的

谷歌的最新技术是谷歌神经机器翻译（Google Neural Machine Translation，GNMT）。如同其他机器翻译的统计学路径一样，GNMT并不依赖于像人类那样对语言的理解，而是依赖于大量由人类翻译的文档。它构建了一个经过数百万实例训练的深度人工神经网络，使用这些翻译文档构成的数据库，借此发现一种语言和另一种语言之间的统计学关系。它的英语和法语互译做得好，因为它可以从加拿大议会和其他来源获得大量的英法互译文件。

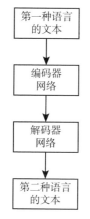

图 3.7　使用人工神经网络进行机器翻译

GNMT由编码器和解码器网络组成，如图3.7所示。编码器网络将文本从输入语言翻译成向量（向量由一长串数字组成），然后这些向量被发送至解码器网络，生成关于输出语言中相关文本的预测。为了加快计算速度，GNMT由多台计算机并行运行，而不是依赖单个计算机的串行处理。

特征基准

闻名遐迩的认知科学家和经验丰富的翻译家道格拉斯·霍夫施塔特（Douglas Hofstadter）坚持认为，谷歌翻译的运作方式与人类不同：

简而言之，我并不是直接从 A 语言中的单词和短语转换到

B 语言中的单词和短语。恰恰相反，我是在下意识中唤起种种意象、场景和想法，挖掘我自己的亲身经历（或者读过的、在电影中看到的、从朋友那里听到的经历）。只有当这种非语言的、意象的、经验的、心理的"光环"被实现时——只有当意义这种难以捉摸的气泡在我的大脑中飘来荡去时——我才开始形成目标语言中的单词和短语，然后修改，修改，再修改。这一过程以意义为中介，听起来可能非常缓慢——事实上，与谷歌翻译每两三秒钟完成一页的速度相比，也的确如此——但是一切认真负责的人类译者恰恰就是这样做的。

我们可以通过探讨人类智能的特征和机制来确定人类译者和机器翻译如 GNMT 之间的差异。

谷歌翻译不会进行任何感知，尽管谷歌翻译的手机应用程序可以使用语音识别。各类翻译程序倒是可以解决一类重要的问题，目标是将一种语言翻译成另一种语言。单语人士无法解决这样的问题，能在哪怕是屈指可数的几种语言之间进行翻译的人也很少，而谷歌翻译却可以在 100 多种语言之间进行翻译。谷歌翻译的人工神经网络是以学习借鉴实例为基础的，但是这种学习是联想式而非因果式的。谷歌翻译告知你如何将一种语言的文本转换为另一种语言的文本，用这种方式，它算是完成了一种还算差强人意的交流。

尽管谷歌翻译在其狭隘的用途上还算技巧娴熟，但并没有展示出人类智识的其他特征。对于自己所作的译文，谷歌翻译无法推理出它是如何得出的，也无法抽象出语言的深层语法特征，如名词、动词和从句等。与人类译者不同，谷歌翻译无法进行规划、决定或者理解。它没有感情，也不需要对世界采取行动。人类译者有时富有创造性，可以想出将一种语言转换成另一种语言的别出心裁的手法（这一点在诗歌翻译中格外具有挑战性，因为精心雕琢的语言在诗歌中是至关重要的）。谷歌翻译则相反，它依赖于人类已经完成的大量翻译，因此无法产生既新颖别致、出人意料而又值得称道的译文。

机制基准

正如上文引用的霍夫施塔特的言论所示，人类译者要运用人类智识的所有机制，如意象、概念和类比等。当译者想要传达文本的基调和意义时，情感也是非常重要的。人类译者还凭借他们对人类有意图的行动的理解来捕捉行动先后顺序背后的含义。

相比之下，谷歌翻译所依赖的语言机制和支撑人类自然语言处理的语言机制是不同的。GNMT 规避了语法中的种种难点，例如语法分析等。它运用深度人工神经网络学习关联，然后又用这些关联将文本转为向量，继而将向量转为文本。它有一种跨语言运作的、从词语到词语的语义，例如，告诉你"男孩"（boy）在法语中的对应词是"*garçon*"。但是，谷歌翻译没有能力使自己具备从词语到外部世界的语义，因为它对现实世界中的男孩和女孩一无所知。当谷歌翻译将某个单词放在其他单词的语境中加以考虑时，倒是的确表现出了一定程度的语用敏感性，但是它并不理解自己正在翻译的文本的目的。

评估

与人类智识相比，谷歌翻译是一个天才的笨蛋。它在某项艰巨的任务上能力出众，但在任何其他事情上却一窍不通。现在，它开始符合解决问题和学习的基准了，但是它在交流和感知方面才刚刚碰到门槛。至于智能的其他特征，包括推理、抽象、规划、决定、理解、感觉、行动和创造，它完全不具备。

尽管谷歌翻译使用强大的计算技术将一种语言的文本转换成了另一种语言的文本，但是由于它缺乏更深层的句法、语义和语用机制，其语言能力受到了限制。谷歌翻译通过人工神经网络中的统计推理得出翻译结果，并不依靠人类所运用的机制，包括意象、概念、规则、类比、情感、有意图的行动和意识。谷歌翻译的工作速度和范围远远胜过人类译者，但是这一点是通过一种远比人类智识肤浅的智能实现的。

推荐系统

当我在电视机或电脑上启动网飞时，它会为我提供一个推荐清单，列出我可能喜欢的电影或电视节目。这些建议会引导我未来看些什么，但是网飞是怎么知道我的品味的呢？无独有偶，亚马逊经常给我发电子邮件，内容是根据我之前的购买记录判断出的我可能想买的东西。苹果音乐（Apple Music）每天都会根据我已经听过的歌曲为我推荐可能喜欢的歌曲。

提供推荐的计算机程序被称为推荐系统，无数的零售企业和服务供应商用它们来向人们推荐他们可能会动心的商品。这些推荐系统在一定程度上算得上是智能的，因为它们在学习相似人群偏好的基础上解决了一个问题。

网飞做些什么

在全球范围内，网飞拥有超过 1 亿的用户，能否使之成为订阅用户并留住他们，取决于他们是否喜欢网飞提供的电影和电视节目。因此，网飞以及其他商品和服务供应商都投其所好地向人们推荐产品。当我登录网飞时，它会告知我新推出了哪些节目，并根据我之前的选择推荐若干主题。只要我曾经不嫌麻烦，给看过的节目打过分，网飞还会使用这些信息为我推荐我可能喜欢的类似节目。像亚马逊这样的推荐系统主要依靠的是用户之前的选择，而网飞的推荐过程则更加复杂。

网飞是如何运作的

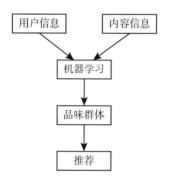

图 3.8　网飞如何识别品味群体并以此向个人进行推荐

如图 3.8 所示，网飞使用机器学习来整合两种信息。第一种信息是关于它数以百万计的用户。网飞不仅知道用户看了什么，还知道他们是什么时候看的，看了多长时间，以及哪些节目是他们开始观看之后中途退出的。此外，网飞还有专业的标签员，他们会从地点、演员、类型和烧脑程度等维度来给成千上万的节目打标签。

网飞运用机器学习算法来评估哪些内容因素在预测个人观看习惯方面最为重要，这形成了网飞整合的第二种信息。从 2006 年到 2009 年，网飞举办了一场比赛，悬赏 100 万美元，看是否有人能提出一种算法，精准程度超出网飞公司自身的预测方法 10% 以上。杰弗里·辛顿的多伦多团队研发的深度学习是入围决赛的选手之一，不过另一个综合使用更为标准的机器学习技术的小组夺得了奖项。

网飞的多样化算法将观众分为 1000 多个品味群体，这些群体由具有相似偏好的人员组成。网飞利用所掌握的关于用户的信息，将用户划分到某个品味群体中，然后向用户推荐适合这个群体的内容。

机器和生灵　人工智能、动物智慧与人类智识

网飞还根据用户看过的特定节目给出更为到位的建议。例如，如果用户看过《纸牌屋》，它就会在"鉴于用户看过《纸牌屋》"的标题下为用户提供一个类似节目的列表。

特征基准

网飞使用的算法能预测人们会将自己观看的新节目列入什么等级，因而这些算法确实有助于解决"使用关于用户和内容的信息来做出有用推荐"这一问题。此外，网飞推荐系统是利用关于节目和偏好的大型数据库进行大量学习从而实现这种功能的，而且它在将观众分成不同品味群体时还完成了一定程度的抽象化归纳。当网飞从数以千计的节目中选择应该为特定个人推荐哪些节目时，它是在进行某种决策。这些推荐提供了信息，供人们从屏幕上获得，从这个意义上讲，这些推荐还展现出了一种微弱形式的交流。

然而，网飞的推荐系统显然缺乏智能的其他特征。它无法感知现实世界中的任何事物或行动，也无法对自己的选择进行推理。它不会告诉你如何安排晚上的活动，例如，看一系列的节目。网飞无法通过因果解释或推理来为自己做出的推荐提供支撑，因而它根本不理解自己的所作所为。网飞的推荐旨在提供人们能够很快识别和接受的建议，所以它根本没有试图去创新。它的目标是让顾客产生积极的感觉，但它的算法本身并没有感觉。

机制基准

网飞运用了令人惊叹的计算机制来习得那些可以用来预测人们喜欢什么节目的因素，并将人们分别汇聚到相应的品味群体之中。饶是如此，它依然缺乏人类智识所依托的大多数机制。对于人类而言，在欣赏那些严重依赖视觉和听觉呈现的电影和电视节目时，意象是不可或缺的。我最喜欢的电影是《卡萨布兰卡》，我可以轻松地想象亨弗莱·鲍嘉（Humphrey Bogart）和英格丽·褒曼（Ingrid Bergman）道别的场景，并对此心有戚戚。但是网飞的内容分析却依赖真人用语言标签代替这些意象，并完全抛弃了意象。此类标签使用了诸如"戏剧"和"喜剧"这样的词汇，但是网飞对这些概念的表述却非常之少，也没有什么明显的规则。网飞固然在使用语言表达来与用户交流，但这些都是没有语法、语义或语用基础的常用模板。它的推荐系统缺乏有意图的行动、情感和意识。

当网飞根据你已看过的节目推荐你观看这样或那样的节目时，它是在使用一种简单的类比。根据是否使用属性、关系或关系中的因果关系，可以将类比分为三个层次，如下例所示。

（1）属性类比

电影1中有一个男人，一个女人，还有笑声。你很喜欢它。

电影2中有一个男人，一个女人，还有笑声。

所以你可能会喜欢电影2。

（2）关系类比

电影1中有一个男人喜欢一个女人，女人跟男人开玩笑。你很喜欢这部电影。

电影2中有一个男人喜欢一个女人，女人跟男人开玩笑。所以你可能会喜欢电影2。

（3）因果关系类比

在电影1中，一个男人喜欢一个女人，并引得这个女人和这个男人开玩笑。你很喜欢这部电影。

在电影2中，一个男人喜欢一个女人，并引得这个女人和这个男人开玩笑。所以你可能会喜欢电影2。

许多来自科学和日常生活的例子表明，人类能够使用基于因果关系的类比，但是现有的推荐系统并不理解电影情节中的关系结构，也不理解因果关系。

评估

　　网飞和其他公司的推荐系统在有限的程度上展现了解决问题、决策、学习、抽象和交流这些智能特征的若干方面，因而算得上稍具智能。不过，智能的其他特征就付之阙如了：感知、规划、理解、创造、推理、情感和行动。推荐系统在机制方面就更为薄弱了，因为它们仅能采用形式单薄的概念和类比来运作，并不具有其他形式的智能机制。目前有若干问题还有待回答：假如推荐系统变得更像人类，例如使用更为丰富的类比，它们是否会运作得更好？这种改进是否合算？

机器报告卡

　　我只讨论了六个机器智能的例子。我之所以这样选择，是因为它们既令人称奇又广受欢迎。我原本可以分析其他一些例子，比如脸书（Facebook）和其他公司对人脸识别技术的使用。此外，一些大学也在如火如荼地开展人工智能研究，本章的参考文献中列出了其中我最欣赏的部分研究。尽管如此，本章讨论的六款机器还是提供了一份信息丰富的样本，说明了机器目前可以完成什么，同时表明现有研究还远远没有实现人类水平的智能（又称为通用人工智能）。

　　表 3.1 和表 3.2 中的报告卡总结了我的评估，根据智慧的 12 个特征和 8 种机制基准给每套人工智能系统打分。按照美国式的评分惯例，分数分别为 A、B、C 和 F。在所有参评系统中，没有一个得到 A 的（假如某款机器得 A，就表明该机器接近人类的水平了）。B级意味着该系统具有人类的大部分性能，C 级表示它仅仅具备人类

能力中的少部分能力，而 F 级则表示它连基准的门槛都还没有达到。

　　表 3.1 中的报告卡总结了这 6 款机器在 12 项功能基准测试中的表现。它们都能够进行某些基本类型问题的解决和学习，不过它们在许多方面不如人类。两个最为显著的差距出现在情感和理解这两个特征上。至于其他特征，均有一些机器能够具备。我们可以得出结论，机器智能正在接近人类智识中的某些特征，但是要想与人类智识相匹敌，则还有很长一段路要走。特别是，人类中的大多数都可以在这 6 款机器所属的领域内玩转自如，反过来，这些机器却只能局限于它们自己的特定用途。当我们意识到这一点，人类智识和机器智能之间的差距就显得更为悬殊了。

表 3.1　报告卡：根据智慧特征对机器进行的评估

特征	沃森	阿尔法元	自动驾驶汽车	虚拟助手	谷歌翻译	推荐系统
感知	C	F	B	C	F	F
解决问题	B	B	C	C	C	C
规划	C	C	C	F	F	F
决定	B	B	C	C	F	C
理解	C	F	F	F	F	F
学习	C	C	C	C	C	C
抽象	F	C	C	F	F	C
创造	C	C	F	F	F	F
推理	B	C	F	F	F	F
情感	F	F	F	F	F	F
交流	C	F	B	B	C	C
行动	F	F	B	C	F	F

表 3.2 中的报告卡显示，这 6 款机器在智慧机制方面的成就更为有限。它们都不能运行实现意象、情感和意识的机制。人工智能系统在处理概念和规则方面取得了一定程度的成功，但是要说用于语言和有意图的行动的完整机制，它们才刚刚起步。

表 3.2　报告卡：从智慧机制角度对机器进行的评估

机制	沃森	阿尔法元	自动驾驶汽车	虚拟助手	谷歌翻译	推荐系统
意象	F	F	F	F	F	F
概念	C	C	C	C	F	C
规划	C	C	C	C	F	F
类比	F	F	F	F	F	C
情感	F	F	F	F	F	F
语言	C	F	F	F	C	F
有意图的行动	F	C	C	F	F	F
意识	F	F	F	F	F	F

关于人工智能可以多快赶上人类智识，人工智能专家们意见不同，莫衷一是。2017 年，对人工智能专家所做的一项调查发现，总体来看，专家们估计，在 45 年内，机器有 50% 的概率能够达到人类智识的水平。这表明，到 2062 年的时候，表 3.1 和表 3.2 中的单元格大部分可以打上 "A"。在第 5 章，我将会列举人类相对于动物和现有机器的许多优势，以此提供更多持怀疑态度的理由。

从硬件角度为通用人工智能辩护的论点是：由于摩尔定律，计算机的速度和内存每两年会翻一番，因此人工智能势必会很快超过人类智识。但是计算机部件的尺寸要受到物理限制，这就意味着虽然计算机的速度和内存在过去曾经有了令人眼花缭乱的进步，但是这种进步速度不会以同样的指数继续下去。此外，智能既是硬件问题，也是一个软件问题，我们没有理由相信，智能软件的发展会遵循指数增长的模式。在过去的十年间，有了更加智能的算法、速度更快的计算机和规模更大的数据库的加持，深度学习做出了巨大的贡献，但是我又发现了多种类型的解决问题和学习的方式，它们在因果关系等方面向人工智能发出了新的挑战。

关于人工智能永远达不到人类智识水平的种种主张，目前尚无定论，不过，产出这种达到人类水平的人工智能面临着巨大的技术障碍，而且这种技术障碍根深蒂固。我预计，我的基准报告卡中的得分差距，会得到渐进式的填补，但这项事业需要耗费的可能是几个世纪而不是几十年的时间。在第7章，我将讨论那些关于阻止人工智能事业取得完全成功的主张的伦理论据，并提出若干我们可以采取的步骤，来限制人工智能的进展。就目前而言，第1章的赋予程序允许我们将一些智慧特征赋予机器，如解决问题和学习等，但是却阻止我们将诸如意象、情感和意识等人类智识的其他重要方面赋予机器。

4

惊人的动物

计算机和狗，哪个更聪明些？细菌等简单生物、植物和水母等动物能够感知环境并对环境做出反应，这种能力中就有智慧的痕迹。不过我感兴趣的还是那些更聪明的动物，并重点关注蜜蜂、章鱼、渡鸦、狗、海豚和黑猩猩。这六种动物涵盖了昆虫、软体动物、鸟类和哺乳动物，为非人类动物的智力提供了很好的概览。这里没有包括鱼类，在第 6 章我将探讨鱼是否会感到疼痛，弥补这一空缺。

对于这六种动物中的每一种，我都将描述它们使用精神和神经机制做什么，以及它们是如何运作这些机制的。这些信息回答了我针对机器提出的同样的问题：以智能的 12 个特征和 8 种机制作为基准，这些动物的得分情况如何？在本章的最后，表 4.1 和表 4.2 还言简意赅地提供了动物智慧与人类智识、机器智能的比较情况。

蜜蜂

昆虫有 4 亿多年的进化史，通常并不以聪明为人所知。但是，白蚁、蚂蚁、黄蜂和蜜蜂等社会性昆虫却表现出了令人惊叹的能力，使得它们能够解决问题、学习和相互交流。蜜蜂是在 1 亿多年前从黄蜂进化而来的。与食肉的黄蜂不同，蜜蜂转而以花朵（也是新进化而成的事物）的花蜜和花粉为食。现存的蜂种数以万计，不过最为研究人员关注的还是蜜蜂。

它们做些什么

我钟爱蜂蜜，哪怕它来自蜜蜂的呕吐物。蜜蜂从成百上千的花朵中采集花蜜，然后储存在一个特殊的胃里，在那里酶开始将花蜜消化成单糖。为了维系这个过程，蜜蜂会将由此产生的混合物反刍到其他蜜蜂的嘴里继续进行消化过程。最后，这一过程的产物被吐到某个物体的表面上。蜜蜂拍打翅膀，让这产物干燥起来，等干燥到一定程度它就开始有了蜂蜜的样子。

蜜蜂的所作所为中有很多是本能的行为，例如吮吸花蜜并把它传给其他蜜蜂。不过，寻找花朵需要具有足够的解决问题能力和学习能力，以至于有研究人员在研究他们所称的"蜜蜂认知"。蜜蜂必须足够聪明，才能在不断变化的环境中找到花蜜，然后回到它们的蜂巢。它们的眼睛提供视觉，使它们能够识别颜色和形状；它们的触角提供了嗅觉，使它们能够察觉花朵的气味和其他蜜蜂的信息素。蜜蜂还通过触角和身体其他部位（这些部位也有触觉感受器）察觉味道。熊蜂（bumblebee）可以用一种感觉（视觉或触觉）来体验某个物体，然后用另一种感觉认出它来。蜜蜂是否有产生疼痛的伤害性感受器，目前还难以定论，不过它们具有人类所缺乏的电磁感应。总的来说，就感知而言，蜜蜂与上一章讲的机器相比，更为接近人类。

蜂箱里通常有数以千计的寻找花蜜的蜜蜂。蜜蜂能够离开蜂箱，在方圆1千米或更远的范围内寻找花朵。它们在一天的工作中可能要接触数百种不同的花朵。尽管工蜂只能活几个星期，但是它们通过了解所处的环境，更好地辨别花朵，可以更好地解决寻找花蜜这一问题。它们还会学习从特定种类的花朵中采到花蜜的新技巧。

研究蜜蜂认知的人员通过严格的实验研究了蜜蜂的学习能力。通过给糖作为奖励，可以训练蜜蜂利用自己的各种感官做出多种微妙细致的辨别。它们能够通过高效安排觅食顺序的方式进行规划，使自己能够访问熟悉的花朵。蜜蜂甚至对数字有一种初级的领悟力，能够分辨出物品 0~3 的数量。

蜜蜂能够通过摇摆舞向蜂巢中的其他成员传达优质花蜜来源位于哪个方向；在摇摆舞中，它们用身体动作告知其他蜜蜂，应该如何根据太阳的方向找到路线。也就是说，蜜蜂会分享成功经验，从而学会如何更好地单独或集体采集食物。

除了采集花蜜，蜜蜂解决的最为重大的问题是为新蜂巢寻找位置。侦查蜂会外出寻找有希望作为新蜂巢位置的地点，并使用摇摆舞与留守蜂巢的蜜蜂进行交流，告诉它们应该到哪里去寻找新位置。通过复杂的互动，蜜蜂最后集体决定哪里才是最有希望成为新蜂巢位置的地点，然后成群结队出发前往那里建立新蜂巢。

蜜蜂是近 2 万种蜜蜂科动物中的一种。不过，除了蜜蜂，只有熊蜂得到了广泛研究。令人惊讶的是，特别聪明的熊蜂可以学会通过拉动绳子来拿到糖吃，而其他熊蜂则在从旁观察之后就掌握了这一技能。这项实验表明，蜜蜂科动物能在模仿学习的基础上，学习使用工具，进行简单的文化传播。但是，这些证据并不足以确定蜜蜂科动物所进行的是因果式学习，而不仅仅是联想式学习。研究人员甚至还声称，当熊蜂获得超出预想的奖励时，它们能够拥有类似情感的状态，这或许表明熊蜂可能拥有情感。不过这方面的实验还不够精确，无法排除另一种假说，即蜜蜂只是在处理奖励，而不是感受奖励。

机
器
和
生
灵

人
工
智
能
、
动
物
智
慧
与
人
类
智
识

它们是如何做到的

上一章所讨论的机器操作并无多少神秘之处，因为它们的硬件和软件都是由人类制造的。因此，那些让它们得以具备智能的各种特征的机制也就不难识别了：我们知道是哪些组件、连接和互动产生了智能的变化。相比之下，了解动物的智慧却是颇具挑战性的，因为要这样做就必须弄清楚动物的大脑究竟是如何工作的。

蜜蜂的大脑比人类的大脑要小很多，也要简单很多。蜜蜂的脑容量只有 $1mm^3$ 左右，比葵花籽还小；蜜蜂的大脑只有不到 100 万个神经元。与之相比，人类大脑中则有 860 亿个神经元。蜜蜂的大脑分成若干功能区域。这些功能区域不同于人类和其他哺乳动物大脑的功能区域。蜜蜂大脑使用的某些神经递质与哺乳动物大脑所用神经递质相同，如多巴胺和 5- 羟色胺等。但是，蜜蜂的大脑还使用章鱼胺。章鱼胺在无脊椎动物中很常见，具备去甲肾上腺素在哺乳动物中所发挥的部分功能。不过，微型脑部扫描和其他技术可能有助于弄清楚蜜蜂的智慧是如何从神经活动中衍生产出的。

蜜蜂强大的感知能力有赖于多种神经机制，如今，人们对这些神经机制的了解越来越深入。蜜蜂的大脑有专门处理视觉、嗅觉、味觉、触觉和某种形式的听觉信号的区域。这些信号来自蜜蜂的眼睛、触角以及身体的其他部分。与人类一样，这些信号会在神经元集群中产生放电模式，而这些神经元集群还可以产生作为物体表征的附加模式，例如具有颜色、形状和气味的花朵等。蜜蜂具有特殊的大脑结构，因其形状而被称为"蘑菇体"。这使蜜蜂能够将不同的感觉整合起来。

对于蜜蜂是否具有类似意象的表征能力，研究人员意见不一。劳斯·奇卡（Lars Chittka）认为："没有什么直接证据表明，蜜蜂实际上感知到了意象——在蜜蜂大脑中某个地方以小小的虚拟图片的形式。"不过一项小型研究得出的报告显示，熊蜂能够识别循环出现的图案。詹姆斯·古尔德（James Gould）发现有证据表明，蜜蜂可以使用认知地图，利用熟悉的地标来辨别路线。对人类来说，认知地图是与视觉意象相伴的。例如，当你在脑海中勾勒出从家到工作地点或学校的路线时便是如此。许多其他动物，如迷宫中的老鼠，也使用认知地图来指导行动，但是如果没有新的证据（就像那些证明人类具有意象的实验），很难说这些动物是否会产生有意识的意象。

蜜蜂的学习神经机制与哺乳动物所用的学习神经机制相似。神经网络——无论是人工神经网络还是自然神经网络——中的学习主要是通过改变神经元之间的连接进行的。加拿大神经科学家唐纳德·赫布（Donald Hebb）发现，前述的学习可以用一种简单的方式进行。他在 1949 年提出，那些相互连接并同时放电的神经元，其突触连接会得到加强。赫布型学习方式提供了一个强大的通用学习机制，可以将不同的特征关联起来。例如，感知花朵颜色的神经元与感知花朵气味的神经元同时放电。

蜜蜂的大脑还能进行强化式学习，与阿尔法元学习下围棋类似。蜜蜂的大脑包含一种独特的神经元，即 VUMmx1，它会对蔗糖做出反应；但是，如果在它对某种气味做出反应后再提供蔗糖作为奖励，那么它也能够学会对该气味做出反应。章鱼胺这一神经递质在学习中的作用方式，与多巴胺支持哺乳动物进行强化式学习的方式如出一辙。那些主张蜜蜂拥有情感的研究人员也指出，这些神经递质是神经机制的一部分。而且，按照他们的主张，这些神经机制类似于人类的乐观和悲观。

这些在神经元中运作的学习机制使蜜蜂能够将物体分成不同类别，例如将花分成不同种类。对于人类而言，概念通常是伴随着那些与事物关联的特定单词的，例如，用"天竺葵"一词来指代一种花。在大脑中，概念被自然而然地理解为神经元集群中的放电模式。这些放电模式中包括了对标准示例和典型特征的表征。

对蜜蜂的研究表明，它们具有的概念不仅可以表示简单的属性，如颜色和气味，还能表示关系，如上面、下面、相同和不同。奥罗拉·阿瓦格－韦伯（Aurore Avarguès-Weber）和她的同事报告了若干项支持这一解释的研究：

> 要掌握一个关系性概念，大脑就要对该关系进行编码，且不受由该关系所连接的物理对象的束缚。由是观之，掌握关系性概念与抽象能力是相一致的。并且，要同时处理几个概念，其前提条件是具备更为精密的认知，而人们认为这样程度的精密认知是无脊椎动物所不具备的。我们发现，蜜蜂的大脑虽然微小，但是却能迅速学会同时掌握两个抽象概念，其中一个概念基于空间关系（"上／下"和"右／左"），另一个则基于对差异的感知。学会使用这种双重概念对视觉目标进行分类的蜜蜂，会将自己的选择转变为未知的刺激，这些刺激就该双重概念的可用性提供了最佳匹配：它们的组成部分呈现出了恰当的空间关系，并且彼此不同。

由此看来，蜜蜂似乎是可以运作概念的心理机制（通过神经元实施）。无独有偶，蜜蜂研究人员经常将蜜蜂描绘为拥有一定的规则，可以借此掌握规律性，比如物体、地点和收获之间的联系：如果某朵花有特定的形状和颜色，那么它就一定有花蜜。

蜜蜂可以相互告知，在哪里有可能找到花蜜来源。它们之间的这种交流既需要社会机制，也需要神经机制。社会机制是指这样的机制：它的组成部分是有机个体，有机个体之间的相互作用包括将信息从一个有机体传递到另一个有机体。我过去曾一直认为，蜜蜂是通过视觉交流的方式来观察其他蜜蜂的摇摆舞的，就像人类观察彼此的姿势一样。但是蜜蜂之间的实际交流似乎是通过电磁方式进行的：一些蜜蜂在摇摆舞中产生电场，而其他蜜蜂则用它们的触角感知这些电场。就感知电场的蜜蜂而言，它们听觉中枢中的神经元会做出反应，产生若干放电模式，以此表示应该飞往哪个方向去寻找食物。

特征基准

尽管蜜蜂身体和大脑都很小，它们却符合了智慧的大多数特征基准。对于我们熟知的感觉模式——视觉、听觉、嗅觉、味觉和触觉，它们都能够具备；此外，它们还多了一样超出人类能力范围的、对于电磁场的敏感性。蜜蜂不仅观察自己所处的环境，还能够通过许多行为方式对环境做出反应，包括行走、飞行、进食和交配。

蜜蜂能够进行多种类型的问题解决和学习，使它们的行为远远超越了本能的范围。它们可以通过广泛的探索、学习以及与其他蜜蜂的互动，为解决诸如寻找食物和蜂巢位置等问题找到新方法。它们似乎还能够学习诸如"相同"等超出了简单感知特征范围的抽象关系。

蜜蜂能够为寻找植物制定非随机策略，因而它们能够进行规划。在为新的蜂巢选定地点时，整个蜂巢的蜜蜂会参与到集体决定中来。用来建议蜂巢地点和表明食物位置的摇摆舞是一种有效的非语言交流方式。

关于蜜蜂是否具有疼痛和情感等体验，科学界仍然众说纷纭，未见分晓。在第 6 章，我使用赋予程序来确定鱼是否会感到疼痛和狗是否会有嫉妒心，并考虑了除此之外其他的解释，例如在机器人中发现的那种动机驱动。有时候，关于行为和机制的现有信息不足以给出靠谱的答案。

在智慧的特征中，有几个特征超出了蜜蜂的能力范围。它们会对哪里有望找到食物做出推论，但是缺乏语言能力来为自己所做的事情提供理由。同样地，虽然它们学会了因果关系，比如什么样的花能带来称心如意的花蜜，但是它们无法进行任何因果方面的理解来解释自己所学的内容。同样，它们的学习机制也不够强大，不足以创造任何新颖别致的、令人惊讶的和有价值的表征。熊蜂虽然可以学会通过拉动线绳来获取食物，但是此举却不具创造性，因为人类必须首先为它们示范，然后它们还得彼此示范才行。

机制基准

在我提出的人类智识的 8 种心理机制中，最显而易见属于蜜蜂能力范围内的是概念和规则（被理解为神经放电模式）。如果没有更多关于蜜蜂能够导航的证据，没有更明确的关于如何将意象赋予动物的标准，那么蜜蜂是否具有意象就是存在争议的。蜜蜂能够察觉到相似之处，甚至对相同和不同做出抽象关系的判断，但它们并没有表现出进行类比的能力。

如果蜜蜂果真像某些研究人员主张的那样，是有情感的，那么我们可以赋予它们某种程度的意识。然而，与鱼类不同（鱼类的行为会受到止痛药的影响），蜜蜂在受到伤害后并没有依靠吗啡而释然，所以很难说蜜蜂能有意识地感受到疼痛。同样地，用简单的、非感觉的奖励机制来解释蜜蜂的觅食行为，比用需要评估和生理反应的情绪来解释要更加说得通。

蜜蜂的行为是由简单的学习驱动的，而不是靠形成意图（这对

人类而言很重要）驱动的。尽管蜜蜂依靠摇摆舞进行交流的能力令
人惊叹，但它们缺乏处理复杂得多的句法、语义和语用信息所需的
人类语言机制。

评估

总的来说，蜜蜂远比细菌、植物或水母等动物更有资格被认为
是有智慧的。它们展现出了 12 种智慧特征中的 8 种。不过非常惹眼
的是，它们缺少了推理、理解和创造能力，而且还可能缺少情感。

就机制而言，蜜蜂的智慧最令人信服的促成因素是概念和规则，
但是类比、有意图的行动和语言却付之阙如。很难说蜜蜂是否有意
象、情感和意识。话虽如此，蜜蜂的行为，如觅食、修筑蜂巢和开
展交流，表明它们是智慧的。

章鱼

蜗牛和蛞蝓等软体动物并不以聪明著称。但在 8.5 万种软体动
物中，头足纲动物（包括鱿鱼、乌贼和章鱼）则因为大脑庞大和行
为复杂而显得鹤立鸡群。章鱼被认为是最聪明的无脊椎动物，远远
超过昆虫、蠕虫和其他软体动物。

它们做些什么

章鱼拥有强大的感官，因而能够解决寻找食物和躲避天敌这两
大生存问题。它们的眼睛在明亮和昏暗的条件下都能很好地工作，
而且察觉偏振光的能力超过了人类。它们的八只腕足上覆盖着数百
个吸盘，使它们具备了触觉和味觉。这些吸盘中的化学感受器非常
敏感，可以接收到来自很远的地方的化学信息。此外，章鱼还通过

腕足末端的器官具备了嗅觉。不过，它们没有任何听觉器官。

章鱼很快就能学会解决有关进食、逃跑和导航的复杂问题。太平洋巨型章鱼能够在几种吃蛤蜊的方法之间做出选择：是将蛤蜊的壳撕开，还是用角质腭将蛤蜊啄开，或者在蛤蜊身上钻一个洞。章鱼能够灵活应对不同的情形，包括蛤蜊的种类、蛤蜊壳的厚度和蛤蜊的肌肉力量等。章鱼还会拧开盖子来获取罐子里的食物。

为了躲避天敌的捕食，章鱼会通过喷射推进的方式——通过体内的导管喷水——来移动。它们还会在 1 秒钟之内迅速改变自己的颜色、花纹和质地来躲避天敌。章鱼还有一个令它们声名显赫的本领：能够从很小的孔隙中钻出去或者翻越墙壁，从水族馆里逃之夭夭。有人发现，章鱼中的一个物种，条纹蛸，甚至能够用椰子壳作为工具。章鱼的这些技艺表明，它们能够进行颇有创意的规划。不过，并没有任何迹象表明章鱼对自己所做的事情进行过推理，或者通过因果解释来对这些事情加以理解。章鱼可以区分不同的天敌，但我并没有发现任何实验表明，它们能够形成诸如"相同"这样的抽象概念。

章鱼在发现食物或者遇到天敌之时会表现出注意力的转移，但是这种转移是否表明它们具有意识，那就难以定论了。2012 年《剑桥意识宣言》（The Cambridge Declaration on Consciousness）将章鱼归入了该宣言认为具备意识的动物之列，但是相关证据其实有限。要说章鱼能够感受到疼痛且感受方式与哺乳动物和鸟类大致相同，这似乎也不无道理，因为章鱼有伤害性感受器和阿片受体，并会对镇痛药产生反应。为了躲避天敌，它们会当机立断，断开并舍弃自己的腕足，但是过后又会小心翼翼地呵护伤口，也许是因为想要避免更多的疼痛。

章鱼很少社交。它们只有为了交配才会聚在一起，而且交配的方式相当暴力，因此它们不需要交流。有报告表明，给章鱼服用摇头丸（亚甲二氧甲基苯丙胺，MDMA）能使章鱼变得更乐于社交。但是，这种药物或许只是干扰了章鱼察觉潜在配偶的化学线索。与人类不同，社会认知似乎并不是章鱼大脑之所以发育得如此之大的一个因素。不过，最近发现的一个章鱼群居地中居住的章鱼超过 10 只，所以，也许章鱼会进化成更愿意社交的动物。

章鱼很可能并不是海里最聪明的生物。在鱼类中，蝠鲼的大脑最大，而且甚至能从镜子里认出自己来。海豚和鲸是比章鱼有更多神经元和更复杂行为的哺乳动物。话虽如此，章鱼还是值得认可，因为它们表明，智慧并不需要脊椎。

它们是如何做到的

章鱼的大脑只有核桃大小，但是章鱼有大约 5 亿个神经元，其中一半以上都在腕足中，因此章鱼的腕足拥有很大程度的独立控制权。章鱼每只腕足的底部都有一个大神经节（神经丛），这使得一些科学家认为章鱼其实有九个大脑，与它的三个心脏相配合。不过关于章鱼心脏数量的说法似乎比关于章鱼大脑数量的说法更可信。

章鱼的神经元数量比蜜蜂多 500 倍。章鱼在行为和神经元数量上可与猫等小型哺乳动物等量齐观。不过，章鱼的大脑组织结构与哺乳动物不同，其垂直叶系统类似于昆虫体内的蘑菇体。尽管如此，就像蜜蜂和哺乳动物一样，章鱼的神经元能够通过改变突触连接强度来进行联想式学习和强化式学习。

像蜜蜂一样，章鱼缺乏人类那种语言导向的概念，不过它依然能够进行复杂的区分。章鱼能将不同种类的天敌区分开来，并有针对性地采取相应的变色策略来应对。同样地，章鱼能区分不同的食物，它们用不同策略来打开贝壳便是这方面的明证。人类用概念将真实世界中的物体归入多种服务于行动目的的有用范畴中，从而服务于各种非语言功能。章鱼似乎具有这些类别的概念。

在"如果—那么"模式神经表征这个意义上，认为章鱼具有规则机制似乎也是合理的。例如，人们已经知道，如果章鱼对它们的某些看管人员产生反感，就会采取符合以下规则的行为：如果这些看管人员从旁经过，章鱼就会朝他们喷水。目前还没有人观察过章鱼是否能通过类比进行学习，不过有实验已经表明，章鱼能够通过模仿进行学习：一只章鱼观察另一只章鱼捕食，然后如法炮制。

章鱼是否具备有意识的体验，这个问题很是棘手。彼得·戈弗雷－史密斯（Peter Godfrey-Smith）指出，就算章鱼果真有体验，这种体验也与人类的体验大不相同。你已经习惯了控制自己的胳膊和腿的感觉，但章鱼却是把运动控制交给了腕足上的大量神经元来完成的。我还没有发现致力于解决头足纲动物的意象和认知地图问题的实验。鉴于章鱼大脑和人类大脑之间的巨大差异，以及章鱼缺乏可识别的情感行为，我们没有理由将情感机制赋予章鱼。

特征基准

除了听觉，章鱼的感知能力是不容小觑的。章鱼的光感受器有限，因而它们可能是色盲，不过它们具有在人类中未曾发现的化学传感能力。章鱼的联想式学习能力和强化式学习能力使它们能有效解决获取食物、躲避天敌和在新环境中寻找方向等问题。章鱼有一定的规划能力，并且能够通过移动身体和操作自己的腕足来采取行动。它们能够做出决策，但是缺乏抽象、推理和解释性理解的能力。

由于章鱼是非社会性动物，它们没有相互交流的机制，这与蜜蜂的摇摆舞、哺乳动物的身体姿势和面部表情以及人类的语言形成了鲜明对比。章鱼第一次拧开罐子获取食物是新奇、出人意料的，对章鱼自己而言也是很有价值的，因此可以说是有创造性的。章鱼的疼痛表现和生理机能暗示，章鱼具有相关感觉能力。

机制基准

尽管章鱼的大脑与人类不同，但章鱼赖以运作的许多机制，与使人类具备智识的机制是相同的。它们通过神经放电模式进行推理和行动，并通过改变神经元之间突触连接的强度进行学习。

我们有确凿证据表明，章鱼所具有的主要心理机制是概念和规则。能够学习区分不同种类的食物和不同类型的天敌，就意味着章鱼有概念机制，而且对概括和行为的规则式表征在发挥作用。鉴于章鱼在规划之时所进行的一系列行动，设想它们能够有意识地行动并非异想天开。

相比之下，我却一直无法找到证据证明章鱼具有包括意象和情感在内的心理机制。人们经常形容章鱼好奇，而好奇是一种情感；不过也可以对此进行纯粹的行为描述，即章鱼经常探索自己所处的环境和研究新的物体。我不确定章鱼是否有能力区分"相同"与"不同"，不过涉及关系异同的类比推理超出了它们的能力范围。尽管有些浪漫的研究人员想把情感意识赋予章鱼，但没有人认为章鱼具备进行语言交流的机制。

评估

章鱼的表现坐实了它们作为地球上最聪明的软体动物的声誉，因为它们在一定程度上满足了我所提出的 12 项特征基准中的 8 项。这个得分表明它们与蜜蜂旗鼓相当，不过蜜蜂相比之下更加善于交流。进一步的实验可能表明，章鱼也能够感觉疼痛并对其进行抽象化归纳。

就机制基准而言，章鱼比它们在特征方面的得分要低，这一点和蜜蜂一样。这两种动物似乎都具备概念、规则和有意图的行动。它们可能具有意象、情感和意识，但是还有待进一步证实。比这还要牵强的是假设章鱼能够使用类比和语言来管理自己的智慧行为。

章鱼这样的软体动物所表现出的智慧居然可以与像乌鸦这样的鸟类和像狗这样的哺乳动物相媲美，这是令人惊叹不已的。不过，就智慧的几个特征和许多机制而言，章鱼则远远赶不上人类的智识。

渡鸦

蜜蜂可以说是最聪明的昆虫，章鱼是最聪明的软体动物，蝠鲼是最聪明的鱼，而人类则是最聪明的哺乳动物。最聪明的鸟是什么呢？科学界的共识是，最聪明的鸟类家族是鹦鹉科和鸦科鸟类。鸦科是由100多种鸟类组成的群体，包括各种各样的乌鸦、松鸦、寒鸦、喜鹊和渡鸦。在解决问题的能力方面，鸦科鸟类与黑猩猩等类人猿是类似的。

在鸦科鸟类中，渡鸦的大脑最大，有超过20亿个神经元。渡鸦是一种大型黑色鸟类，在许多神话中都有它们的身影。例如，在美洲土著民间传说中，渡鸦聪明机智，极富创造力；而在挪威民间传说中，渡鸦则与死亡相互联系。在争夺最聪明的鸦科鸟类称号方面，渡鸦的劲敌是新喀鸦，后者可以打造多种多样的工具，用来解决复杂的顺序问题。就机械问题而言，鹦鹉并不像鸦科鸟类那样先进；不过它们在经过训练之后能够使用语言。一只名叫亚历克斯（Alex）的灰色鹦鹉可以运用100多个单词进行交流。

它们做些什么

和其他的鸦科鸟类一样，渡鸦具有敏锐的视觉和听觉；它们还具有足够的嗅觉，能够找到埋藏的食物。渡鸦能发出多种多样的声音，甚至能像鹦鹉一样模仿人类的声音。有一只渡鸦甚至能说出埃德加·爱伦·坡（Edgar Allan Poe）的诗歌中的一个著名单词"nevermore"（绝不再）。渡鸦的感知能力非常敏锐，能够识别特定的其他渡鸦，还能区分不同人的面孔。它们在人工饲养状况下能活50年。与大多数鸟类一样，而与大多数哺乳动物不同的是，渡鸦出双入对，与伴侣终身相伴，这种伴侣关系在人工饲养状况下可以延续40年。

渡鸦能够解决日常生活中多种多样的问题，包括寻找各种食物、躲避天敌和寻找配偶。它们还能够解决规划问题，比如选择工具供将来使用，这超出了包括猴子在内的大多数哺乳动物的能力。

像松鸦、乌鸦和渡鸦这样的鸦科鸟类表现出了复杂的储藏行为，它们会把食物储存起来，以备将来食用。乌鸦会制造假象，如果它们储藏食物的地点被别的鸟发现了，它们就会把食物转移到其他地方去。认真细致的实验显示，渡鸦不仅能为不久的将来（15分钟后）发生的事情做出决定，而且还能为更为长远（最长可为17小时后）的事件做出决定。此外，当考虑未来该做什么时，渡鸦似乎能进行自我控制。这些发现来自两个实验安排。在第一个安排中，渡鸦让一块石头从一条管道中通过并打塌一个平台，然后它们就可以得到食物作为奖励了；在另外一个安排中，渡鸦用一个蓝色的塑料瓶盖换取相同的食物奖励。此外，一段视频显示，乌鸦会按照先后顺序使用一系列工具来解决问题：拉绳子得到一根小树枝，用小树枝得到一根大树枝，然后用大树枝掏出食物来。

像其他鸟类一样，渡鸦也有进行联想式学习的能力，例如，将一些人脸与奖励对应起来，并将其他一些人脸与惩罚相互联系。此外，它们还表现出了强化式学习能力，例如，可以给它们提供食物作为奖励，用这种方式训练它们发出类似人类的声音。之所以说渡鸦和其他一些鸦科鸟类是学习领域的佼佼者，其标志是它们能够进行顿悟学习。在顿悟学习中，因果理解使它们能够立即提出解决问题的新方法。相形之下，人工智能中的深度学习动用数以千计或数以百万计的例子，却无法获得因果洞察力。

渡鸦在顿悟学习方面有一个令人惊叹的例证，那就是一场构思颇为巧妙的实验。在这场实验中，渡鸦拉动一根系着肉的绳子，用这种方式得到食物。由于肉是冷冻的，渡鸦没法把它从绳子上扯下来——用喙去啄绳子也无济于事。在先后尝试了几种方法后，大多数渡鸦最后是这样吃到肉的：先在细绳和肉的上方某个地方落脚，然后身子从落脚的栖木上往下探，用喙啄住细绳，将细绳向上提，在栖木上绕一圈，用一只脚踩住细绳，然后将肉一直拽到它落脚的栖木上。这些渡鸦事先并没有观察过如何拉绳子，也没有接受过这方面的训练，却完成了这样一个复杂的过程。和人类一样，渡鸦在学习能力方面表现出了个体差异，有些个体在领悟方面要比其他个体快得多。

这些实验表明，渡鸦能够用感觉—运动表征——而不是词语——来进行因果推理。非语言推理的方式大致为："如果我拉绳子，那么肉就会靠近我。"渡鸦的肉食可能会被其他渡鸦偷走，而从渡鸦应对这种危险的方式中，我们看到了更为抽象的推论：当渡鸦发现周围有其他渡鸦可能偷走自己的肉食时，它在隐藏肉食的时候会更加小心。有人做了一项巧妙的实验，这项实验表明，导致渡鸦藏匿肉食的行为变得小心翼翼的，不仅仅是有另一只渡鸦正在直勾勾地盯着看；如果另一只渡鸦被放在一个箱子里，那么藏匿食物的渡鸦是否会变得谨慎起来，取决于箱子上是否有一个窥视孔让它的竞争者从中窥视。

由此看来，渡鸦有复杂的认知能力，但是它们有情感吗？伯恩德·海因里希（Bernd Heinrich）坚信渡鸦的确有情感："渡鸦能够综合运用声音、羽毛勃起的不同方式和身体姿势，进行清晰的交流。有经验的观察者能够从中分辨出愤怒、温情、饥饿、好奇、顽皮、恐惧、大胆和（很少见的）抑郁等情感来。"他表示，渡鸦非常害怕面对新的环境，这不失为一件好事，因为渡鸦要和诸如狼等食肉动物共处一地。海因里希还认为，渡鸦会对长期伴侣产生情感依恋。一群渡鸦有时会围拢在一只垂死的渡鸦身边，尽管很难说这到底是在哀悼还是不过好奇而已。

渡鸦既用声音进行交流，也用身体进行交流。不过，它们之所以发出声音，在很大程度上是为了引起其他渡鸦对自己的注意，而不是为了传达特定的含义。虽然渡鸦能发出多种复杂的声音，它们发出的基本声音却仅仅是"嗬嗬"声而已，而这只是为了引起其他渡鸦的注意。

它们是如何做到的

令人费解的是，为什么渡鸦和其他鸦科鸟类能够有如此复杂的行为，而它们的大脑却比那些聪明程度相仿的哺乳动物要小得多。渡鸦大脑中有 20 亿个神经元，这对于鸟类或爬行动物而言堪称数量庞大，但是比起黑猩猩和猩猩等类人猿具有的 200 多亿个神经元，就要逊色得多了。决定智慧的远远不止是大脑的大小（无论是以体积来衡量，抑或是以神经元的数量来衡量），因为大象和抹香鲸的大脑在大小和神经元数量上都远远超过人类。

渡鸦的心智复杂程度之高也令人费解，因为鸟类的大脑与哺乳动物的大脑相差甚远。在哺乳动物中，思维能力与新皮质的大小高度相关。新皮质是大脑中较新的部分，人们普遍认为，新皮质负责进行更高级别的思考，例如规划和决策。而鸟类却打消了这种相关性，因为它们没有新皮质。鸟类的大脑固然与哺乳动物的大脑有若干共同的区域，如海马体，但两者的整体组织是不同的。就执行较高级别的认知功能而言，鸟类大脑中有一个区域似乎与新皮质有类似之处，这个区域被称为巢皮质（nidopallium）。鸟类大脑具有哺乳动物大脑中那种错综复杂的神经回路，将巢皮质区和感觉运动区联系起来。

由于鸟类要飞翔，故而它们携带不了庞大的大脑。不过，它们的神经元更小，相互之间的连接更加紧密，因而能够在相对小的大脑中塞进更多的神经元。形成强大的、以不同方式来实现类似功能的大脑，这属于趋同进化，比如章鱼的眼睛进化后，使用与哺乳动物的眼睛不同的方式实现感知。与爬行动物相比，鸟类和哺乳动物较大的大脑具备了若干区域，将不同种类的感官表征——如视觉和嗅觉——整合起来。

尽管鸟类大脑的组织与其他动物不同，但它们可以使用神经机制进行神经放电和突触修改，来支持在人类和其他哺乳动物身上发现的那种心理机制。渡鸦和其他鸟类的语言有限，所以我们不能将它们复杂的行为解释为是以语言推理为基础的。但是它们的视觉、听觉和运动能力是相当强的，因此，认为它们运用对世界的意象表征，进行关于工具和藏匿食物的复杂推理，这似乎是不无道理的。例如，在弄清楚如何拉动细绳来拿到肉时，渡鸦可能是把关于细绳和肉的视觉意象同关于拉绳子和踩住绳子的运动意象结合起来使用的。运用这样的意象需要意识，这种意识不仅仅是感知某样东西，还需要想象它可能发生什么改变。就我目力所及，我还没有发现任何实验曾经对乌鸦进行测试，看它们是否具有意象；不过有证据表明鸽子会使用意象，而得出这些证据的实验，与那些证明人类如何使用意象的实验相类似。

渡鸦能够区分不同种类的物体，而且还能就如何处理这些物体做出概括，因此认为渡鸦和其他鸟类具有概念和规则，这是合情合理的。例如，渡鸦可以通过学习了解到花生很好吃，这表明它们对花生有一个非语言的概念，并拥有关于吃花生的一般规则。有些研究人员声称，乌鸦在制造工具时能够进行类比思维，不过，我在第6章阐述了这种将类比思维赋予乌鸦的观点所存在的缺陷。

就人类和其他哺乳动物而言，情感是通过生理感知和认知评估相结合来发挥作用的，在此过程中要使用杏仁核、伏隔核和前额叶皮质等大脑区域。鸟类有伏隔核和多巴胺回路，可以用来进行奖励式学习，但是就杏仁核和其他对人类情感非常重要的大脑区域而言，鸟类虽然有类似结构，相比人类则粗陋不堪。不过，乌鸦还是具有恐惧等情绪行为，这表明，乌鸦还是能够利用这些与人类大脑粗略类似的区域，进行一定程度的感知和评估，而这样的感知和评估同那些支撑了人类情感的感知和评估相类似。鸟类与哺乳动物在疼痛生理（如伤害性感受器）和疼痛行为（如退缩）方面相似，因此认为鸟类也具有对疼痛的意识体验是合乎情理的。

我没有发现有人曾经尝试过让渡鸦从镜子里认出它自己，并以此判断渡鸦是否有自我意识。不过身上带有彩色圆点标记的喜鹊在镜子前时，它们的行为确实与其他情况下不同。有鉴于此，研究人员将自我意识赋予了至少一种鸦科鸟类。

特征基准

蜜蜂和章鱼都缺少了几项智慧特征，但是渡鸦在这方面的得分却相当不错。渡鸦能够进行多种感知，能解决很多问题，包括进行规划和决定如何获取食物，以及避开竞争对手和天敌。它们在学习方面尤其令人惊叹，因为它们能够凭借有限的经验进行因果顿悟学习（causal insight learning）。渡鸦有时候会具有一定程度的创造力，例如当它们设法从细绳上取下肉时，会设计出一个新颖别致、出人意料且对它们很有价值的解决方案。

有些鸦科鸟类能够解决问题：它们会用树枝来获取食物，甚至还会把树枝弯曲成恰到好处的形状来拿到想要的东西。它们会把石头放到一根水管中，让水位发生变化，从而让自己能够着想要的食物。乌鸦可以认出和区分不同的人，还会把对特定的人的讨厌传达给其他乌鸦。新喀鸦解决的问题中，有些需要八个步骤才能解决。乌鸦有时会表现出延迟满足的能力：它们会一直引而不发，拒绝进食，直到给它们提供比较对胃口的零食为止。

其他鸟类，例如鸽子等，在完成需要辨别的任务方面接受过更为广泛的测试，结果显示它们能够进行抽象判断，例如判断出"相同"和"不同"。渡鸦能够进行非语言推断，但不能进行语言推理。鸽子（以及黄蜂）可以进行形式为"A 比 B 好，B 比 C 好，所以 A 比 C 好"的传递性推断（transitive inference）。我更愿意把这称为推断（inference）而不是推理（reasoning），因为鸟类并不具备足够的语言能力来给出理由。同样地，尽管渡鸦在完成诸如操控树枝和拉动绳子等困难任务时似乎能够进行因果理解，但是如果说理解就意味着要提供解释，那么从这个意义上讲，渡鸦是缺少理解的。

渡鸦能够实施多种多样的行为，包括多种空中特技，例如空中握爪以及顽皮地滚下雪堆等。它们的许多行为似乎都与情感有关，比如对疼痛的反应以及恐惧等。借助有限的声音信号和各种身体动作，渡鸦至少能够进行一定程度的交流。

机制基准

就那些支撑人类智能的心理机制而言，渡鸦比蜜蜂和章鱼要强得多。渡鸦能够解决关于寻找和储藏食物的洞察力问题，这表明它们具有用意象进行思考的强大能力。在概念和规则的操作方面，人们对鸽子等其他鸟类的研究要更为广泛，不过鉴于渡鸦比这些鸟类还要聪明，从渡鸦的行为判断，将概念和规则这些智慧表征赋予渡鸦是不无道理的。渡鸦可以对关系做出相似性判断，但是不能做出完全的类比推断。

情感和意识很有可能在渡鸦的大脑中运行，不过，渡鸦大脑的组织结构与哺乳动物的不同。渡鸦和新喀鸦能够按照先后顺序规划出一系列行动，这表明它们的大脑确实能够运作有意图的行动，且行动由运动意象来作为表征。

显而易见的是，渡鸦和其他鸟类智力上的一大缺陷是在语言方面。无论是渡鸦发出的各种各样的声音，还是鸣禽婉转动听的吟唱，都不构成语言，因为它们都没有整合第 2 章所述的句法、语义和语用。鼎鼎大名的鹦鹉亚历克斯可以掌握数量远超其他鸟类的词汇量，而且还能对相似性和差异性进行娴熟复杂的判断，饶是如此，与下文所讨论的黑猩猩一样，它们的语言产出在规模大小和复杂程度方面都是有限的。

评估

总体而言，渡鸦和其他鸦科鸟类比蜜蜂和章鱼要聪明得多，但是面对人类智识依然难以望其项背。就特征基准而言，渡鸦在感知、解决问题、学习、规划、决策、情感和行动方面表现不俗。渡鸦能够进行某种初级的抽象、理解、创造和交流，这一点也算可圈可点。因此，就可观察的智慧而言，渡鸦通过了所有相关测试，尽管得分比人类要低。

渡鸦在意象、概念、规则、情感、有意图的行动和意识等机制方面的得分也相当不错，尽管它们大脑的组织结构与哺乳动物的大脑迥然不同。然而，它们缺乏基本的语言机制，在进行类比方面也表现不佳。在我所挑选的动物中，渡鸦超过了蜜蜂、章鱼和狗，似乎堪与海豚、黑猩猩一比高下。然而，人类凭借强大的语言能力，以及解决问题和学习的更多方式，远远地超越了渡鸦和其他鸟类。

狗

猫和狗是人类最熟悉的动物。在全世界范围内，被养作宠物的猫和狗都超过了1亿只。人类依恋宠物，并认为它们有复杂的心理，比如包括爱和内疚在内的情感。关于狗的研究比对猫的研究要多得多，还产生了对"狗的认知"（dognition）的系统研究。那么，与人类和其他动物相比，狗到底有多聪明呢？

1万多年前，当狼习惯于在人类宿营地附近游荡时，狗就成为人类社会的一部分。从生理上讲，狗仍然是它们当初脱胎而来的灰狼物种的一部分，因为狗和灰狼依然可以生出具有繁殖能力的后代来。但是进化和培育已经使狗在外貌和行为上发生了变化。例如，狼一旦找到伴侣便终身相随，而且每年只产一窝幼崽，而狗的伴侣却不固定，而且每年最多可以产两窝。最初，人类培育改良犬类是为了特定目的，比如打猎，但是自19世纪以来，人类培育改良犬类则是出于审美的原因。

它们做些什么

狗能够做出包括行走、奔跑、跳跃、进食和发声在内的多种行为。它们之所以能在世界上立足，靠的是它们敏锐的感官，包括比人类更为强大的嗅觉。狗的大脑中的嗅觉神经元数量有人类的 10 倍之多，能够更有效地捕捉到不易察觉的气味并做出精细的辨别。狗还具有敏锐的听觉。不过它们的视觉能力比人类弱，而且狗对细微细节的观察力和辨别颜色的能力不及人类。狗凭借视觉和嗅觉可以认出并区分熟悉的人。

狗能解决多种多样的问题，包括做出复杂的进食行为，例如捕猎和寻找食物。狗还能解决导航问题，比如从一个院子走到另一个院子，以及绕道而行，等等。像蜜蜂一样，狗能够找到抵达目标地点的捷径，这表明狗具备关于自己所在环境的认知地图，而不是单纯地从一个地标走到另一个地标。许多宠物狗都做过绝育手术，不过野生狗能够寻找其他狗来交配。解决这类问题需要一定的规划和决策，例如，选择朝哪个方向走以便绕过障碍。

所有的问题都会涉及提供目标来作为解决问题的动力，而狗具有格外强烈的与人类互动的动力。这种动力是几千年间不断选育的结果。几千年来，人类一直在选择那些与自己相处融洽的狗。在过去的 50 年间，俄罗斯有人进行了一项非常有趣的实验，该实验发现狐狸也可以驯化，并变得更加友好。由于狗有与人互动的目标，因而它们会做出多种多样的鼓励互动的行为，比如眼神交流等。

像渡鸦一样，狗能够进行几种类型的学习。它们能够记住自己想要的物品存放在哪里。它们能够进行联想式学习，例如在巴甫洛夫（Ivan Petrovich Pavlov）的著名实验中便是如此。在该实验中，狗学会了将食物与铃声联系起来。狗的训练在很大程度上依赖于强化式学习。在强化式学习中，如果狗完成了人们想要它们完成的动作，例如表演了什么把戏，就会得到食物作为奖励。跟人类一样，狗在学习能力方面存在个差异，有些狗比其他狗学得要快一些。

狗还能够进行社会学习。它们通过模仿其他狗或者人类来习得某种行为。例如，一只狗可以通过观察另一只狗或观察某个人来学会如何绕过障碍物。这种学习较之联想式学习和强化式学习（两者都需要进行多次尝试）要迅速得多。狗可以通过模仿其他狗的行为来学习，不过目前证明，只有少数几个物种会进行教学，例如狐獴。和许多动物一样，狗喜欢玩耍，这有助于学习运动技能、狩猎技巧和社会规则。

从提出别出心裁、令人惊讶且颇有价值的解决问题方案这个意义上来说，狗有创造力吗？它们能够学会拉动绳子，然后拿到绑在绳子末端的食物，这似乎算得上是别出心裁而很有价值的。然而，对于自己的所作所为，狗并没有深刻的理解，因为它们不仅会拉动那些一端绑着食物的绳子，而且也会拉那些并没有连着食物的绳子。狗能够进行一定程度的抽象思维，例如，学会如何将狗的图片与风景图片分门别类。

那些对宠物存在情感依恋并把宠物当成家庭成员的人，会想当然地认为狗和人类一样，都具有情感。为了避免拟人化（即认为狗和我们人类一样）和人类中心主义（即认为狗和我们人类完全不同）的倾向，最为稳妥的策略是仔细观察它们的行为和大脑处理过程。

我们有两个很好的理由可以支撑狗会感到疼痛这一结论。第一，当狗受到伤害，例如爪子受伤之后，会表现出一些与人类相似的行为。受伤的狗会变得更爱叫，会发出更大声的嚎叫、哀叫和吼叫，而且可能会表现出各方面的变化，例如身体颤抖或者躁动不安。爪子受伤的狗可能会一瘸一拐地走路，并且会舔舐受伤的爪子，以此来平抚伤痛。第二，所有哺乳动物在疼痛的生理机制方面是相似的。狗的皮肤上有伤害性感受器，会向某些大脑区域发送信号，这些区域与人类大脑的某些区域（如杏仁核）相似。无论是从行为角度还是从生理角度，证明狗能感到疼痛的证据都比证明蜜蜂或章鱼能感到疼痛的证据要有力得多。

狗对不同气味、声音和景象的感知体验对它们解决问题和进行学习的能力而言是非常重要的。无论是狗的行为还是生理都支持这样一种观点，即狗具有嗅觉、听觉、视觉、味觉和触觉。而人类也正是因为有了这些感觉，才获得了有意识的体验。狗似乎也能够进行多模态整合，例如，通过视觉、听觉和嗅觉来识别某人。因此，狗的感知似乎是伴随着有意识的感觉。

类似的论点也支持了这样一个主张，即狗至少能感受到简单的情绪，诸如快乐、悲伤、恐惧、愤怒和想要攻击。有些行为迹象也支持这一主张，例如狗在得知可以外出活动后兴奋不已，欢蹦乱跳，或者某只狗面对比自己体型更大的狗时会咆哮或畏缩等。此外，人们发现，那些对于人类情感非常重要的大脑区域，例如杏仁核和眶额皮质，狗和其他哺乳动物也同样具有。因此，行为和生理相互结合，认为狗具有情绪——以及与情绪相伴俱来的感情——是合理的。狗可以辨别人类脸上流露出来的情感。最近，人们已经能够利用扫描大脑来确定，狗的情绪所激活的脑部区域与人类大致相同。

有时，将情感赋予狗的做法忽略了对于现象的其他解释，因而显得有些牵强。人类想当然地认为，他们的狗之所以用爪子抱头，是由于它们做了过分的事情——例如把东西弄得一团糟——而感到愧疚。但是精心设计的实验发现，对这种行为还有一种更好的解读：这不过是为了逃避惩罚罢了，因为无论狗是否真的做了什么过分的事情，这种行为都会发生。如果人类因为自己并没有做的事情而面临惩罚之时，他们更有可能表现出的是愤怒而不是畏缩。另外，正如第6章所示，赋予程序支持"狗可以感受到嫉妒"这一观点。动物行为研究领域的理论化，正在摒弃简单的优势等级观念，转向以依恋和从属等情感纽带维系的、更加复杂的社会网络。

人类的高级情感中包括自我意识，但是人们尚未发现狗能够从镜子中认出自己来（检验方法是在它们身上添加一个它们可以认出的标记）。不过，狗的嗅觉比视觉要强得多，因此，或许狗的自我意识是构建在自己的气味的基础之上的。狗至少可以将自己尿液的味道和其他狗的尿液的味道区分开来。

如果我们想当然地认为，在诸如内疚等复杂情感以及自我意识等抽象表征方面，狗和人类的感情是完全一样，那恐怕就有些牵强附会了。不过感情似乎的确是狗的认知和智慧的重要组成部分。

狗能够与人、与其他狗交流。它们可以通过鼻子、嘴巴、眼睛、耳朵和尾巴等身体部位发送非语言信号。根据其空间位置以及运动的形式和强度，这些部位可以传递不同的信息。狗还能利用信息素，通过嗅觉发送化学信号。狗拥有一套听觉信号，包括咆哮、嘶叫、呜咽、嗥叫和吠叫，这些信号在音质和频率方面各不相同。即便是人类不使用任何此类信号，狗同样能够理解一些人所发出的信息。狗看到人类指向哪里，乃至于凝视哪里，就能心领神会，而且许多狗可以听懂人类用语言发出的指令。

它们是如何做到的

狗脑中的神经元数量与渡鸦相差不大，约为 22 亿个。两者在神经元数量方面旗鼓相当，这一点颇为令人惊讶，因为狗的大脑比鸟的大脑要大得多（这是因为鸟的大脑内部组织更加紧凑）。猫的体形通常比狗小得多，它们神经元的数量大约相当于狗的一半，不过猫的神经元密度略大于狗。与鸟类的大脑不同，狗和其他哺乳动物的大脑与人类的大脑结构相似。最大的区别在于人类有更多的神经元（860 亿个），而且人类大脑新皮质中的神经元数量要多得多。狗的神经元与人类神经元相似，其化学过程都是基于神经递质和激素的。与人类一样，狗的大脑中的神经元可以通过神经元集群的放电模式来表示外部世界的特征。

狗的感知模式和人差不多，都是通过刺激各种感官的感受器，然后在大脑中进行解读。人类能够将感知转化为可以采用多种方式操纵的意象，例如，依次呈现视觉意象，以及组合嗅觉意象，就好比你想象如何把枫糖浆和花生酱的味道和口感联系到一起那样。有证据表明，人类拥有嗅觉意象。但是目前为止，我没有发现任何利用狗的嗅觉进行意象呈的实验，尽管狗的嗅觉比人类更敏锐，而且嗅觉对于狗而言也比对于人类更为重要。

不过，实验确实表明，狗和人类一样，都有产生视觉意象的能力。就像蜜蜂和渡鸦一样，狗能够辨别方向，找到直接返回出发地点的捷径，而不是事倍功半地原路返回。这点可以证明狗具有意象。狗不仅懂得走这样的捷径，而且它们还能够学会如何迂回而行，求得事半功倍之效。对于狗懂得走捷径和绕弯路最为合理的解释是，狗就像老鼠和其他动物一样，具备一幅关于自己所处环境的认知地图，而这幅地图捕捉到了该环境在空间组织上的多个方面。对于人类而言，要查阅认知地图（例如，你对自己所居住城市的思维地图），找到前往工作地点或上学地点的最佳路线，需要形成对地图的思维意象，然后以多种方式对该地图的意象进行操作，例如想象不同的路线等。以此类推，认为狗对自己所处的环境拥有视觉意象，并且通过有意识的体验来操纵，似乎也是不无道理的。

有多种证据表明，狗是能够产生概念的，尽管这些概念缺乏人类的语言丰富性。狗能够在不同类别的物体之间进行感知辨别，例如识别人和毒品等。此外，训练有素的狗能够将口令与数百种不同的物体和动作联系起来。狗还能够按照规则来操作，比如，"如果有盘子，那么就有食物"。受过训练的狗会遵循多模态的规则，例如，相当于"如果听到'坐下'，那么就坐下"的非语言规则。截至目前，我没有发现任何研究声称，狗的认知采用了类比。

相形之下，有大量证据表明，狗的思维深受情感机制的影响。狗的主人想当然地认为，他们的宠物在得到美味食物的时候会兴高采烈，而在遇到一只体形更大、气势汹汹的动物时会感到提心吊胆。在这些情况下，狗的行为也可以用另一种更简单的方式——奖励和威胁反应机制来解释。不过，我在第 6 章指出，狗和其他哺乳动物能够感到悲伤和嫉妒，而这种悲伤和嫉妒是由宠物和主人之间的情感纽带产生的。宠物对主人的爱，可能并不能与主人对宠物的爱等量齐观，但是显而易见的是，它们对主人有某种类似喜欢和依恋的情感。当主人离开时，狗甚至会表现出分离焦虑，就像人类婴儿在与看护人分离时会做出消极反应一样。

大脑解剖学解释了为什么狗会有类似于人类的情绪反应。像其他哺乳动物的大脑一样，狗的大脑具有那些已知对人类的情感非常重要的解剖区域，包括杏仁核、基底神经节和前额皮质等。狗的前额皮质比人类要小得多，这一事实可能意味着，狗或许无法具有人类最为复杂的情感，比如内疚、幸灾乐祸（为他人的不幸感到高兴）和对尴尬的恐惧。

关于狗是否会出于意图而采取行动，目前的研究非常之少。在一项实验中，狗似乎有意告知主人隐藏食物的位置，方式是频频地先看看主人，然后朝食物的方向望去。曾经有一只非同寻常的狗，它经过训练之后学会了使用简单的信号来提出请求。这只狗似乎会有意识地要求人类爱抚它，给它喝的或者吃的，或者带它去散步。

狗能够通过听觉和肢体动作进行交流，但这算得上语言吗？吠叫和身体姿势固然是有效的信号，但是它们并不具备人类语言的句法复杂性。训练有素的狗或许能够理解诸如"去拿球"这种几乎不用什么句法和语义的命令，但我们并没有证据表明，狗有能力进行更复杂的理解或生成语言。那些对人类智识做出莫大贡献的语言机制，狗充其量拥有冰山一角。

当一只狗的爪子扎进了一根刺后，它会发出呜咽的声音，做出抚慰受伤的爪子等行为，这表明这只狗正在经历疼痛。其他证明狗具有意识的现象包括感知操作，诸如使用嗅觉、在认知地图中使用意象，以及产生各种情绪。尽管狗的新皮质要比人类小得多，但它们似乎和人类一样，通过形成神经表征来获得有意识的体验，而这些神经表征可以组合成更复杂的表征，然后与其他表征竞争，最后脱颖而出，成为意识。不过，如果狗缺乏在人类身上运作的那种强烈的自我意识，那么它们可能并不具有人类的全部意识。

特征基准

在是否具备人类智慧特征的基准方面，狗的成绩相当出色，在感知、解决问题、学习、情感、行动和交流等方面均表现不俗。相形之下，它们的抽象思维、理解和创造能力较为有限。狗解决问题的活动似乎表明，它们有一定的规划和决策能力，但不像人类那样能够进行复杂的时间安排，也不能像人类那样做出多样化的选择。

机制基准

狗的智慧机制与人类相似，通过与人类结构差不多但是要小得多的大脑来运作。狗解决问题的能力、学习能力和体现其他智慧特征的能力，源自用于意象、概念、规则、情感和意识的机制。狗或许可以根据意图采取行动，不过我们并没有证据表明狗能够运用类比。同样地，尽管狗具有交流能力，但它们似乎并不具有人类的语言能力。在哺乳动物中，最令人惊叹的类似语言的能力来自草原犬鼠。虽然它们名字带"犬"字，但它们却和狗毫无关系，而是啮齿类动物。它们能够发出声音，向其他草原犬鼠传达信息，这些信息复杂到可以涵盖人类体形的大小和衣服的颜色。

评估

总体而言，宠物主人对自己的狗在解决问题和进行学习方面表现出的智慧惊叹不已，这是无可厚非的。狗在与人类的互动以及与人类的情感协调方面的能力是出类拔萃的。这种能力源自1万多年来对那些最适合与人类相处的狗的进化选择。单就智力而言，与可以解决更为复杂的多步骤问题的鸦科鸟类相比，狗或许还要甘拜下风。

犬类育种专家曾经对犬类个体之间以及不同品种之间的差异进行过种种推测。不过，诸如边境牧羊犬是最聪明的品种，而阿富汗猎犬则是最笨的品种之类的说法，是基于非系统的观察，而不是基于对照实验得出的结论。话虽如此，狗在学习速度和解决问题能力方面的确表现出了个体差异，我希望未来的研究能从神经学角度为这些差异提供解释。

海豚

自20世纪70年代以来，科学家们广泛认为海豚聪明而且善于交际，拥有强大的大脑和复杂的语言。海豚的智力的确令人惊叹，但是却并未超过鸦科鸟类和类人猿。海豚属于鲸目动物。鲸目动物中还有鲸和鼠海豚。海豚有数十种，不过大多数研究都是针对一个特定的种——宽吻海豚——进行的。

大约在 5000 万年前，鲸目动物从类似于现代河马的陆生哺乳动物进化而来；它们在水中待的时间越来越长，最后完全适应了水中生活。鲸目动物中的一些品种，如抹香鲸和海豚，进化出了支持解决复杂问题的庞大大脑。海豚、猿和鸦科鸟类是趋同进化的例证，它们经由不同的进化路径，得到了殊途同归的结果——支持高度智慧的大脑。

它们做些什么

因为海豚大部分时间都生活在水下，所以它们没有嗅觉，味觉也很弱。但是无论是否在水中，它们的视力都很好，听觉能力也比人类和犬类强得多，包括能够探测到高频声音。这种探测高频声音的感觉能力对它们的导航能力有重大帮助，因为就像蝙蝠一样，海豚可以利用回声定位来探测远处的物体。海豚会发出"咔嗒咔哒"的声音，这些声音从远处的物体上反弹回来，回到海豚自己那里。如此一来，海豚就可以得知物体的大小和密度，并由此来识别这些物体。有一种海豚还具有一种罕见的能力，能够通过识别电场来感知猎物。

在野生环境下所做的观察和在实验室内所做的实验表明，海豚能够解决复杂的问题。宽吻海豚会用气泡来捕捉猎物，有些海豚会借助头上的海绵体来获取食物。迪士尼未来世界中心有一对海豚，通过观察人类潜水员学会了解决某些需要寻回重物的问题，而且自己想出了高效的寻回重物的方法。海豚通常以温和善良著称，但是与这一声誉相反的是，雄性海豚为了求偶，会联起手来把雌性海豚驱赶到一起。

海豚还能够通过哨声和指指点点来交流。海豚要解决的问题中有许多需要规划，至少是短期内的规划，其中一些问题需要做出决定，例如，在两桶鱼之间做出决定。为了解决问题，海豚能够进行游泳、攻击和交配等活动。雄性海豚有时会杀死其他海豚的幼崽，这一点与鼠海豚一样。

海豚的学习能力不仅仅是能够在感知到的刺激之间建立联系。它们能够理解范围非常广泛的具体和抽象的概念，包括相同或不同的形状、更少或更多的点、更大或更小的物体、人类与海豚的不同，以及下降或上升的音调。海豚擅长模仿人类和其他海豚解决问题的策略。澳大利亚阿德莱德港附近有一群海豚，它们通过模仿一只海豚学会了用尾巴行走，而这只海豚当初则是通过模仿受过训练的另一只海豚学会了这个把戏。

据说，某些海豚妈妈会向它们的后代传授狩猎技术。一些实验室实验——例如前文所说的那个需要海豚寻回重物的实验——表明海豚能够进行顿悟学习，迅速掌握解决办法，而不是依靠试错法慢慢探索。一些研究人员声称，海豚不仅能够颇具创意地想出新颖而有用的方案来解决问题，而且经过训练后，它们能以更高的效率产出具有新意的解决方案。

关于海豚具有理解能力的证据虽然有限，但是也颇有启发性。佛罗里达州的一只海豚经过训练后，学会了辨别高音调和低音调，并且清楚自己何时难以区分这两类音调。对此的一种解释是，这只海豚有元认知能力，能够识别自身思维中的不确定性。一些研究人员认为，海豚能够看出其他海豚的精神状况，例如，在追随它们的目光时。

海豚有着笑脸和充满活力的动作，看起来似乎有情感，但我们必须始终考虑替代解释。海豚看起来微笑，不是因为它们快乐，而是因为它们的嘴天生是弯曲的。另外，关于几种海豚的报道称，它们通过携带死去的幼崽表现出养育行为。海豚表现出情感传染，根据其他海豚的行为调整自己的行为，但这是否等同于移情尚不清楚。鲸目动物有伤害性感受器和与人类相似的疼痛回路；与鱼类不同，海豚有复杂的哺乳动物大脑，因此毫无疑问它们会感到疼痛。此外，通过周密的实验，海豚被证明能从镜子里认出自己，这表明它们有超越最低限度疼痛意识的自我意识。我将在第 7 章讨论这种痛苦的伦理意义。

海豚通过口哨声等听觉信号和指点等身体信号进行交流。哨声传递有关海豚当前活动的信息，如觅食和社交。个别海豚有标志性的口哨声，将它们的身份传达给后代和其他海豚。哨声表示行进方向和食物的存在。海豚具有强烈的社会性，听觉交流有助于协调，但早期声称它们的口哨声构成一种语言的说法，经不起严格的推敲。

它们是如何做到的

海豚的大脑比狗的大脑大得多，有些种类的海豚的大脑比人类的大脑还大。成年宽吻海豚的大脑约为 1.8 千克，略重于人类大脑。一些鲸、虎鲸和巨头鲸比人类有更多的新皮质神经元。如前所述，大脑大小和智力之间的关系并不是绝对的。

海豚是哺乳动物，所以它们的大脑结构同狗和人类的大脑结构大致相同，但存在微妙的差异。与其他哺乳动物相比，海豚的额叶和海马体较小，但听觉区域较大。海豚大脑也有一种特殊的神经元，称为梭形细胞。梭形细胞被认为有助于猿和人类的认知灵活性。

海豚辨别物体和处境的能力表明，它们的神经机制支持"海绵"等概念。同样，通过联想、强化和洞察力，海豚构建规则，比如，如果它们在人类驯兽师面前跃入空中，那么它们就会得到鱼。

目前，我还没有发现任何研究表明海豚是否使用心理意象进行思考。就人类和其他动物而言，海马体对记忆和认知地图非常重要，因此，海豚的意象能力可能因为它们的海马体较小而受到了限制。另外，海豚具有回声定位能力，因此可以顺理成章地说，要在海豚身上寻找意象，那么这种意象应该是听觉意象。但是这样的测试很难进行。另一种可能则是研究海豚通过导航所走的捷径，弄清这种捷径是否可以自然而然地采用以认知地图为依托的视觉意象来加以解释。关于海豚认知的研究还有一项缺失，那就是研究它们是否具有类比思维的能力。

海豚是否具备有意图的行动，同样也难以确定。它们确实有行动的表征，因为它们经过训练后可以重复之前的行动，但有意图的行动还需要将行动的表征与想要实施的行动结合起来。海豚的复杂行为中似乎存在有意图的行动，比如一群海豚齐心协力，把小鱼驱赶到水面上，这样海豚就可以轻松地吃到它们。

海豚用哨声、脉冲和肢体语言来交流信息，但是其结果远远赶不上人类语言。海豚研究专家贾斯汀·格雷格（Justin Gregg）依据人类语言的如下十个要素对海豚语言进行了评估：

（1）对思想或概念的无限表达；

（2）一个将小单位组合成有意义的整体的离散组合系统；

（3）将句法结构嵌入其他结构的递归；

（4）对词语或符号的特殊记忆；

（5）为呈现过去或者未来的事件而进行跨时间位移；

（6）通过与熟练的讲话者互动的方式，利用环境输入来进行学习；

（7）符号和它们所描述内容之间的任意关系；

机器和生灵　人工智能、动物智慧与人类智识

（8）超越情感，使语言概念不局限于内在的情感状态；

（9）在学习和创造新思想的过程中创新；

（10）社会认知能力。

格雷格承认海豚的交流包含了上述某些要素，比如哨声和它们所传达的内容之间的任意关系。但是在其他要素上，他对海豚的评分很低，比如无限表达和完整的组合系统等。对于海豚利用复杂的哨声进行交流的能力，我们固然惊叹不已，但是我们也不应该以为这些哨声与人类语言相近。

格雷格判断，海豚具有简单的情感，如快乐、恐惧、愤怒和悲伤，并具有疼痛、饥饿、口渴和性欲等感觉。他的结论在部分程度上基于这样一个事实，即所有脊椎动物都拥有相同的皮质下区域，如基底神经节，人们已经知道这些区域负责介导唤醒状态。但是，至于诸如恐惧等情感是否带有主观体验和意识，格雷格持怀疑态度。这种怀疑态度使得人们弄不清他所赋予海豚的究竟是恐惧，抑或仅仅是海豚察觉和应对威胁的某种较原始的方式。在第6章，我主张将情感意识赋予海豚和其他哺乳动物是合理的。

通过意识的神经机制，海豚具有疼痛和其他感觉，以及恐惧和其他情感，这些神经机制涵盖了对世界的表征以及表征间的竞争。此外，有实验发现，海豚能够从镜子中认出自己，表明海豚具有自我意识。这一结论并非无懈可击，因为无论是对这种从镜中识别自我的测试进行解读，还是确定海豚自我表征的性质，都存在种种困难。不过赋予程序中有大量证据支持这样一个结论：海豚的认知采用了意识机制。

特征基准

在智慧的特征方面，海豚在感知、解决问题、学习、情感、交流和行动方面得分较高。它们具有理解、规划、决策、抽象和创造的部分要素，这方面的证据较弱，但是仍然可信。海豚对这些特征的具备程度不如人类，例如在解决问题的范围和学习类型方面就是如此。海豚只擅长解决自己所处环境中的、范围狭小的问题，而且它们的学习并未延伸到隐藏的原因。

机制基准

海豚的大脑与人类大脑有着相同的基本神经机制，两者大脑的大小也相差无几，因此海豚何以不如人类聪明，这令人颇为费解。两者最大的区别在于语言：人类在句法和语义方面具有完全的组合能力。语言使人类在社会群体中拥有了巨大的优势，因为在社会群体中，语言交流有助于推动合作，促进社会问题的解决，还有助于问题解决方案的代代相传。当将近 1 万年前，文字出现之后，这种代际传播就顿时变得愈发有力了。人类的另一大优势是，我们的双手非常灵活，这让我们能够使用各种各样的工具来解决问题。相形之下，在使用工具方面，海豚所能做到的最多也不过是把海绵顶在头上保持平衡而已。

人类语言在句法和语义上的丰富性可能也赋予了人类使用隐藏原因和类比进行思考的能力。进一步研究或许会提供证据，证明海豚的认知是否是通过意象——特别是听觉意象——运作的。乐观地来看，海豚的心理机制包括概念、规则、情绪、有意图的行动和意识。

评估

海豚庞大的大脑和丰富的行为表明，就智力而言，它们同类人猿和鸦科鸟类是旗鼓相当的，不过近几十年来，"海豚在认知方面堪与人类媲美"这种说法并没有经受住研究的考验。目前还没有跨物种的一维智商测试，而鉴于海豚无法接受人类智商测试，对海豚的智商进行估算是徒劳无益的。海豚表现出了种种无法用智商测试衡量的智慧，例如动觉、情绪、空间理解能力和社交能力。海豚智慧的另一个值得称道之处是，它们在智能的某些特征和机制基准上比现有的人工智能系统要好得多。

黑猩猩

人类和黑猩猩在大约 700 万年前从共同的祖先分化而来。人们曾经认为倭黑猩猩只是黑猩猩的一个种，但现在人们认为它其实是一个独立的物种，大约在一两百万年前从黑猩猩中分化出来。黑猩猩和倭黑猩猩在基因上相似，但是依然有重要区别。倭黑猩猩会进行单纯为了愉悦的性行为，在成年前一直依赖母亲，会与陌生同类进行分享，并通过频繁的性接触形成雌性联盟。黑猩猩会在野生状态下使用工具，而倭黑猩猩更擅长平静的社交互动，不过在圈养条件下，它们在有工具可用时也会使用工具。

黑猩猩和倭黑猩猩分别居住在被刚果河隔开的不同环境中。关于倭黑猩猩如何进化出依靠雌性联盟——而不是雄性统治阶层制——组织起来的社会，研究人员众说纷纭，给出了多种不同的解释。倭黑猩猩的原生栖息地由森林构成，在那里很容易就能获得水果；而黑猩猩则生活在类型更加多样的栖息地，在那里获取食物更为艰难。倭黑猩猩社会摒弃了好勇斗狠之风气，这有利于消除杀婴现象，而杀婴恰恰是黑猩猩社会和海豚社会的共同特征。在这些社会中，雄性会杀死其他雄性的后代。

它们做些什么

黑猩猩的感官系统与人类相似。大多数哺乳动物，包括狗和海豚，色觉都非常有限，因为它们的眼睛里只有对两种基本颜色的感受器。相比之下，黑猩猩像其他类人猿、猴子和人类一样，具有对三种颜色的感受器。鸟类，包括渡鸦在内，则拥有对四种颜色的感受器（这使它们具有了对紫外线的敏锐感受力），因而它们的色觉更加灵敏。

野生黑猩猩解决的问题包括寻找食物、交配、躲避天敌、与社群中大约 100 个其他成员相处，以及与其他黑猩猩群体战斗。在与物质世界打交道的过程中，黑猩猩能够完成多种动作，如移动和进食等。它们还擅长使用工具获取食物和水，对树枝进行改造然后用来捕捉白蚁和蚂蚁，用石头敲碎坚果，还会用树叶来汲水。黑猩猩会对树枝进行改造，并对树叶进行压缩，这表明黑猩猩有能力制造工具供日后使用，不过我还没有看到任何报告声称黑猩猩可以制作出用来制造其他工具的工具。

黑猩猩可以在多种情形下参与解决社会问题，包括相互梳理毛发来去除寄生虫，共同猎取猴子当作食物，与其他黑猩猩群体交战，以及多个雄性黑猩猩合作控制雌性黑猩猩并与之交配。与黑猩猩群体之间相遇时动辄大打出手不同，当素无交往的倭黑猩猩群体相遇时，它们之间的典型互动是雌性之间的性接触，而不是雄性之间的争斗。

黑猩猩能够有效使用工具，这表明它们对物质世界具有因果式的理解，例如，用石头击打坚果就会导致坚果裂开。倭黑猩猩则对自己的社会世界有着丰富的理解，例如，雌性倭黑猩猩会相互协作，帮助其他雌性倭黑猩猩。至于黑猩猩能在多大程度上理解彼此的想法，科学家们众说纷纭，意见不一。有证据表明，黑猩猩至少可以对其他黑猩猩正在看什么做出推断。有人曾经试图证明黑猩猩能够相互推断对方相信些什么，但是这些尝试并未取得确定结论。和某些鸦科鸟类一样，黑猩猩会做出欺骗行为，而进行欺骗势必要推断出其他黑猩猩可能会做些什么。不过，推断对方的行为要比推断对方的精神状态来得容易些，因为后者是不可观察到的原因。一些实验表明，黑猩猩能够使用类比，但我在第 6 章将对这种解释的有效性提出质疑。

欺骗和合作表明黑猩猩能够进行规划，而且这种规划在其他领域也存在。例如，有人就观察到黑猩猩会将石头或粪便积累成堆，然后扔向人类。黑猩猩能够做出体现自我克制的决定：面对奖励，按兵不动，直到获得更好的奖励，就像那项著名的针对人类的棉花糖实验（该实验给儿童提供了两种选择：是立刻得到一块棉花糖还是稍后得到两块棉花糖）一样。

不同的黑猩猩群体之间在使用工具方面存在差异，由此可见黑猩猩学会使用工具靠的是学习和文化传播，而不是与生俱来的神经连接。有些黑猩猩是通过试错法学会有效利用棍子获取食物的，不过有用的技巧倒是可以通过模仿学习在社群中传播开来。一只黑猩猩可以先旁观另一只黑猩猩如何有效使用工具，然后快速掌握同样的技能。像其他动物一样，黑猩猩可以通过联想和强化慢慢学习，不过它们也可以通过顿悟所处环境内的因果结构来实现快速学习。20 世纪初，沃尔夫冈·克勒（Wolfgang Köhler）首次记录到了黑猩猩的顿悟学习。他在观察黑猩猩时，发现这些黑猩猩懂得如何通过移动盒子来获得香蕉。尽管模仿学习在黑猩猩和倭黑猩猩中都很常见，但是对它们来说，教学—— 一个个体有意识地教另一个个体学习——却非常罕见。

黑猩猩可以学会某些抽象的关系概念，如同一性和差异性；能数到 7，还能对小组物体的数量求和。对新问题解决方案的顿悟学习算得上是一种创造力，黑猩猩发明并使用的各种别出心裁的工具也是如此。

由于黑猩猩的生理机能和大脑结构与人类非常相似，它们的许多行为都可以通过假设黑猩猩与我们人类有相似的情感来加以合理解释。其中，最有说服力的情形是相对简单的情感，如快乐、恐惧、愤怒和惊讶。黑猩猩似乎拥有明显不同的个性，有的认真自觉，有的乐于接受经验，这预示着它们有解决问题的能力。研究人员还将抚慰、利他主义和对不公平的敏感等复杂得多的情感赋予了黑猩猩。

黑猩猩使用包括喘嘘、呜咽、嘶鸣、尖叫、吼叫、咳嗽和某种形式的笑声在内的多种声音相互交流。黑猩猩还能通过面部表情、身体姿态和数十种不同的手势进行非声音交流，比如抚摸来请求食物，举起手臂来请求梳理。

它们是如何做到的

黑猩猩大脑的大小相当于我们人类大脑的 1/3，大约有 280 亿个神经元。黑猩猩和倭黑猩猩的大脑在大小和结构上相似，尽管两者也存在细微的差异。脑部扫描发现，在下丘脑、部分杏仁核和室内脑岛部分，倭黑猩猩的灰质（神经元，而不是连接神经元的白色物质）比黑猩猩多。这些差异可能在一定程度上解释了为什么倭黑猩猩比黑猩猩攻击性更低而性欲更强。黑猩猩的神经元被组织成了若干大脑区域，而这些大脑区域与人类相似，尽管黑猩猩的前额叶皮质较小。除了纯粹的大小这一因素，黑猩猩大脑的任何特征都无法解释，为什么人类在各方面都比黑猩猩更为聪明。

有三种证据支持黑猩猩会使用视觉心理意象这一假设。第一，它们在复杂环境中的导航非常高效，这表明它们能够使用可提供捷径的空间地图。第二，黑猩猩在解决问题的过程中能够进行顿悟学习，例如移动盒子来拿取香蕉，这表明它们具有处理精神图像的能力。我们可以假设这种推断是用词语做出的，但是黑猩猩可以使用的词语并不多。第三，黑猩猩擅长通过模仿来完成任务，比如使用工具寻找食物。模仿式学习最有效的方法是在内心形成另一只黑猩猩或一个人的举动的表征，并将其转化为自己的举动。

有一种过时的理念认为，概念在本质上是语言的。这一理念意味着只有人类才有概念。但是实验和观察却支持这样一个结论，即黑猩猩和其他灵长目动物能够运用大量的概念。黑猩猩可以进行感知辨别，比如区分不同种类的水果。它们还能够处理更抽象的概念，包括"相同""不同"，以及数字和"总和"。概念为大脑如何将物体组织成有用的类别提供了机械论的解释，这种归类就像黑猩猩经常做的那样。

黑猩猩还能够将概念组合成规则，例如，"如果你吃一根香蕉，那么你就会觉得它的味道很好"。这些规则是多模态的，因为像"吃""香蕉"和"味道很好"这样的概念在黑猩猩的神经组中有感觉—运动表征，而不是语言表征。行为主义者或许会说，这些并不算真正以心理方式表征的规则，而仅仅是刺激和反应之间的简单关联罢了。不过，黑猩猩能够运用更为复杂的规则，比如，"如果把坚果放在大石头上，然后用另一块石头砸它，坚果就会裂开，这样就可以吃坚果里面的东西了"。洞察学习需要将一系列规则链接在一起，比如下面这一个组合："如果移动盒子，那么就可以站在上面；如果站在盒子上，那么就可以够到香蕉；如果能够到香蕉，那么就可以抓住它并吃掉它。"因此，将规则理解为"如果—那么"精神表征，有助于黑猩猩的思维。

黑猩猩是否具备有助于解释其行为的意图呢？假设它们不过是通过试错法来解决问题的，那么我们也就没有理由认为它们具有意图。但是，研究人员已经研究了许多案例，在这些案例中，黑猩猩通过长期规划、合作和顿悟学习，以更为深思熟虑的方式来解决问题。如果我们假设黑猩猩的行为是有意图的，那么这些案例就可以得到合理的解释。

　　此外，有实验表明，黑猩猩对其他黑猩猩和人类的意图有一定的了解。它们将人类的行为视为以目标为导向的行为，而且它们能够完成其他黑猩猩未能完成的行为。它们能够理解伙伴的需要，据此为伙伴提供精准的帮助，而且能区分故意行为和意外行为。有关黑猩猩自控能力的实验表明，它们能够进行元认知，即思考自己的思维状态。它们能通过分散注意力来延迟满足。有鉴于此，认为黑猩猩具有意图是合乎情理的。

　　目标不仅仅是冰冷的认知表征，它还与欲望、渴求等情感状态联系在一起，而这些情感状态为实现目标提供了动力。研究者在黑猩猩身上观察到了许多类似人类的情绪，包括恐惧、愤怒、兴奋、惊讶和悲伤。人类一切与情感相关的大脑区域，黑猩猩的大脑也拥有，不过认知评估所需的前额叶区域没有人类发达。话虽如此，黑猩猩有足够的脑力来评估情境与它们的基本目标——比如进食、交配和社会地位——的相关性。此外，它们与人类在解剖学上的强烈相似性表明，黑猩猩的大脑获得了与人类情感相同种类的生理输入。黑猩猩的大脑拥有数以十亿计的神经元，因而可以毫无障碍地将各种情境的表征、对这些情境的评估以及生理输入结合在一起，产生许多与人类相同的情绪。

　　我怀疑黑猩猩有产生混合情感的能力，比如在遇到不寻常的物体后既好奇又恐惧。不过由于第 5 章提出的原因，对于黑猩猩能否体验到嵌套情绪——比如对尴尬的恐惧和对愤怒的后悔——我就心存疑问了。此外，尴尬、内疚、羞愧和感激等复杂的情绪需要更为复杂的社会理解，这可能超出了非人类动物所能达到的程度。不过，黑猩猩能够进行安慰和表达悲伤，这表明它们的情感并不局限于那些最简单的情感。

鉴于黑猩猩的疼痛、知觉、意象和情感机制与人类大体相同，它们要是没有与人类相似的意识，那就太匪夷所思了。黑猩猩的大脑拥足够数量的神经元，能够产生表征，进行结合和竞争，并借此来支持有意识的体验。在完成某些记忆任务方面——例如记住数字在电脑屏幕上的位置——黑猩猩甚至比人类还要技高一筹。

此外，实验表明黑猩猩能从镜子里认出自己，这意味着它们有自我意识。黑猩猩和倭黑猩猩一直十分关注自己在社会群体中的地位，这表明它们还对自己与他者的关系有意识。

黑猩猩缺少的主要心理机制均与语言有关。曾经有人试图向黑猩猩和倭黑猩猩传授人类语言，但是成效非常有限。有史以来，在语言方面造诣最高的类人猿是坎兹（Kanzi），它掌握了理解复杂话语的能力，比如"把钥匙放到冰箱里"等。不过，坎兹有限的发声能力连一个三岁小孩都赶不上。尽管黑猩猩拥有通过发声和身体姿势进行交流的手段，但它们缺乏第5章所讨论的嵌入句法和语义的重要语言机制。

特征基准

黑猩猩采用种种方式，使自己得以行走于物质世界和社会世界且应对自如，这表明它们拥有智慧的12个特征：感知、解决问题、规划、决定、理解、学习、抽象、创造、推理、情感、交流和行动。在承认黑猩猩聪明的同时，我们也应该承认，它们具备这些特征的程度不及人类。

黑猩猩可以从当前的情况中抽象出"相同"和"不同"等概念，但是它们无法像人类那样超越感官体验，从而发展出数学、科学和哲学来。或许类似的限制也削弱了黑猩猩的能力，使之无法全面使用语言进行交流，也无法超越相对简单问题的感觉—运动情境来进行创造。在第 5 章，我从神经的角度提供了统一解释，说明为什么人类比黑猩猩和其他动物更善于超越给定的信息。

机制基准

在黑猩猩庞大的大脑中，运行着种种心理机制，在这方面它们的得分非常之高。关于黑猩猩何以拥有人类智识的全部特征，人们给出了种种解释，其中最令人信服的解释暗示，黑猩猩能够运用意象、概念、规则、情感和有意图的行动。但是它们缺乏完整的语言机制，而这种缺乏也让它们无法具备全部类比推理的能力（见第 6 章）。黑猩猩具有部分初级的语言机制，比如学习一组单词，但是动物智慧专家基本上同意，只有在我们人类这个物种中才存在完整的语言。

黑猩猩是否具有意识，则始终更具有争议性。黑猩猩在语言方面的局限性可能会影响它们意识对象的复杂性。话虽如此，黑猩猩能够从镜中认出自我，以及它们所具有的其他智慧特征，表明它们也拥有意识。

评估

黑猩猩是我们人类在进化史上至今尚存的亲属中关系最近的，因此黑猩猩在智慧特征和机制两方面与人类排名接近也就不足为奇了。两者的主要区别在于抽象等智慧特征方面的程度高低问题，以及一个更为尖锐的、涉及语言机制种类的问题。黑猩猩在多模态感知、合作解决问题、情感以及通过顿悟和模仿进行学习的能力方面要优于目前所有的机器人和人工智能系统。

动物报告卡

到目前为止，我仔细分析了六种聪明的动物，它们分属昆虫、软体动物、鸟类和哺乳动物。除了狗，所有这些动物在各自物种中都是最聪明的。我之所以把狗包括在内，是因为它们与人类有着强大的社会联系。图 4.1 给出了这六个物种以及人类的进化史，展示了通向智慧的不同途径。

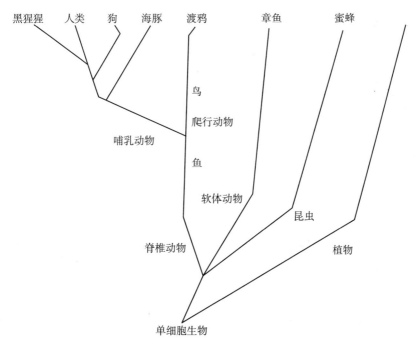

图 4.1　智慧动物的粗略进化史，显示出了分化（图中线段的长度与时间不成正比）

151

表 4.1 提供了上述七个物种的进化史和它们大脑大小的更多细节。除了大脑的大小（仅与智慧有大致的比例关系），对智慧而言非常重要的因素还包括：大脑与身体大小的比率、如何将大脑组织成若干功能区、大脑的密度和沟回，以及鸟类大脑中新皮质或类似区域的数量。

表 4.1　七个物种的大脑与进化史

物种	进化时间	大脑质量 /g	大脑容量 /ml	神经元数目 / 个
蜜蜂	1.25 亿年	0.002	0.001	96 万
章鱼	3 亿年	—	—	5 亿
渡鸦	1.7 亿年	15	16	21 亿
狗	1.5 万年	70	80	22 亿
海豚	1500 万年	1500	1500	370 亿（仅皮质）
黑猩猩	700 万年	420	400	280 亿
人类	200 万年	1300	1400	860 亿

　　注：表中所有数字均为估计值。章鱼的神经元分布在它们的头和腕足上。不同种类的海豚的大脑质量、容量差异很大。

　　正如表 4.2 和表 4.3 中的报告卡所揭示的那样，用智慧的 12 个特征和 8 种机制去衡量上述 6 种聪明的动物，结果显示它们的智慧是多么令人惊叹。如第 3 章所述，A 表示该种动物接近人类，B 表示该种动物具有相当多的人类能力，C 表示该种动物具有一点点人类能力，F 表示它完全没有人类能力。问号表示缺乏评分所需的证据。

　　就连蜜蜂都在许多方面接近人类的智慧，黑猩猩则非常接近人类的智慧。动物与人类的主要差距在于它们缺乏语言机制，我在第 5 章对此进行了更为深入的分析。特定分数仍有很大的争议空间，但

表 4.2　报告卡：根据智慧特征对动物进行的评估

特征	蜜蜂	章鱼	渡鸦	狗	海豚	黑猩猩
感知	A	B	A	A	A	A
解决问题	C	C	B	B	B	B
规划	C	C	B	C	B	B
决定	C	C	C	C	B	B
理解	F	F	C	C	C	B
学习	C	B	B	B	B	B
抽象	C	?	C	C	C	C
创造	F	C	C	C	C	B
推理	F	F	C	C	C	B
情感	?	C	B	B	B	B
交流	c	F	C	B	B	B
行动	b	B	B	B	B	B

表 4.3　报告卡：从智慧机制角度对动物进行的评估

机制	蜜蜂	章鱼	渡鸦	狗	海豚	黑猩猩
意象	?	?	B	C	?	B
概念	C	C	B	B	B	B
规则	C	C	B	B	B	B
类比	F	F	C	F	F	C
情感	?	F	B	B	B	B
语言	F	F	C	C	C	C
有意图的行动	C	C	B	C	C	B
意识	?	C	C	C	C	B

与智商（IQ）和"g"等单一的智商观相比，这两份报告单有一个很大的优势：它们表明智慧并不取决于单一的因素，而是分布在至少20个特征和机制上。这些特征和机制中的每一个都是程度问题，而不是"有"还是"没有"的二元问题。

动物报告卡还提供了与表3.1和表3.2中所展示的机器智能的比较情况。该比较表明，动物通常比大多数机器具有更多的智慧特征和机制，尽管某些人工智能程序，如沃森，在语言方面更胜一筹。此外，我们可以预期，人工智能将在未来几十年内迅速发展，而动物智慧的进化过程则以成千上万年乃至几十万年为时间单位。人类智识则以介乎两者之间的速度发展，主要受文化驱动，因为在过去的几千年里，人类通过语言读写、数学学习和有组织的教育等实践变得更加聪明。另一种可能的发展格局则是人类智识和机器智能融合形成赛博格（cyborg，又译"电子人"）。

由于我同时考虑了多个基准，所以我没有采用线性智慧量表，那样一个量表会给每一个物种的智慧确定一个特定的数字，例如黑猩猩的智商是40，等等。此外，非人类动物在智慧的某些方面超过了人类。在感知方面，人类的能力就赶不上蜜蜂的电磁感应、乌鸦的紫外线视觉、狗的嗅觉和海豚的回声定位。此外，动物具有人类没有的某些身体能力，因而它们在解决某些问题时要超过人类，比如，黑猩猩具有雄壮的力量，蜜蜂和乌鸦会飞，海豚会游泳并具备可盘卷的阴茎。然而，与动物和人工智能相比，人类的大脑依然拥有巨大的优势。

5 人类的优势

有些人已不再相信人类和其他动物之间存在的许多所谓的差异，诸如灵魂、语言、情感、创造力、使用工具和文化等。关于只有人类才有灵魂的主张受到了挑战，因为连人类有灵魂的证据都付之阙如，遑论神学大而化之，主张宠物也有灵魂。人类之外的其他动物并不会使用完整的人类语言，但是类人猿、草原犬鼠甚至蜜蜂等物种能使用复杂的交流方式。许多动物有简单的情感，如快乐和愤怒；有些则拥有更丰富的情感，例如悲伤和嫉妒。动物展现出了创造力，能想出颇具洞察力的问题解决方案，也能制作新工具，就像黑猩猩、乌鸦和其他物种使用的那些工具一样。黑猩猩群体通过社会性学习掌握不同的进食方式，借此展示自己的群体文化。

但是，心理学家和人类学家还是鉴别了若干更为具体的特征。这些特征是人类独有的，且在智识行为方面为人类带来了优势。

（1）我们寻找越来越难的问题去解决，会发明新的方法去拓展知识。我们不但创造新事物、新概念和新假说，还创造更新的方法来创造更新的事物、概念和假说。

（2）我们用假设的原因来解释世界，甚至能想象不可能的场景。

（3）我们能想象并思考关于久远的过去和遥远的未来的不同情况。

（4）我们不但学习，而且能够研究如何学得更好。文化学习让技能得以跨越几百代人而传承下去。

（5）我们研究我们自己所属的物种和其他物种，掌握全面的知识并进行全面比较。

（6）我们不仅教育自己的孩子，而且还有效地教别人，甚至教别人如何去教学。

（7）我们生火并给自己做饭。

（8）我们使用工具来制作其他工具，扩展我们所能够解决的问题的范围。

（9）我们改变自己所处的环境，将栖息地扩展到天涯海角。

（10）我们使用实体地图导航。

（11）我们不仅有社交情感（尴尬、内疚、羞愧、感激、骄傲），能够相互交流，而且对情感也产生情感，例如害怕尴尬等。

（12）我们对自己和他人进行评判。我们反思自己的行为，并对自己和他人进行道德推理和判断。我们对违反规则的人进行惩罚。

（13）我们佩戴眼镜，移植髋关节，进行外科手术，对自己调整修补，改变自然选择中的不利情况。

（14）我们用相互联系紧密的句法、语义和语用进行语言交流。

（15）我们不仅讲笑话，还讲关于笑话的笑话。

（16）我们相互合作，还会为了理想而甘冒生命危险。

（17）我们对产生行动的意图和信念进行思考。我们能思考自己的过去、现在和未来的动机、信念和行为。

（18）我们创建了政府，制定了法律，从而改变了社会。

所有这些能力中没有任何一项曾在动物身上发现过，所以我们迫切需要知道这些能力的心理和神经起源。

我遵循苏珊娜·埃尔库拉诺-乌泽尔（Suzana Herculano-Houzel）

的观点，认为人类这些优势源于人类具有灵长类的大脑，在其皮质区有非常多的神经元。人类祖先学会了烹饪，从而进化出庞大的大脑，进而可以形成更好的机制，能够认知世界并对其做出推论。有了足够的神经元，大脑就可以递归运行、循环往复，得出关于表征的表征的表征，乃至于关于推论的推论的推论。这种丰富的表征和推论使人类拥有了语言和情感，能进行社会合作，文化和技术发展的程度令其他物种无法企及。文化和技术发展的步伐越来越快，继续推动人类向前发展，而其他动物则根本做不到这点。

人类文化和技术的伟大成就之一是研发出了接近人类智能的机器。对人类和其他动物之间的差异的反思也启迪了我们对机器智能的现状和未来前景的思考。在第 3 章，我们看到人工智能和机器人技术的进步正在使机器越来越接近人类。但是在我列举的人类相对于动物的 18 项优势中，今天只有第 8 种（使用工具制造其他工具）和第 10 种（使用地图导航）已由机器完成。不过，一些动物也有超出当前人工智能范围的能力，如理解因果关系和拥有意识等。

生物进化的速度非常缓慢，因而人类和其他动物之间的差距缩小的可能性很小。但是文化和技术的发展变化迅速，因此并没有可靠的论据表明，机器永远不可能拥有我所列出的 18 项差异中所含的任何一种能力。人类的某些能力使人类得以从动物之中脱颖而出，对这些能力进行解释有助于阐明人工智能究竟需要什么，才能更加接近人类的能力。而我们是否真的想要缩小自然智慧和人工智能之间的差距，则是我在第 7 章和第 8 章探讨的一个伦理问题。

烹饪文化成全更强大脑

2003 年，巴西神经学家苏珊娜·埃尔库拉诺－乌泽尔想弄清人类大脑中究竟有多少个神经元。教科书给出的标准数字是 1000 亿个，但是她找不到任何实验依据证实该数值。于是，她创造性地想出了自己的方法，并称之为"脑汤"（brain soup）。她设法取出大鼠的大脑，固定在多聚甲醛中，以使细胞稳定，将大脑解剖，分成大脑皮质等区域，再将大脑的各个部分切片，使之最后分解化为汤水，用荧光染料对细胞核进行染色，然后在显微镜下计算细胞数量。这一方法不仅精准地确定了大鼠大脑中的细胞数量，还首次可靠地发现了人类的神经元数量，也就是大约为 860 亿个。她用同样的方法计算了包括大象和灵长目动物在内的许多动物大脑中神经元的数量。她发现猫脑中神经元的数量只有狗的一半，一时引得众多爱猫人士愤愤不平。

2016 年，苏珊娜·埃尔库拉诺 – 乌泽尔出版了一本引人入胜的书，即《人类的优势——我们的大脑如何变得非凡》（*The Human Advantage: How Our Brains Became Remarkable*）。她说，人类在神经方面的第一个优势是，我们是灵长目动物，而灵长目进化出了一种能力，可以将大量的神经元装入一个小小的大脑中。与啮齿目动物、狗和大象相比，灵长目动物可以在大小相当的空间里长出更强大的大脑。例如，黑猩猩的大脑与牛的大脑体积大体相当，但是黑猩猩的神经元却要多得多，从而使黑猩猩具有了更灵活的行为模式。

第二个优势是，大约 150 万年前，现代人类的原始人祖先取得了一个文化突破，从而得以发育出比以前大得多的大脑。庞大的大脑有一个问题，那就是它们需要大量的能量才能维持数以十亿计的神经元放电。人类大脑的质量大约为 1.3 千克，如果一个人体重为 68 千克，那么大脑仅占整个身体的大约 2%。但是人类大脑却消耗了通过觅食获得的总能量的 20% 左右。大脑神经元数量增多，就必须找到更多的食物，而这要受到有机体每天可以用来寻找食物的小时数的限制。

为我们的祖先解决这一难题的文化突破是烹饪。烹饪使动物和植物产品都变得更容易消化。早期人类已经获得了直立行走、集体狩猎和采集的能力。在从能人到直立人的转变过程中，人类还知道了如何用火来烹饪他们收集来的食物。这既是发现，也是发明，连同关于烹饪方法的文化传播，使人类获取了足够的能量来支撑大量神经元。在接下来的 100 万年里，人类大脑迅速进化，智人的大脑有了大约 86 亿个神经元。而类人猿，如猩猩和大猩猩，身体变得更为庞大，大脑却没有增大，因为它们没有足够的能量来支撑更为庞大的大脑。

　　人类大脑在神经方面的第三个主要优势是，虽然有些动物的大脑——比如大象和鲸的大脑——总体比人类大脑要大，但是人类大脑皮质在大脑中所占比例比却比这些动物要大得多。大脑皮质负责复杂的表征和推理，而这两者都是支撑上文列出的人类智识 18 项优势的各种能力所不可或缺的。随着大脑的增大，动物通常会变得更聪明，不过在第 4 章，我们已经观察到，这种相关性并不绝对：大象和一些鲸的神经元数量是人类的几倍，但是智力却比人类低得多。它们与人类的主要区别在于，它们的绝大多数神经元都用于控制自己庞大的躯体，而用于大脑皮质的比例则要小得多。最大的问题是：大脑皮质究竟做了些什么，使得人类远远比大象、鲸、海豚和其他动物更聪明？我的目标是将苏珊娜·埃尔库拉诺 – 乌泽尔提出的三大神经优势与我列出的 18 项性能优势相互联系起来。

循环思维

　　庞大的大脑是如何使人类得以完成他们极其先进的心理功能的呢？新西兰神经学家迈克尔·科尔巴利斯（Michael Corballis）对此提出了一个令人信服的答案：我们人类之所以在动物王国里卓尔不

群，是因为我们的递归能力，亦即将我们的想法嵌入其他想法的能力。用更为通俗易懂的话来说就是，我们的大脑能够产生循环效应，在这种效应中，我们能对想法产生想法，对心理表征产生其他心理表征。例如，你可以计划如何制订更好的计划，也可能担心自己会感到抑郁。

科尔巴利斯画出了他自己提出的一个递归例子（图5.1），即一个思想者在思考一个思想者如何思考一个思想者。你可以自己创造一个视觉递归的例子：手里拿着一面小镜子站在一面大镜子前，这样就可以反复生成你的镜像了。口头文学中的递归思维，可见于这么一首儿歌，内容是一位老妇人吞下一只山羊来抓一只狗，她吞下这只狗是为了抓一只猫，她吞下这只猫是为了抓一只鸟，她吞下这只鸟去抓一只蜘蛛，她吞下这只蜘蛛是为了抓一只苍蝇，而她吞下这只苍蝇则是无缘无故的。我最喜欢的递归例子中包括一些由5个单词组成的句子，每个单词都是相同的：例如"Buffalo buffalo buffalo Buffalo buffalo"[①]和"Police police police police police"[②]。第一句话可以解释为布法罗市的野牛恐吓布法罗市的野牛。在这方面，哲学领域也有个经典例子，那就是自相矛盾的句子："本句是错误的。"如果这句话是错误的，那么它就是正确的；如果这句话是正确的，那么它就是错误的。递归对世界上的实体行为也很重要，人类制造工具的能力便是如此。例如，铁匠使用（自己或他人）利用其他工具制造的工具——如铁砧和锤子——来制造斧头等工具。

---

① 字面直译：布法罗布法罗布法罗布法罗布法罗。Buffalo为多义词，本义为"北美野牛"，用作专有名词则指美国布法罗市。此外，该单词用作动词时可以表示"恐吓、蒙骗"的意思。因此，这句话的实际含义是"布法罗市的野牛恐吓了布法罗市的野牛"。——译者注

② police一词在英文中做名词时指"警察"，而做动词时具有"维持治安、管理"的含义，因此这句话可以理解为"警方管理警方，监督其对警察进行管理"。——译者注

图 5.1　关于思考的递归思考

文献来源：CORBALLIS M C. The Recursive Mind: The Origins of Human Language, Thought, and Civilization［M］. Princeton, NJ: Princeton University Press, 2011: 2.

　　科尔巴利斯认为，递归是人类头脑之所以强大的原因。他不认可诺姆·乔姆斯基（Noam Chomsky）关于递归是所有人类语言的基本特征的说法，因为少数语言并不运用递归。但是科尔巴利斯也承认，几乎所有的人类语言都采用不同程度的嵌入和自我参考（self-reference）。相比之下，第4章中所描述的种种动物交流仅限于一连串动作、手势或符号（就训练有素的黑猩猩和倭黑猩猩而言），并未表现出任何递归。人类不仅会讲笑话，还会讲关于笑话的笑话（元笑话）。

科尔巴利斯还描述了递归对于人们从过去和未来视角思考自己的能力有多么重要。你可以把现在的自己和过去的自己联系起来，例如，你正在某个城市访问时，想起了你上次来此访问的情形。更了不起的是，你可以想象自己将来参观一个你从未去过的城市。在这两种情况下，你都是在想象自己做些什么事情，你甚至可以思考你过去在想什么，或者你希望将来想什么。动物有一些具有长期记忆和想象力的例子，例如，松鸦记得自己把不同种类的食物储存在了哪里，黑猩猩把石头堆积起来，然后砸向观众。但是只有人类才能完成关于过去和未来的、层层循环的思考。

此外，你不仅可以思考自己的想法，还可以思考别人的想法。例如，你可以想象你的朋友对你想要推荐给他们的餐馆会有什么样的反应。多层次的循环思考也是可能的，比如你可以想象：你的朋友如果不喜欢你的建议，他会如何去想象你对此的想法。人类可以利用他们的常识和个人经验，对别人在想什么——包括别人对自己的想法——做出推断，有时候这种推断相当准确。

共情是人类交流的一种重要形式，它既需要跨时间的想象，也要思考他人在想什么。例如，如果你的一个朋友家中有人去世，你可以回忆自己此前在类似情况下的感受，用这种方式来想象你的朋友的感受，并将你的朋友现在和将来可能的感受投射到他或者她的身上。

人类能够产生复杂的情感，包括递归的情绪。嵌套情感是指关于情感的情感。你可以因为快乐而快乐，也可以因为悲伤而悲伤。你的一些愿望是你渴望拥有的，例如，想要更努力地工作或对你的家人更好。但其他欲望则是你不想拥有的，例如，对巧克力蛋糕的渴望或对邻居家配偶的觊觎。人类也可能有对尴尬的畏怯、对宽恕的希望、对荣誉的热爱、对爱情的渴求、对恐惧本身的恐惧、对耻辱的畏惧、对无聊的厌恶、对承诺的忌惮、对欲望的憎恶、对信任的祈望、对依恋的焦虑以及对失望的恐慌，还会想变得勇敢，与所爱之人坠入爱河，敢于自豪，为爱感到骄傲。

我曾在一篇博客文章中介绍了"嵌套情感"这一概念，推测人类大脑中可能只有一个层次的嵌套，但是评论者提供了含有更多层次嵌套的例子：

> 我畏惧依恋，这让我感到非常郁闷。
> 我憧憬爱情，这让我感到很是尴尬。
> 我感到内疚，因为我沉浸在对依恋的憎恨中。

这种情感嵌套需要反复递归。

人类的所有 18 项优势都依赖于循环效应。在学习和制造工具等优势中，循环效应的重要性是显而易见的。即使是重要性不那么明显的优势，例如烹饪和导航，也需要循环，这样一来人类就可以想象自己在未来为了做饭而保存火种，以及前往食物和住所更加充足的地方。在过去的 1 万年间，人类通过运用种种发明——包括写作、阅读、数学、学校教育、印刷、计算和互联网——学会了学习。

循环计算机

递归是编程语言的天然属性之一，例如，对某个步骤（该步骤用于计算列表中的元素数量）的定义便是如此：

> 定义列表长度（length-of）
> 如果列表为空，则返回 0。

否则，删除第一个元素并在列表长度上增加 1。

这是递归的，因为 length-of 函数的定义指的是它自己，但是它会给出一个明确的答案，因为它会不断缩短列表。

虽然计算机编程语言具有递归和其他形式的迭代，但是大多数计算机程序缺乏智能所需的多种形式的递归和嵌入。例如，我最喜欢的编程语言，即 Lisp 语言，巧妙地运用了递归，但是典型的 Lisp 程序却并不使用循环效应，而循环效应是语言、想象和理解他人思维所必不可少的。我们需要研究具体的计算模型，以评估它们支持更高水平的递归的程度。

沃森能支持递归，因为它拥有强大的自然语言处理方法，但是它在句法方面要比语义方面好得多。人类语言的力量来自递归句法和递归语义之间的奇妙网状结构，在这个结构中，意义建立在意义之上，与之同步，句法结构嵌入句法结构之中。例如，考虑一下这个句子："男孩追着此前追过这个男孩的狗。"该句中嵌入了"此前追过这个男孩"这个短句，作为一个句法操作。但同样重要的是，该句具有这样一层意思：正在进行追逐的男孩和此前被追逐的男孩是同一个人。沃森在句法方面性能突出，但在与真实世界相联系的意义方面则表现平平。

由于自动驾驶汽车要与外部世界进行互动，包括学习感官模式，因此比沃森更擅长与世界关联的语义。这种汽车还可以通过对汽车身份——例如威摩 196 型汽车——的信息进行编码，来进行自我参照。不过在自动驾驶汽车中使用的贝叶斯网络和深度学习神经网络缺乏能够产生具有嵌入结构的复杂表征的句法能力，例如，它不能表达"威摩 196 型汽车认为，威摩 233 型汽车认为威摩 196 型汽车驾驶不稳"这种关系。类似地，使阿尔法狗和类似程序取得成功的深度学习神经网络并不具有足够的内部结构，因而无法进行自我指涉并嵌入关于表征的表征。不过后文讨论的其他人工神经网络则具有这种能力。

谷歌翻译能够毫不费力地为英语"the boy chased the dog who was chasing the boy"（男孩追着此前追过这个男孩的狗）得出一个不错的法语翻译："le garçon a poursuivi le chien qui poursuivait le garcon"。但是我们已经看到，谷歌翻译是通过统计手段运作的，使用大型数据库为原文查找在译文中对应的句子，对句法知之甚少，而对语义则是全然不知。所以，谷歌翻译的递归性其实是人类语言递归性的产物。同样地，一些3D打印机为自己制造零件的能力完全取决于人类程序员，而不涉及任何程度的自我表征。

Alexa和推荐系统同样缺乏人类语法和语义的循环能力。就语用学而言，人类也是具备递归能力的，例如，我们能够考虑和实现目标，而这些目标则实现了满足我们最基本需求的目标。再如，我今天的目标是写1000个单词，这个目标有助于完成我撰写本书这一稿的目标，进而有助于我撰写本书的目标，撰写本书这一目标则有助于我对成就的需求。在动物界与这种目标链最接近的表现是一只新喀鸦的行为，它动用了包括石头、棍子和细绳在内的一系列物件，遵循共计八个步骤来获得食物。但是没有证据表明乌鸦能够意识到自己是在执行这些步骤。喜鹊能够从镜子中认出自己来，然而乌鸦并没有通过这项测试。

有些人工智能系统能够通过将目标串联起来完成更多的目标，这可以追溯到20世纪70年代艾伦·纽厄尔和赫伯特·西蒙研发的"人类问题解决者"（Human Problem Solver）。如果基于机器目前在递归语法、语义和语用方面的局限性，就断定人工智能是不可能的，那恐怕是错误的。与动物不同的是，机器人正在得到不断改进，研究人员或许能够克服工程方面的巨大困难，使计算机能够运行各种各样对人类智识贡献巨大的递归思维。我们已经有了像 Yacc（生成编译器的编译器）这样的计算机程序，它们可以帮助创造新的编程语言，可以用来编写新的程序。相比之下，即使有了像 CRISPR 这样的基因工程新技术，在可预见的未来，也根本无法将乌鸦、黑猩猩或其他动物的循环能力提升到堪与人类匹敌的程度。

大脑是如何变得具有递归性的

现在，在解释人类智识的起源和运作方面，我们还有一项重大空白需要填补。灵长目动物大脑的自然选择和烹饪的发展解释了人类大脑是如何变得如此庞大的，而循环表征的能力解释了人类是如何变得能够想象、能够理解其他人的想法和语言的。但是庞大的大脑是如何获得递归性的呢？罗伯特·贝里克（Robert Berwick）和诺姆·乔姆斯基提出了一种可能：一个简单的基因突变使大脑能够将两个物体合并成一个包含这两个物体的新物体。这一假说在有关基因以及神经过程的具体细节方面语焉不详。

关于心理循环的起源，有一种细节更为丰富的解释。它来自理论神经科学这一激动人心、方兴未艾的领域。现代神经科学始于 19 世纪晚期，当时西班牙生物学家圣地亚哥·拉蒙－卡哈尔（Santiago Ramón y Cajal）意识到，大脑中新发现的细胞（后来被称为神经元）是大脑思维机制的主要生理基础。20 世纪带来了大脑研究实验技术领域的重大进步，包括记录单个神经元的信号和侵入性较小的脑部扫描技术等。脑部扫描技术，如功能磁共振成像，产生了认知神经科学这一子领域，它着眼于像解决问题这样的人类行为的神经相关性。

实验数据可以提供有用的描述，但不能提供解释性的理解；解释性的理解需要确定所观察到的现象是由何种因果机制产生的。自20世纪80年代以来，理论神经科学领域已经有所发展，建立了解释实验结果的数学和计算模型。理论神经科学只有几十年的历史，但已经在弄清神经元集群如何相互作用并产生智识思维方面取得了重大进展。

我的同事克里斯·埃里亚史密斯提出了多个有关神经表征和处理的新理论，填补了在庞大人脑和递归运作之间存在的空白。从一个神经元开始，大脑可以通过以不同的模式放电来表征世界上的事物。例如，当一个连接到视觉系统的神经元的输入表明观察到了蓝色的东西时，它可能会向其他神经元发送电信号。更为强大的是，在一段时间内，比如1秒钟内，神经元可能会快速而不是缓慢地放电，或者它可能会以特定的时间模式放电，比如"放电—放电—休息—放电"。

单独一个神经元本身并不能代表多少内容，但是一整组神经元一起工作就可以形成放电模式，能够反映蓝色的不同色调，以及不同方向和形状的线条。与之相比，更难的任务是对蓝色的东西形成表征，例如它是由四条互成直角的线条组成的一个蓝色的正方形。如果大脑形成一个蓝色的正方形的表征，那么其神经元就必须将蓝色、线条和角度的表征组合成一个整体。

神经元将相对简单的表征组合成更为复杂的表征，这一操作被称为"绑定"（binding），例如，将蓝色、线条和角度"绑定"成一个蓝色正方形。所有的动物，即使是像蜜蜂这样神经元数量很少的动物，都能够进行这种基本的绑定。例如，蜜蜂的神经元放电，形成位于某个特定位置的、有花粉的花朵的表征。这种基本的绑定不需要任何递归，可以由表征花的神经元和表征位置的神经元彼此同步放电来完成。

埃里亚史密斯用数学手段说明，神经元集群不仅可以产生绑定，还可以产生绑定的绑定，甚至绑定的绑定的绑定。他称由此产生的神经表征为语义指针（semantic pointer），将感官模式和运动模式结合成新的模式，可以起到符号的功能。例如，当关于蓝色、线条和角度的视觉输入被组合成一个关于蓝色正方形的神经表征，其产物是一个新的神经表征，之后可以绑定到更为复杂的表征之中。认为一个蓝色正方形在红色圆圈下面的想法，可以通过代表蓝色正方形、红色圆圈和"下面"的关系的神经组来建立。这个过程可以迭代产生更复杂的关系，比如艺术家将红色圆圈移到蓝色正方形的顶部。

关于语义指针的数学理论已经相当成熟了，不过对于本书的读者来说，采用隐喻描述更为合适。你可以把大脑产生语义指针想象成烘烤一个蛋糕，将面粉、黄油、糖和鸡蛋等配料混合成新的东西，然后这个新产生的东西可以和糖衣等其他东西结合。这个蛋糕保留了其配料的某些特点，例如糖的甜味等。或者，你可以将语义指针比作由较小的若干股线缠绕在一起形成的编织绳，然后又形成了一个新的、更强大的物体，但是它仍然可以被分解成它的组成部分。

构建语义指针的操作可以是语言的操作，比如构建句子就是如此。不过你也可以在不使用词语的情况下，构建一个蓝色正方形上方有一个红色圆圈的心理意象。埃里亚史密斯的语义指针具有一种我称为"模态保持"（modal retention）的特性，这在任何其他人工神经网络中都不曾发现过。"模态保持"这个术语意味着构成语义指针的放电模式保留了对产生该模式的感官输入和运动输入的近似性。例如，关于蓝色正方形的语义指针以压缩精简的形式延续了进入该方块的蓝色的放电模式。此外，关于移动某个形状的运动操作也可以部分保留在语义指针中，用于将红色圆圈移动到蓝色正方形之上。

语义指针有三个方面，对于理解思维的递归性至关重要。

第一，它们是多模态的，因为可以依托范围广泛的感官模态和运动模态（包括视觉、嗅觉、触觉和身体运动在内）捕捉到多种表征。这意味着它们可以解释动物的非语言心理活动，以及见于人类语言的语言组合。

第二，它们可以执行模态保持，这样它们就不会扔掉它们赖以形成的感官—运动信息。这种保持显示了与世界相联系的语义如何经历了所有这些绑定却依旧得以大体保留下来，然后产生更复杂的语义指针。

第三，语义指针可以组合成更复杂的语义指针，产生多层递归，比如一个蓝色的正方形，其中包含了一个位于红色圆圈之下的蓝色正方形。在埃里亚史密斯的计算模型中，将感官—运动输入绑定成为语义指针，以及将语义指针绑定成为更复杂的语义指针，都是由神经元完成的。这个过程并不允许无限量的递归，因为人类的神经元并非无限多。按照"我以为你以为我以为你以为我以为你以为……"的套路重复若干次后，人类就会晕头转向了。尽管如此，比起大脑较小的动物，人类还是能够进行更多的重复和递归。计算机模拟显示，绑定过程需要大量的神经元才能完成，这也解释了为什么人类发明烹饪是非常重要的，因为有了烹饪，人类才能发育出越来越大的大脑。拥有更多神经元的庞大的大脑能够形成更多的语义指针，并绑定成为更复杂的语义指针。

情感需要绑定。因为情感结合了对情境的表征、对情境的生理反应以及对情境的评价。所有的情感都是有来由的，例如，一个你爱的人，一个让你快乐或悲伤的情况。此外，所有情感都涉及身体变化，例如，当你看到让你心动的人时，你的心跳就会开始加快，或者当你在猝不及防的情况下必须当众讲话时，你的肠胃就会开始翻江倒海。不过，情感并非仅仅是生理现象，因为人类的情感相当微妙，身体状态并不能完全体现。例如，恐惧和愤怒在生理上相似，涉及几乎相同的心率、呼吸状况和其他身体变化模式。恐惧和愤怒的区别在于，关于某个状况对你的目标有何种影响，它们的评估有所不同：恐惧表示的是对你生存目标的威胁，而愤怒则针对的是阻碍你实现目标的事物或个人。

在大脑中运作的情感需要神经元集群放电，这些神经元集群将对情况的表征、对生理变化的感知和评估绑定起来。所有这些都可以在动物身上运作。在动物身上，表征、感知和评估都是在不运用语言的情况下完成的。对于人类和其他少数有能力自我表征的动物来说，语义指针的第四个方面也可以发挥作用：有情感的自我意识。例如你知道，遇见朋友而感到高兴的人是你。递归嵌套的情感需要更多层级的绑定。我在第 6 章将进一步探讨动物情感的问题，并论述计算机具备情感的可能性。

就人类所具有的种种递归能力而言，其发展离不开大脑进化的几个阶段。在第一阶段，早期大脑具备了绑定感官输入并使之成为组合表征——如蓝线——的能力。在第二阶段，对绑定的绑定可以产生对物体的表征，例如蓝色正方形。在第三阶段，对绑定的绑定的绑定可以产生更复杂的表征，比如位于红色圆圈之上的蓝色正方形。最后，在直立人向智人的进化过程中发生了第四阶段，在这一阶段，绑定变得足够强大，足以支持语言、对未来的想象，以及使用诸如精神和他人的心理状态等隐藏原因进行解释。

要想理解单靠添加更多的神经元就会导致递归的质的不同，我们需要一个重要的概念，叫作"临界转换"（critical transition）。例

机器和生灵　人工智能、动物智慧与人类智识

如，你将冰块托盘装满水，并将它放入冰箱，然后水会变得越来越凉，不过与此同时仍然保持液态。但是随着时间的推移，它会凝固成冰，这是一个由数量上的逐渐变化导致的质量上的显著变化。与之类似，原始人大脑中的神经元逐渐增多，最后导致了质的变化，产生了循环思维，从局限于感官—运动系统的表征中解放出来。神经元数量的不同变成了心理上的不同，就像海明威的《太阳照常升起》中的人物一样，他先是逐渐走向破产，然后突然一下子陷入破产境地。

第 3 章所讲的六款智能机器和其他人工智能系统缺乏那些将庞大的大脑与递归性连接起来的关键特征。深度学习中使用的人工神经网络与语义指针中使用的神经网络在几个关键方面存在差异。第一个关键差异在于，深度学习中的人工神经元是通过放电率——而不是放电模式——来产生表征的，而放电模式的数量要比放电率多得多。如果一个人工神经元每秒钟能放电 100 次，那么它在 1 秒钟内的放电率就只有 100 种可能性，其中放电 5 次表示慢，而放电 100 次则表示非常快。但是语义指针中使用的神经元能产生的不同放电模式则有 2^{100} 种，比 100 多得多。这种更强的表征能力对于捕捉外部世界和身体内部状态的不同特征而言很重要。这样一个巨大的数字还仅仅是针对一个神经元而言，那么想想由成千上万个神经元组成的神经元集群的放电模式，其数字就更是不可同日而语了。

语义指针区别于其他计算方法的第二个关键特征是模态保持，而具有脉冲神经元，对于该特征而言非常重要。为了避免丢弃关于高级表征的、源自感官—运动的信息，神经元需要对许多不同的事态产生表征，而大量的神经元和大量的神经模式使这种表征成为可能。比神经模式的数量更重要的是模态保持的特性，即神经表征包含了对产生该表征的感官—运动信号的近似值。

语义指针的第三个关键特征是它们具有像符号一样的能力，能够组合成新的表征，这是深度学习网络所不具备的。深度学习可以产出对世界上众多模式的表征，甚至能够进行第3章所描述的某些程度的抽象思维，但是它并不能产生符号并用种种方式（这些方式对于多种创造力非常重要）将这些符号组合成为其他符号。例如，科学家将现有的概念组合后，产生像"原子"（最初被理解为一种不可见的、不可分割的粒子）这样的新理论概念。与通过实例接受训练的人工神经网络不同，语义指针可以支持人类超越当前观察到的事物来思考未来的和隐藏的原因，例如他人的精神状态。

　　第3章讲到的六款智能机器没有一个具有如下关键特性：通过脉冲神经元产生表征、模态保持，以及组合成复杂程度逐渐增高的表征。要让人工智能实现向人类智识的关键转变，就必须为人工智能添加那些可以填补递归性与意义之间空白的特征。然而，这一空白并非表明人工智能是不可能的，因为埃里亚史密斯已经拥有了强大的计算机模型。这些模型在神经形态的芯片上运行——这些芯片可以支持数以百万计人工神经元的运行，因此其运行是高度并行和节能的，并且计算是有效的。

　　因此，语义指针填补了人类智识从庞大的大脑到心理循环效应的进化过程中的一个空白，而正是这种效应产生了人类相对于机器人和动物的重大优势。图5.2概述了这个过程，描绘了已经很复杂的灵长目动物大脑是如何因为人类学会了烹饪而变得更庞大的。更多的神经元促成更多的递归绑定，形成了种种神经表征，这些神经表征保留了它们感官—运动源头的某些方面，同时提供了结合成符号的新能力。其结果是形成了语言和非语言表征的循环能力，而这种循环能力造就了人类的优势，如复杂的语言、制造工具的能力和社会理解力。早期人类的这些优势尽管形式粗陋，但提高了他们的生存和繁殖能力，反过来有利于人类形成更庞大的大脑，如图 5.2 中从"人类优势"到"人类大脑变大"的箭头所示。

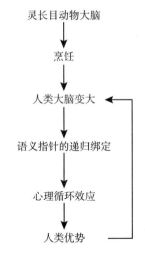

图 5.2　人类优势的起源

因果关系

循坏效应并不是人类智识之所以远远超过人工智能的唯一原因。深度学习的先驱之一约书亚·本吉奥说：

　　研究人员正在绞尽脑汁想要弄清问题究竟出在哪里，比如，为什么我们不能制造出像我们人类那样了解世界的机器。是因为我们没有足够的训练数据，还是因为我们没有足够的计算能力？我们中有许多人认为，我们还缺少所需的基本要素，比如理解数据中因果关系的能力——其实就是因为有了这种能力，我们才能在与我们接受训练的环境大为不同的环境之中，依然能够进行归纳并得出正确答案。

在这方面，动物相对于机器而言拥有一个巨大的优势。猫知道，如果它们用爪子去抓老鼠，那么老鼠就会移动。无论是章鱼还是乌鸦，抑或是黑猩猩，动物们都意识到工具在操纵世界方面是有用的。人类需要理解因果关系，才能把火作为一种工具，让食物变得更加可口：点燃一堆木头会燃起篝火，从而把食物做熟，并让食物变得更加美味。

在因果关系方面，最为复杂的人工智能研究是由朱迪亚·珀尔（Judea Pearl）完成的。他在因果图、贝叶斯推理、数学模型和反事实方面做了杰出的工作。不过，在他最新推出的一本书中，将因果关系描述如下：

如果 Y 倾听（listen to）X 并根据听到（hear）的内容来确定（determine）它的值，那么变量 X 就是 Y 的原因（cause）。

这一定义莫名其妙，原因有三。第一，术语"倾听"和"听到"是模糊的、隐喻性的和误导性的：当细胞因香烟烟雾而发生变异时，根本就不存在什么倾听。第二，这个定义是循环的，因为"确定"（determine）一词只不过是"导致"（cause）一词改头换面罢了。第三，该定义假定因果关系是变量之间的关系，但是在日常生活中，因果关系则通常被视为事件之间的关系，例如，踩下汽车油门这一事件导致了汽车加速这一事件。

不能给因果关系下一个准确的定义，这件事情倒也不足为奇，因为数学之外的定义总是出于模糊、循环和存在反例等原因而失败。对概念进行定义有一个更好的方法，那就是使用第 1 章中应用于智慧的方法，通过标准的例子、典型的特征和解释来分析"原因"这一概念。原因的标准示例包括推、拉、运动、碰撞、动作和疾病。原因通常——但不是普遍地——具有以下特征：按照时间顺序排列、因在前、果在后的事件，感官—运动—感官模式，由规则、操纵和干预来表达的规律性，以及与原因的统计相关性，即原因提高了结果的概率。最后，原因有助于解释为什么事件会发生以及为什么干预措施可以奏效。

每个人都熟悉因果关系的标准例子，例如把门推开。原因通常在结果之前，尽管我们可以想象时光倒流。因果关系的另一个典型特征是，它表现出感官—运动—感官的模式，即一种感知之后跟随着一个动作，而这个动作又导致另一种不同的感知。婴儿能够识别这种模式：他们看到摇铃，用手击打摇铃，然后看到摇铃移动，并听到摇铃发出声音。与之类似的是，不会语言的动物也遵循感官—运动—感官的模式，比如黑猩猩看到一块石头和一个坚果，用石头砸坚果，然后看到、听到并感觉到坚果裂开。其他感官—运动—感官模式的运作实例还有，黑猩猩把一根小树枝插入白蚁洞，然后拔出爬满了白蚁的树枝；或者乌鸦把一块石头扔进一根水管，然后看到水位上升。

语言和数学通过规律性、统计相关性等概念，使我们加深了对因果关系的理解。但是这些都依赖于连动物和不会说话的婴儿都已经熟悉的感官—运动—感官模式。因果关系的其他特征补充了——但并非取代——最初的感官—运动理解。意识对这种理解贡献甚大，因为有了意识，就能够同时考虑感官和运动成分，就像婴儿意识到摇铃—运动—声音的组合一样。

珀尔将"如果有 Y，那么 X 的概率有多大"与"如果做了 Y，那么 X 的概率有多大"区分开来，用这种方式来处理因果关系和相关性之间的差异问题。这种区分很有用，因为它抓住了操纵和干预的一些方面，这些方面通常被认为是因果关系的一些重要方面。不过珀尔并没有为"做"这一操作提供语义。从语言和数学的角度来看，这种遗漏是严重的；但从一个更广泛的认知角度来看，我们可以将对"做"的理解归因于人们与动物都具有的感官—运动体验。

计算机程序并不天然具有这些体验，不过它们可能通过传感设备和计算处理来获得这些体验。而深度学习是通过并不涉及世界上任何运动操作的实例进行训练的，因此这些资源超出了深度学习所能做到的范围。相反，我们需要一个能够感知、行动并注意感知—行动配对结果的机器人，而且它可以从中学习感官—运动—感官模式。

从潜在角度讲，语义指针可以用来创建多模态规则，形式为："如果感觉和运动，那么感觉。"例如，一个习得的规则可能是"如果'摇铃是静止的'且'手击打摇铃'，那么'摇铃移动'和'摇铃发声'"。在这条规则中，我将"如果"和"那么"条款的关键部分放在括号中，以表明它们不是文字表征。相反，它们是在黑猩猩和婴儿的大脑中，以及在实现了模态保持的人工神经网络中运作的视觉、运动和听觉表征。

由于当前的人工智能程序没有这样的感官—运动—感官模式，所以它们对因果关系的理解都存在不足。基于符号的程序可以通过使用"原因"这个词来避开这个局限性，但这只是语法，并没有语义。与人类和其他动物相比，沃森、自动驾驶汽车和其他深度学习系统同样在因果理解方面存在不足。如果计算设备不能够通过感官—运动来理解因果关系，它们就始终缺乏多种类型的因果理解，而这些类型的因果理解对解释和有意图的行动而言非常重要。

原因对学习也很重要，因为这有助于关注对实现学习者目标有重要意义的事情，而不是关注大量可能相关的、用于训练深度学习网络的变量。层层的隐藏原因引入了循环效应，例如，生物化学从因果角度解释了脱氧核糖核酸（DNA）的运作，而这些运作解释了遗传，而遗传则有助于解释生物进化。

我并不是说这种理解对于机器而言是不可能的。采用语义指针的计算模型已经在神经形态的（类似大脑的）芯片上运行了，而且在控制简单的机器人。原则上，这些模型经过编程后可以具有感官—运动—感官图式，而此前我已经说过，这些图式对于充分理解因果关系起着根本作用。如果机器能够学习这样的图式，那就更帅了。不过这样的期待还是太过头了，因为图式因果关系对人和动物而言似乎是与生俱来的：婴儿在出生后几个月内就会表现出这种因果关系，而一些动物在出生后立刻就能在这个世界上应对自如了。

因果关系和递归共同作用，增强了人类的精神力量。因果关系在两个方面具有递归性。首先，它显示了迭代，如下面这首诗所示：

> 因为缺少一颗钉子，马掌丢了。
>
> 由于缺少一个马掌，就失去了一匹马。
>
> 由于缺少了一匹马，就失去了一位骑手。
>
> 因为缺少了一位骑手，就丢失了情报。
>
> 由于缺少情报，就输掉了一场战役。
>
> 由于战役失败了，就失去了王国。
>
> 而所有这一切，都是因为少了一颗马蹄钉。

其次，因果关系可以自我反馈。例如，丈夫辱骂了妻子，妻子反过来辱骂了丈夫，接下来丈夫又辱骂了妻子。因果反馈环是气候变化中一个危险的部分，因为全球变暖会导致永久冻土融化，而永久冻土融化会释放甲烷，释放甲烷则会加剧全球变暖。动物对因果关系的理解，是同石头、坚果等感知对象相联系的，它们无法处理递归因果关系，因为要表征原因的原因，就需要绑定的绑定，而动物缺乏足够的神经元，无法产生这种绑定的绑定。

动物还无法理解来自隐藏的、不可观察的原因（如原子和重力）的因果关系。感官—运动—感官图式仅适用于可观察的事件，但人类能够寻找超出其感知范围的潜在原因。例如，荷马的《伊利亚特》是古老的文学文本之一，它以下面的一段话开头，我把其中的隐藏原因用黑体标出：

歌唱吧，**女神**！歌唱裴琉斯之子阿基琉斯的愤怒，他的暴怒招致了这场凶险的灾祸，给阿开亚人**带来了**受之不尽的苦难，将许多豪杰**强健的魂魄**打入了**哀地斯**，而把他们的躯体，作为美食，扔给了狗和兀鸟，从而实践了**宙斯**的意志，从初时的一场**争执**开始，当事的双方是阿特柔斯之子、民众的王者阿伽门农和卓越的阿基琉斯。[①]

这个文本假设神和人们死后所去的冥界是存在的。它还提到了愤怒、勇敢和争执等心理倾向，这些心理倾向是外在行为的基础，但又超越了外在行为。而德谟克利特提出的原子学说和亚里士多德提出的以太（支撑恒星的物质）和心灵（灵魂）概念则提供了更多证据，证明古希腊人善于考虑隐藏原因。

深度学习无法了解这种隐藏的原因，但是一些计算系统已经包含了相关的机制，包括可以产生假说的溯因推理。所谓假说，是指从旧概念产生新概念的概念组合，以此类比，即通过思考类似情况来了解隐藏原因。类比有助于科学发现，例如，关于水波的想法启发了关于声波的想法，而后又启发了关于光波的想法。除了人类，根本无法指望其他动物去了解隐藏的原因。不过，如果人工智能超越了第 3 章中六款智能机器所运用的机制，那么人工智能就可以了解隐藏的原因。

社会优势

智识通常被认为是个人的特质，但人类大多数个体的成就

---

① 译文引自：荷马. 伊利亚特［M］. 陈中梅, 译注. 南京：译林出版社, 2017. ——译者注

都是在家庭、学校、实验室、公司和政府等团体中取得的。心理学家已经证明，情绪和社交智能如何使人类得以理解他人并与之互动，从而解决单打独斗所不能解决的复杂问题。例如，《自然》（*Nature*）等科学期刊的内容表明，当今几乎所有的科学研究都是靠协作完成的。协作使人们得以群策群力，将知识和技能集中起来。

有些动物能表现出社会协调性，比如狼群会一起狩猎，雄性海豚会相互协作来控制雌性海豚。但是人类合作的程度远远超过了其他动物，性质也优于其他动物。这些差异源自人类具有递归性的大脑，这样的大脑具有语言能力，能够理解其他人的想法，还能预见未来。

人类的社会协调如何更胜一筹

迈克尔·托马塞洛（Michael Tomasello）在 2019 年出版的《成为人类——个体发生论》（*Becoming Human: A Theory of Ontogeny*）一书中对数十年来关于人类儿童与黑猩猩之间在社会协调能力方面差异的研究进行了总结。人类最显著的成就在于个体之间合作的方式。一些类人猿能够理解彼此的想法，能够有意识地交流、进行社会学习、群体狩猎、结成联盟、互相帮助，还能采取互惠互利的行动。但是托马塞洛认为，人类具有种种独特的文化协调方式和信息传递形式，这为我们这个物种提供了莫大的社会优势。

托马塞洛确定了三组将人类的发展与其他动物的发展区分开来的过程。第一组涉及婴幼儿的发育，婴幼儿在 9 个月大的时候就有能力与另一个人共同形成意图，在 3 岁左右就有能力与一群人共同形成意图。第二组则是关于儿童的社会文化经验，其中包括接受成人教导以及与同龄人协调互动。第三组涉及自我调节，在此类过程中，儿童获得追踪获取社会伙伴的观点和评价的能力，并使用这些信息来控制自己的行为。

托马塞洛认识到，我们在类人猿中最近的亲属具有理解、预测和操纵它们的物质世界和社会世界的技能。但是他认为，它们缺乏使用共同关注、常规交流和教学方法的能力，因而无法像人类那样有效地合作。他坚持认为，黑猩猩以及其他动物的合作狩猎只不过是个体主义的协调，每个捕猎者都想要为自己捕获猎物；与之相反，大约40万年前的早期人类已开始通过积极的协作来获取大部分食物。凭借识别他人意图和关注的能力进行社会递归推理，这带来了生物学上的诸多优势，托马塞洛对此进行了描述。

此外，早期人类获得了新的动机和情感，并从中受益。这些动机和情感包括与他人合作实现共同目标的动机、同情他人的能力，以及对公平的期望。弗兰斯·德·瓦尔等人描述了动物对公平和共情的关注，但托马塞洛坚持认为，这种关注在人类中要远比在猿类中根深蒂固。人类幼儿更倾向于自发的合作。黑猩猩有某种程度的自我调节能力，例如，面对数量不多的食物时暂时按兵不动，这样在之后就能得到更多的食物。但是它们的思维并不是通过预测他者如何理解和评价它们的行为和想法来调节的。人类擅长社会递归——思考别人如何看待他们的想法。人们借助宗教概念（如良心不安）和法律概念（如犯罪意图）等进行反思，而社会则因为这种反思而兴盛繁荣。

教学在动物中非常罕见，只存在于少数物种中，如狐獴和虎鲸等。相形之下，教学在人类中则无处不在，所有负责任的父母都会教孩子在物质世界和社会中如何去做。通过父母和学校，儿童学习如何适应他们的文化，遵循关于顺从、同情、公平的规范，以及他们家庭和社会的其他规范。人类不仅会教学，而且会在教育学院中讲授如何进行教学，其中最优秀的教育学院依靠的是关于有效学习的合作研究。

教学需要循环效应，正因如此，老师知道学生所不知道的，以及老师希望学生知道的。凯文·拉兰德（Kevin Laland）推测，语言之所以进化，就是为了向近亲属传授有用的文化变体，包括工具、觅食技巧、社交信号、仪式和药物等。图 5.3 是对图 5.2 的补充，进一步明确了合作、教学等认知优势和社会优势之间的相互作用。

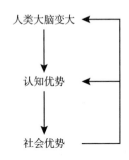

图 5.3　大脑大小、认知和社会优势的相互作用

人类的社会协调为何更胜一筹

要解释为什么人类拥有这些优越的社会协调技能，就必须具体说明这些技能背后的神经机制和心理机制的性质和起源。托马塞洛所描述的社会递归是大脑循环特性的另一个例子。更大的大脑和更多层的绑定促成了递归思维的出现，而递归思维则支撑了语言、关于心理的推论和对未来的思考。托马塞洛推测，基因改变促使人类考虑共同意图的能力提高。另一种可能性是，只要拥有更多的神经元和更强的绑定能力，就足以让早期人类以更具递归性的能力去思考自己和他人的想法。

人类大脑的大小让人类更有能力去思考其他人，但是仅靠大脑的大小还不足以让人类更有能力去关心其他人。动物表现出某些形式的关爱，比如渡鸦伴侣会抚养它们的幼鸟，猴子会表现出同情和公平。但正如慈善机构、医院等机构以及福利项目所显示的那样，人类关怀的范围要广得多。由于人类具有庞大的大脑和包括关爱在内的种种社会动机，人类能够完成的合作任务远远超出其他动物的能力所及。那么机器会合作吗？

机器的社会协调

人工智能机器通常是单个计算机，不过多台计算机组成的团组也能够进行社会协调。计算机合作方面最明显的例子是互联网。据估计，2019 年互联网连接了超过 200 亿台计算机和其他设备。计算机科学中有一个长期研究领域，叫作"多智能体系统"，也称为"分布式人工智能"和"分散式智能"。该领域研究的是由智能计算代理组成的系统，这些智能计算代理构成人工社会系统，涵盖各种通信和合作，包括群体决策。

在第 3 章讨论的六款智能机器中，只有一款是作为多智能体系统运行的。目前正在进行的研究调查了自动驾驶汽车赖以沟通和合作并借此保持交通顺畅的各种方法。如果车辆能够互相通信，它们就能合作，避免发生碰撞和交通减速，而这两种情况都是在驾驶员对道路状况变化适应不良时发生的。

自动驾驶汽车等多智能体系统表明，机器之间已然存在社会协调了，但是这种社会协调与人类的社会能力相比如何呢？你或许会认为计算机擅长通信，因为它们可以通过有线或无线连接快速共享电子信息。但是，这种快速通信有一个前提，那就是它们通信设备的制式是相同的。

安装了沃森系统的设备之间进行通信应该没有问题，但是沃森使用的表征格式和自动驾驶汽车使用的表征格式几乎没有任何共同之处。就不同公司生产的自动驾驶汽车而言，它们的程序中所运行的算法和数据结构也不相同，所以不能保证威摩公司生产的汽车能与福特公司生产的汽车进行实时通信。互联网之所以能够运行良好，是因为有一个共同的协议来管理所有参与其中的计算机等设备之间的交互。而且，人们正在研究创建一份协议（称为 V2X，即"车用无线通信技术"），使每一辆车能够与其他车辆和实体进行沟通。

托马塞洛描述了进化何以不仅为人类提供了合作的手段，而且提供了合作的动机。由于今天的计算机缺乏情感，它们并不具有那些激励人类一起协作的目标。计算机可以有纯粹的认知目标，即它们的算法可根据其设计完成的、对于未来事态的表征来设定，但它们目前还无法关心这些成就。更值得注意的是，计算机无法关心它们需要与之协作以期实现共同目标的其他计算机。

章鱼和猩猩等独居动物是个体主义者，惯于单打独斗来实现目标。社会性更强的动物，如渡鸦、狼和黑猩猩等，在遗传上更倾向于群居。通过生物进化和文化发展，人类已经获得了完成共同目标所需的协调能力。电脑如果要更好地完成社会协调，需要向人类的能力看齐，能够推断其他电脑中正在发生的事情。例如，如果一辆自动驾驶汽车察觉到另一辆自动驾驶汽车运行不稳定，它能够从机械角度就对方所发生的问题做出解释。

这种推论类似于人类在发现自己试图与之合作的人的思想和情感有什么问题时的反应。如果能够研发应用于自动驾驶汽车和其他多智能体系统的全面语言处理系统，再加上基于身体的、对感官—运动—感官模式相关的因果关系的理解，将会促进它们的发展。

希望人类居于上风

一位人类学家和一位灵长目动物研究人员在 2018 年的一篇文章中提出了这样一个问题：为什么我们想要认为人类是不同的？作者对这个问题给出了两个答案，一个从宗教出发，另一个则是基于使动物服务于人类目的的动机。基督教、犹太教和耆那教等宗教为人类优越论提供了神学依据。但是，鉴于科学观点不承认上帝赋予了人类对动物的统治权，那么这种由宗教提供的理由也就随之烟消云散了。抛开宗教不说，人类有动机认为动物与人类不同，以此证明将它们用于食物、衣服、医学实验和娱乐等用途是合理的。这一动机不应用来妨碍对关于动物能力的事实问题的批判性评估，也不能妨碍关于应该如何对待动物的客观伦理评估。

然而，从另一个方向提出下面这个问题也是合理的：为什么我们想要认为人类与动物没有什么不同？有些人基于各种情感希望尽量淡化人类与其他动物之间的差异。达尔文坚持认为，就心智能力而言，人类和动物之间的差异只是程度的问题，而不是类别的问题。他之所以这样认为，是因为他想先发制人，防止有人"以人类具有精神能力，因而是特殊的"为由，来反对他的自然选择进化理论。宠物主人和其他对动物有感情的人有动机把动物当成家庭成员，认为它们就像自己的孩子一样，值得去爱和付出感情。而一些动物研究人员的动机则是他们着迷于研究某些动物，希望防止这些动物数量减少或陷于灭绝。

关于人类和其他动物之间的实际差异，相关的探讨应该以证据为依据，而不应该受到任何一种目标动机的影响。有鉴于此，我在第 1 章使用赋予程序给出了一个客观的基础，用来判定哪些精神属性见于人类，但是却不见于其他动物和机器。

尽管人与其他动物之间的许多所谓的差异已经被否定了，但我还是明确了人类的 18 项优势，这些优势是研究人员所注意到的，而且并不存在出于宗教动机或实用动机来刻意寻找人类有别之处的情形。人类在以下方面的能力是不同寻常的：学习能力、教学能力、制造工具的能力、为遥远的未来制订计划的能力、关于潜在机制的理论构建能力、循环语言的使用能力，等等。列举这些优势不是为了扫兴，因为我承认动物在语言、情感、创造力、制造工具和文化方面都有非凡的能力。

　　我在本章论述了这些差异，并解释了它们是如何产生的。人类作为灵长目动物能够进化出庞大的大脑，而烹饪使人类大脑在150万年前开始增大。人类大脑新皮质中有更多的神经元被组织成为若干相互关联的区域，这使得人类祖先能够通过产生对绑定的绑定——它们可以产生关于表征的表征——来超越感知体验。大脑的这些递归特性使得大脑具备了种种循环特性，包括语言的嵌入性、复杂类比和因果推理、对大脑如何工作的因果解释、对未来的想象，以及与他人富有成效的合作。

　　对这些优势的考虑也揭示了为什么人类思维要优于当前的机器智能，因为机器智能的循环能力也同样有限。动物需要数百万年的生物进化才能赶上智人，但是人工智能正在迅速发展。计算机在实现进步，在赶超人类优势方面并没有绝对的障碍。不过，要使计算机在情感和意识等方面与人类相匹敌，它们的硬件和软件都面临巨大的技术挑战。我们不能指望这些差距会很快得到填补。更有可能的是，科学和工程学有朝一日能够应对这些挑战，生产出具有人类循环能力的机器，除非人类决定压制机器，防止机器占了上风。我在第7章将对机器人和动物的伦理问题进行讨论。

　　到目前为止，我对赋予程序的应用还是非正式的，但是关于动物和计算机思维的争议需要更为系统的研究。接下来，我将深入探讨从细菌思维到计算机意识等有争议的问题。

6

思维是何时产生的

阿瑟·雷伯（Arthur Reber）在一本颇具启发性的书中指出，细菌具有意识，而且思维起源于诞生在数十亿年前的最简单的单细胞生物。我认为，思维的产生时间要比这晚得多，而关于意识何时产生，我也在思考以下几种答案。

（1）意识一直存在，因为上帝是有意识的、永恒的。

（2）意识起源于137亿年前宇宙形成时期。这与泛心论的学说相一致，该学说认为一切事物都有思维。

（3）意识起源于37亿年前的单细胞生物（雷伯）。

（4）意识起源于大约8.5亿年前的多细胞植物。

（5）大约在5.8亿年前，当水母等动物具有了数以千计的神经元时，意识就产生了。

（6）大约在5.6亿年前，昆虫和鱼类的大脑变得更大，拥有约100万个神经元（蜜蜂）或1000万个神经元（斑马鱼），意识就出现了。

（7）大约2亿年前，当鸟类和哺乳类等动物进化出更大的大脑，拥有数以亿计的神经元时，意识就产生了。

（8）意识起源于大约20万年前的智人。

（9）3000 年前人类文化变得高级时，意识产生（朱利安·杰尼斯，Julian Jaynes）。

（10）意识并不存在，因为意识只是一个科学上的错误（行为主义）或幻觉。

我认为答案（6）和答案（7）比其他选项更合理，但判断的依据不应局限于直觉。第 1 章概述的赋予程序提供了一种系统的方法来判断思维的起源。我们需要考虑相关证据、替代性假说及潜在机制，来检验关于实体具有意识和心理的其他方面的说法。

我将使用赋予程序回答以下问题：

（1）你怎么知道你有思维，其他人也有思维？

（2）细菌和植物有意识吗？

（3）鱼会感觉到疼痛吗？

（4）猫和狗会感到嫉妒吗？

（5）类人猿和其他动物能进行类比思考吗？

（6）计算机会有思维吗？

从问题（2）到问题（5），知名研究人员一直在进行科学争论，我希望使用赋予程序会有助于建立合理共识。

我有思维，你也有

我毫不怀疑我有思维，正在阅读本章的读者也有思维。我从以下哲学问题开始，以说明赋予程序在相对简单案例中的运用。你怎么知道你是有意识的？证据之一是，你感觉自己是有意识的。但正如行为主义心理学家和一些哲学家所主张的那样，这可能是你的错觉。但幸运的是，其他证据表明，你的确是有意识的，包括你用语言说明自己的有意识的经历以及你的复杂行为，比如与疼痛、情感和意象相关的行为，这些都可以用你具有这些意识体验来加以解释。此外，我们也开始探索用神经学来更深刻地解释，意识是如何通过众多大脑区域的相互作用而产生的。因此，根据对最佳解释所做的推论，"你有意识"这一假说是优于"你不过是装作有意识"这一假说的。

图 6.1 显示，我有充分理由相信自己有思维（意识）。另一种假说是，我错认为我有思维（意识）。笛卡尔在 17 世纪指出，他不能怀疑自己在思考，因为怀疑就是一种思考，因此他得出了关于存在的著名结论：我思故我在。而赋予程序则更全面，因为它显示了更多表明我有思维的证据，以及关于大脑活动如何产生思维的科学知识。"我有思维"这一假说解释了第 1 章列出的 12 种智慧特征。根据认知神经科学的数千项发现，"我有大脑"反过来也解释了"我有思维"。与之相悖的假说认为，"我是误以为自己有思维"，但这一假说完全缺乏支撑证据或解释，无法证明其真实性。由此可见，我有思维，这是毋庸置疑的。

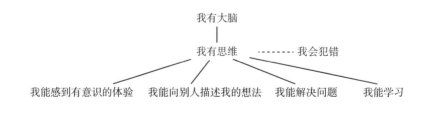

图 6.1　将思维赋予我自己

注：实线表示解释的一致性，虚线表示相互矛盾的假说之间的不一致性。

同样的推理方式佐证了我得出的"其他人也有意识"的结论。我无法直接了解其他人的经历，但我可以观察到其他人关于解决问题的叙述和行为，以及其他 11 种智慧特征。此外，根据神经科学，我知道其他人的大脑与我的非常相似。其他解释，例如"其他人不过是无脑机器人"，则没有任何证据支撑。因此，其他人和我一样有思维，这是合理的。这不仅仅是一个从类比角度得出的弱论证，也是一个最佳解释的推论，该推论依赖于这样一个事实，即证明他人有意识的证据和解释，几乎和对我自己具有意识的论证一样令人信服。图 6.2 显示了向他人赋予思维的论证过程，包括我的思维如何解释我的行为和你的思维如何解释你的行为之间的类比。其结果并不像"我有思维"这一结论那样不容置疑，但依然是可以排除合理怀疑的。

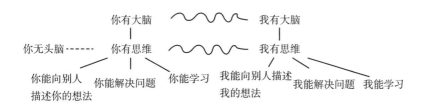

图 6.2　将思维赋予他人

注：实线表示解释的一致性，虚线表示相互矛盾的假说之间的不一致性，不规则的波浪线表示类比产生的连贯性。在类似的证据之间，例如，在"你能学习"和"我能学习"之间也应该有波浪线。

细菌和植物有思维吗

关于猫和狗等非人类动物是否具有意识，相关证据较为薄弱，因为它们无法表达自己的意识体验。如果你转向蜜蜂和鱼等大脑较小的动物，证据就更稀少了。蜜蜂能表现出与奖励相关的行为，而鱼则表现出与疼痛相关的行为，但这些行为可能并不需要用基于意识的经验进行解释。水母等较简单的动物，乃至于植物，可以感知，对感官输入做出反应，响应环境影响而发出信号，但对于它们所做的事情，可以用刺激—反应论来解释，并不需要赋予它们意识和思维。

那么，为什么雷伯认为细菌具有意识呢？他正确地指出，单细胞生物有感知环境的强大方法，能探察食物来源和有毒物质。此外，细菌生活在大量个体的生物膜中，通过分泌化学物质传播有关食物和毒素的重要环境信息，用这种方式来相互交流。细菌能够单独或集体移动，接近食物，远离有毒物质。因此，用"细菌具有一定程度的意识"这一假说，或许可以最好地解释细菌的感知、反应、交流和移动行为。

但机器也能感知、反应、交流和移动，例如，谷歌、优步、通用汽车和其他公司正在研发的自动驾驶汽车就是如此。雷伯认为，这类机器非但目前没有意识，而且永远不会有意识，因为他接受了约翰·塞尔的思维实验（现已被推翻），即人工智能是不可能的，因为机器使用的符号在本质上无意义。我在第 3 章提出，自动驾驶汽车通过与外部世界互动并了解世界，能够使用与人脑相同的方式表达语义。因此，与世界交互的机器即使还没有意识，也能做出有意义的表征。

工程师知道自动驾驶汽车是如何工作的，因为自动驾驶汽车是他们制造的，而且他们不用援引意识就能解释自动驾驶汽车的运作。自动驾驶汽车没有表现出疼痛、情感和意象等特征，而在鸟类和哺乳动物身上，这些特征则可以用意识来解释。自动驾驶汽车以及恒温器的表现恰好能反驳雷伯的观点：感知（sense）到事件，就是感受（feel）到了事件。

雷伯观点的另一奇怪之处在于，他认为从单细胞生物进化而来的植物缺乏意识，尽管它们能感知、做出反应、向其他植物发出信号，并调整自己的姿态以便朝向太阳。一个名为"植物神经科学"（plant neuroscience）的新兴研究领域，试图通过类比认知神经科学如何解释动物的行为，来解释植物的行为，尽管植物并没有神经元。

雷伯将意识赋予单细胞生物体的主要原因，并不是这样做让现有证据有了最佳解释，而是因为这种赋予解决了哲学问题。他认为，他提出的意识的细胞基础理论（即"细胞是意识的基础"）为意识的出现问题提供了最合理的答案。意识是物体的一种特性，不同于"物体是由原子和分子组成的"这些简单的特性，也不同于神经元的放电，因此上文假说（2）到假说（9）面临着一个问题，那就是如果意识不是整体组成部分的特性，也不是整体组成部分之特性的简单集合，那么意识又如何会成为整体的一个特性？

幸运的是我们有了新理论来解释：意识是如何成为大量神经元的一种特性的，尽管意识不是单个神经元的特性。斯塔尼斯拉斯·德阿纳认为，思维的出现来自信息跨越大脑各区域的传播，而我在《脑和心智——从神经元到意识和创造力》一书中写道，关键特性是神经元的放电模式，由这些模式绑定而成的更复杂的模式，以及由此产生的模式之间的竞争。

这两种关于意识出现在庞大大脑中的假说都有一个优势，即将意识赋予那些我们有证据证明其与疼痛、情感和意象有关的生物。我们没有理由将痛苦、情感或意象赋予细菌，因此赋予它们意识就是多余的。

雷伯为其意识的细胞基础理论给出的另一个哲学原因是，这一理论为意识的哲学"难题"提供了一个解决方案：有一些东西是有意识的。但是在解释意识的感情方面，雷伯的观点效果并不好。其实，在解释意识的感情方面时，如果将这一问题分解为疼痛的特定方面和情感的特定方面，可以取得更好的效果。不必纠结于"它是什么样子的"这一模糊问题，可以从神经的角度来解释情感和意象中包括的有意识的体验的具体方面，正如我在《脑和心智——从神经元到意识和创造力》中所述的那样。

因此，雷伯关于意识的细胞基础理论对解决有关意识的出现和经验的哲学问题用处不大。鉴于雷伯重视科学证据，他应该能够认识到，关于单细胞生物有意识的证据要比关于自动驾驶汽车有意识的证据薄弱得多，因为自动驾驶汽车已经表现出比细菌更复杂的感知、反应、行动和交流能力。此外，认知科学家正在研究意识是如何通过庞大的大脑的复杂操作产生的，而庞大的大脑能够表征世界、了解世界、对表征进行表征，并与其他大脑交流。

图 6.3 显示了没有将意识赋予细菌的原因，类似的分析也适用于植物。细菌缺乏像人类那样表达想法的能力，也缺乏解决复杂问题并学会更好地解决问题的能力。有多种假说认为细菌具备意识和某些智慧因素。与此相反的主要假说是，细菌是远为简单的系统，其细胞机制使它们能够感觉、反应和交流。感觉比感知更简单，因为感知需要对感觉到的物体进行推断，而不仅仅是对化学环境进行推断。根据赋予程序，细菌没有感知能力。

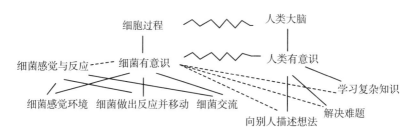

图 6.3　将意识赋予细菌

注：实线表示解释的连贯性，虚线表示不连贯性，锯齿线表示由相异性导致的不连贯性。

　　林肯·塔伊兹（Lincoln Taiz）及其同事系统地驳斥了植物拥有意识和其他心理特性的说法。对于为植物赋予智慧、认知能力、问题解决能力和学习能力的做法，他们大加抨击，认为这是构建在误导性的类比之上，例如，将植物的化学过程与动物的神经元、神经递质的运作进行类比。塔伊兹与他的同事批评了对含羞草的联想学习实验，认为植物的某些部分之所以对麻醉剂敏感，其最佳解释是化学作用而非为了减轻疼痛。与下一节讨论的鱼类不同，植物既没有伤害性感受器（检测损伤的神经元），也没有麻醉剂可以施加影响的阿片受体。因此，植物既没有行为，也没有机制，认为它们具有智慧和意识的假说缺乏证据。

　　为了评估细菌和植物具有智慧的说法，应该为其出具一张报告卡，就像表 4.1 和表 4.2 中我为动物准备的报告卡一样。尽管细菌和植物具有感觉、反应和信号传递的能力，但如果不做隐喻式的推断，细菌和植物在所有 12 个特征和 8 种机制上的得分都是 F。也许它们在行动和交流方面勉强可以得 C，但它们在这些特征上的表现要比蜜蜂和我评估的其他动物简单得多。

鱼会感觉到疼痛吗

　　针对鱼类是否会感到疼痛，生物学家正在热烈地讨论。有些人认为，斑马鱼和其他鱼会感到疼痛，因为它们表现出各种行为，而这些行为最好的解释就是这样一个假说：这些鱼正处于疼痛状态之中。例如，当鱼身受伤时，鱼会无法正常游动，并失去导航能力，但当它们服用阿片类止痛药后，就会变得平静并恢复这些能力。鱼类有伤害性感受器（对潜在有害刺激做出反应的神经元），类似于哺乳动物体内的疼痛受体。此外，鱼脑中的阿片受体与作用于人类的吗啡受体相似。因此，关于鱼类能感到疼痛的主张是这样两种说法的结合，即鱼类对疼痛的感知解释了它们的行为，以及疼痛行为本身又可以由类似哺乳动物的机制来解释，如图 6.4 所示。

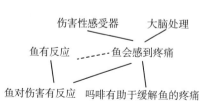

图 6.4　将疼痛赋予鱼类

对鱼类能感到疼痛这一主张持批评态度的人士对上述关于行为和机制的论据提出了质疑。他们认为，鱼类猛烈摆动只是防止受到进一步伤害的一种先天机制，有伤害性感受器本身并不表明它们能感到疼痛，就像仅仅有光受体并不表明有视觉体验一样。他们的论点是，鱼脑只有几百万个神经元，不具备相应能力来产生那种大脑比它们大得多的动物所体验到的疼痛。这一问题无论在实践上还是在理论上都很重要，因为它影响到渔业是否应该遵从动物福利法规。

那么在这些案例之中，举证责任是什么样的呢？动物权利拥护者大声疾呼，主张不应以缺乏充分的科学确定性为理由推迟采取措施，以预防可能发生的严重伤害。持批评态度的人士则反驳说，没有理由偏袒鱼类而忽视人类的福利，因为人类可以通过食用鱼类提供的优质蛋白质和鱼油来受益。现有的证据并不能排除合理怀疑从而证明鱼能够感到疼痛，但是这一高标准也不能证明鱼并不能感受到疼痛。因此，适当的标准是行为和机制方面的证据优势。

对于那种认为鱼脑与人脑差异甚大，无法将痛觉赋予鱼类的主张，我并不以为然。正如关于渡鸦的讨论所示，前额叶皮质有助于哺乳动物的情感，但是对于缺乏前额叶皮质的动物，我们仍然可以判断出它们有恐惧和愤怒等情感。鱼类有接收身体信号的类似杏仁核的区域，因此，即使没有腹内侧前额叶皮质（哺乳动物的这一结

机器和生灵　人工智能、动物智慧与人类智识

194

构有助于评估此类信号），也可以在鱼类大脑皮质中进行评估。斑马鱼的睡眠周期与哺乳动物相似。而人类意识中的循环效应能否在区区几百万个神经元中发挥作用，尚不清楚。

我们应该区分四个层次的疼痛：

（1）察觉损伤。这种察觉可以在没有任何疼痛感的情况下发生，就像汽车发出车门未关的信号一样。对鱼类能够感到疼痛这一观点持批评态度的人士认为，鱼类伤害性感受器只会发出关于伤害的信号，而不会将其视为疼痛对待。

（2）感到疼痛。从伤害性感受器到大脑的信号通过神经处理产生疼痛体验。

（3）遭受痛苦。伤害不仅会导致疼痛体验，还会导致痛苦、悲伤或愤怒等负面情感。

（4）反射性疼痛。有时，所遭受的痛苦超出了它发生的那一刻，侵入了记忆和想象，导致对过去痛苦的持续回忆和对未来痛苦的预期。

根据大量证据，我认为鱼类有可能会经历上述各类疼痛中的第二种，即感到疼痛，但是我怀疑它们的神经元是否有能力来体验痛苦和反射性疼痛，因为这两者需要对目标进行评估并跨越时间进行思考。

关于鱼类和意识的另一个争议涉及它们识别镜子中的自我的能力。有报告称，拥有庞大大脑的蝠鲼看到镜子后会改变它们的行为。关于一种更小的物种——"清洁工"濑鱼——也有类似的报告。在有些研究中，黑猩猩从镜子中看到自己头上的标记后，会试图去擦掉它们。与此类研究相比，前述研究并没有那么明确。弗兰斯·德·瓦尔认为，镜像识别和自我意识可能都是程度问题，而不是有或无的问题。

猫和狗会嫉妒吗

在第 1 章，我介绍过两只猫，詹娜和皮克西。当劳蕾特抚摸詹娜时，皮克西似乎非常嫉妒。目前，还没有针对猫的实验研究来区分它们的表现究竟是出于嫉妒还是其他原因，比如为了取得支配地位，但对狗的最新研究佐证了狗确实会嫉妒的观点。

我要探讨的问题可以概述为：非人类动物是否有类似于人类的情感。我对鱼类具有情感的说法表示怀疑，但哺乳动物在行为和大脑机制方面同人类更为相似。不同生物体的情感各不相同，我们可以为这些情况确定层次，就像我分析疼痛时的做法一样：对奖励和威胁性信息的简单反应、情感感受、混合感受，以及关于感受的感受。为了探讨动物情感的问题，我会描述一场辩论，怀疑者在辩论中对于将情感赋予人类之外的生物表示质疑，然后我将用动物感到悲伤的实例来结束这场辩论。接下来，我将研究关于狗是否会嫉妒的问题。

关于动物情感的辩论

猫、狗和黑猩猩等非人类动物真的有快乐、悲伤、恐惧和愤怒等情感吗？下面是一个支持动物具有情感的人和一个怀疑者之间的对话。

支持者：很明显，人类不是唯一有情感的动物。曾经养过宠物猫或狗的人都知道，喂养和抚摸它们，它们就会感到快乐，而它们在遇到危险时就会感到害怕、愤怒。

怀疑者：且慢！这些宠物可以受到奖励和威胁，这毫无疑问，但它们的行为并不能证明它们正在体验人类的情感。

支持者：你的怀疑真是不可理喻。这让我想起了关于他人思维的哲学问题。怀疑者说："我知道我有思维，但我怎么可能知道其他人也有思维？"

怀疑者：关于其他人是否有思维的争论，并不能和关于动物是否有思维的争论相提并论，因为与猫、狗相比，其他人与你要相似得多。你能提供一个更实质性的论据吗？

支持者：乐意效劳。我将要使用的论证模式是哲学家所称的最佳解释推理。无论是在科学研究中，还是在日常生活中，这都是论证你无法直接观察到的事物存在的标准方式。大多数科学家相信原子，因为关于原子的假说为化学和物理中的许多现象提供了最佳解释。与之类似，我们推断，对其他人的行为最好的解释是，他们的思维和我们一样。其他解释，例如认为其他人是由太空外星人控制的机器人，则完全荒诞不经。以此类推，对猫、狗行为最好的解释是，它们之所以有这样的行为，是因为它们正在体验情感。

怀疑者：等等，你忽视了最佳解释推理的基本原则，就是你必须考虑其他的假说。对于猫和狗，我们可以根据在所有动物（包括人类）中都发挥作用的奖励机制和威胁反应机制来解释它们的行为。当猫发出咕噜声，或者狗摇尾巴时，这种反应是由其奖励中心（如伏隔核）的神经活动引起的。当猫在尖叫或狗在咆哮时，这种反应是由其威胁检测中心（如杏仁核）的神经活动导致的。相较于假设猫、狗其实正在经历快乐或恐惧的情感，这样的解释要简单得多。与人不同，宠物并不能告诉我们，它们到底是快乐还是焦虑。

支持者：但是根据神经科学的研究，我们知道所有哺乳动物的大脑在整体组织上都是相似的。在关于其他人是否具有思维的争论中，我们不仅用"其他人有思维"这一假说来解释其行为，而且我们对人类神经解剖学有足够的了解，能够解释这是因为其他人具有像我们一样的大脑。如今，我们越来越了解人类和其他哺乳动物大脑的思维机制。诚然，这个论点不适用于昆虫、爬行动物和鱼类，因为它们的大脑要简单得多。至于这一点是否适用于鸟类还很难说，因为鸟类没有前额叶皮质，尽管它们确实共有一个相似的大脑结构，即尾侧岛状核。

怀疑者：人类和非人类动物的大脑之间的类比没有你想象的那么靠谱。人类的大脑比猫、狗的大脑要大得多，人类大脑大约有860亿个神经元，而不仅仅是一二十亿个。此外，人类的前额叶皮质要大得多，而该区域是用于复杂推理的，因此人类更有能力对相关情况进行复杂评估。假如情感只是生理反应，那么动物的情感和人的情感是一样的，这也有一定的道理。但仅凭生理学还不足以区分恐惧和愤怒等情感，这需要结合目标对情境进行评估。这就是为什么非人类动物无法表达人类的复杂情感，如羞耻、内疚和对尴尬的恐惧。

支持者：我们谈论的不是依赖于语言和文化复杂性的情感，而是更基本的一些情感，如快乐、悲伤、恐惧和愤怒。这些并不需要通过语言和文化中介对相关情况进行评估，只不过是动物通过一些非语言方式来判断其目标（如食物和安全）是否得到了满足或是否受到了威胁。鉴于此，哺乳动物的神经解剖与人类的神经解剖具有充分的相似性，从而为动物情感是其行为的最佳解释这一推断提供了基于类比的佐证。

怀疑者：但这样类比仍然牵强，而且你并未发现，根据奖励和威胁机制对动物行为进行解释，要比赋予动物情感更简单，且对心理状态的假说还更少。我怀疑你相信动物情感的真正原因与最佳解释推理无关。这只是一个有动机的推论：你想相信动物有情感，因为你希望它们对你的感情和你对它们的感情一模一样。人们爱小猫小狗，所以自然希望猫猫和狗狗能够反过来爱他们。

支持者：即使人类有这种动机，也不会破坏这种推理的基本逻辑。简单性并不是关于最佳解释推理的一个独立标准，它必须与解释的广度相平衡。将情感赋予动物可以解释它们行为的某些方面，而这些方面仅仅靠奖励和威胁机制是无法解释得通的。

怀疑者：为了使这一点具有说服力，你需要具体说明奖励和威胁机制无法轻易解释的行为类型，并证明动物大脑能够像人类大脑那样做出有助于情感的评估。否则，动物是否有情感就有待商榷。

悲伤

要打破这场辩论的僵局，我们只需要证明动物具有一种情感即可。芭芭拉·J. 金（Barbara J. King）的一本书让我相信，除了人类，动物也会经历悲伤，而这样一来，认为动物会经历多种其他情感的主张也显得更为靠谱了。

根据赋予程序，我们需要确定将悲伤赋予动物是否能提供对其行为的最佳解释，同时还要考虑对相关证据的其他解释，以及更深层次的解释，即动物为何感到悲伤。这些更深层次的解释利用已知的心理和神经机制来解释动物为什么会悲伤。而另外一个因素也有助于解释动物会经历悲伤的假说，且该解释整体上具有连贯性，那就是类比——对已经得到公认的关于人类悲伤的解释，与关于动物悲伤的解释之间的类比。

马克·贝科夫（Mark Bekoff）认为，作为对伴侣、亲属或朋友的死亡的反应，动物会普遍表现出悲伤的迹象。跟人类一样，悲伤的动物可能会郁郁寡欢，排斥同伴，呆坐不动，对饮食和性失去兴趣，对死者依依不舍，想让死者起死回生，并守着尸体几天不肯离去。这些行为都可以用动物会感到悲伤这一假说来解释。

金提供了大量例子来佐证多个物种的动物的悲伤表现，其中包括猫、狗、马、兔子、大象、猴子、黑猩猩、海豚、鲸以及鸟类。

她还举例说明了宠物和主人之间，甚至狗和大象之间跨物种的互相悲悯。

关于快乐和恐惧等较为简单的情感，其相应行为还有其他解释。例如，狗之所以感到快乐，不过是因为奖励机制罢了；猫看上去感到害怕，不过是对威胁的回应罢了。但悲伤相关的行为似乎无法用这种简单的机制来解释，因为悲伤需要对依恋和失落的情感有更为复杂的认识。

悲伤情感背后的心理机制是什么呢？金认为，人类和其他动物在痛失所爱时就会感到悲伤。动物如果感到爱上了另外一个动物，就会刻意靠近这个动物并与之互动，而且这样做的原因不仅仅是为了生存。当两个相爱的动物因为一方死亡或分离而无法在一起时，那个爱着对方的动物会表现出明显的痛苦，还会用种种行为来表达悲伤情感。

我们已经开始了解依恋和悲伤的神经机制。爱或悲伤并不全都依赖某一个单独的大脑区域，因为所有的情感都需要多个大脑区域的相互作用，如杏仁核、眶额皮质和纹状体。人类情感所依赖的那些大脑区域，是所有哺乳动物都具有的；鸟类似乎具有不同的大脑结构，但是这些不同的结构却似乎能产生与人类相似的情感。哺乳动物和鸟类都带有表征、绑定、竞争、评价和感知身体变化的神经机制，而这些神经机制正是大脑产生情感的原因。

图 6.5 总结了得出大象经历悲伤这一结论的原因，其中包括大象在尸体周围不肯离去等证据，用依恋来解释悲伤，与其他假说（例如大象只是情绪低落而已）进行权衡，还与关于人类悲伤表现的解释进行了类比。更概括地讲，我的结论是，非人类动物确实会经历悲伤，因为：

（1）关于动物感到悲伤的假说解释了许多类似悲伤的表现。

（2）没有合理的替代性假说来解释这些表现。

（3）在人类和其他动物身上已知的心理和神经机制从因果关系角度解释了悲伤是如何因依恋而产生的。

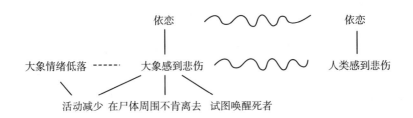

图 6.5　将悲伤赋予大象

注：人类感到悲伤的证据包括自我报告和其他许多行为，但在图中没有显示出来。

但这种推理并不适用于所有赋予动物的情感。例如，我在第 3 章描述了小狗经历内疚的假说是如何被实验推翻的：实验发现，无论狗是否真的做错了什么，它们都会表现出相似的行为，例如把爪子放在头上。因此，替代性假说——认为狗其实是在自我防卫——似乎要比将内疚这么一种复杂的情感赋予狗更为合理。同样地，我认为没有理由将其他复杂的情感赋予动物，例如嵌套的情感（如害怕尴尬和渴望爱情）。相形之下，如果得出这样一个结论——动物是凭借其心理和神经机制来体验悲伤情感的，那么认为它们可以体验其他相对简单的情感，如快乐、难过、恐惧、愤怒和惊讶，也就不无道理了。

嫉妒情绪

如果假设猫和狗有嫉妒心能为一切现有迹象提供最佳解释，那么我们就可以顺理成章地推论，猫和狗有嫉妒心。以下几个因素可以用来确定最佳解释。首先，这个假说能在多大程度上进行解释？例如，假设皮克西嫉妒詹娜，这就解释了为什么当劳蕾特抚摸詹娜时，皮克西会攻击它。其次，是否有其他假说可以解释更多？例如，也许皮克西只是想占主导地位，但这并不能解释为什么当詹娜引起主人的注意时，皮克西对詹娜的攻击更多。再次，从做出较少假说的意义上来说，所讨论的假说是否比替代性假说更简单？举一个非简单假说的例子："皮克西攻击詹娜是因为皮克西被外星人控制。"这一假说需要对外星人的存在和行为进行额外假设。最后，该假说是否从对其真实性的解释中获得了额外支撑？理想情况下，我们可以确定皮克西的心理和神经机制让它嫉妒并攻击詹娜。综合这些因素，我们也许能够接受这样的结论：皮克西会产生嫉妒，因为以上整体解释十分连贯。

在确定猫和狗是否会产生嫉妒心理之前，我们应该定义嫉妒的概念。嫉妒没有标准的定义，但我用于界定智慧和因果关系的方法同样可以用来描述嫉妒：标准示例、典型特征和相关解释。

文学中关于嫉妒的耳熟能详的例子包括莎士比亚的《奥赛罗》和莫里哀的《蝴蝶梦》，另外大多数成年人都能从自己的经历中回忆起嫉妒的例子。

嫉妒的典型特征包括嫉妒的人、引起嫉妒的主体亦即所爱之人、嫉妒的对象亦即竞争者。奥赛罗嫉妒，因为他认为他的妻子苔丝狄蒙娜和凯西奥有染。嫉妒不同于羡慕，后者只需要两个人，而嫉妒还有一个对关系产生威胁的竞争者。

其他典型特征是伴随嫉妒而来的情感，包括害怕失去、对关系的威胁、悲伤、愤怒、焦虑和不安全感。嫉妒解释了为什么人们会产生这些情感，以及为什么他们的行为方式有的是退缩，有的是攻击，有时甚至会产生谋杀行为。

猫和狗的主人大多认为它们会相互嫉妒，这对于猫和狗会嫉妒来说，虽然是首要的证据，却也是最没有说服力的。一项研究发现，81%的狗主人和66%的猫主人表示他们的宠物有嫉妒心理，这可以通过假设宠物真的会嫉妒来解释。另一种假说是，与宠物有联系的人夸大了宠物的心理复杂性。例如，74%的狗主人报告说，他们的狗有时会感到内疚，但实验表明，狗在没有做错什么的时候也会表现出同样的行为。许多信奉宗教的宠物主人认为狗和猫有灵魂，而这毫无根据。

克里斯汀·哈里斯（Christine Harris）和卡罗琳·普罗沃斯特（Caroline Prouvost）的一项研究更有力地佐证了狗的嫉妒心理。他们借鉴了一项实验，那项实验曾用来辨识6个月大婴儿的非语言形式的嫉妒行为。当母亲关注一个婴儿时，另一个婴儿的负面反应比母亲关注一本书时更多。同样，当狗看到主人与一条很逼真的假狗互动时，狗会表现出更多的攻击性，比如咬人，还会努力博取关注并干扰主人与假狗互动。相反，当主人关注南瓜灯或书本时，狗不会表现出更多的攻击性，也无意于博取关注。怀疑者可能会担心这些狗只是对奇怪的物体即假狗做出反应，但实验中的狗似乎没有意识到那些狗是假的，还嗅了嗅假狗的尾部。

尽管如此，狗的行为也可能是由嫉妒以外的其他心理状态造成的，例如，出于想要在新认识的狗面前显示自己的主导地位，或不满于假狗挑战其领地。对此，尤迪特·阿比达（Judit Abdai）和其他人做了一项研究，对上述实验进行改造来减少替代性解释——主人的新欢是真实的狗，而不是假的，排除了狗的攻击性仅仅是由奇怪物体引起的这一假说。为了排除这些狗的领地意识，实验没有安排在狗的家中，而是安排在一个陌生的地方。实验还比较了狗对于熟悉的和不熟悉的对手的行为，消除了与等级相关的因素，来控制主导性等问题的影响。还有其他一些实验安排，证明狗的反应不可能是由保护性、嬉戏或无聊而引起的。

实验人员得出结论，狗表现出的嫉妒行为，类似于在两岁以下儿童身上观察到的同类行为。尽管如此，研究者并没有下结论说他们实验中的狗实际上是在体验嫉妒情感，而是得出了更谨慎的结论，即狗表现出嫉妒行为。

什么样的心理和神经机制使狗变得焦躁不安？如果我们能从心理和神经机制的角度解释为什么狗会嫉妒，那么狗会嫉妒的假说就会更深刻。相关的心理机制是依恋和害怕失去的心理。有充分证据表明，宠物会在情感上依附于主人，正如主人不理宠物时宠物所表现出的痛苦，以及主人死亡时宠物出现的悲伤相关的行为。另外，宠物对主人的依恋解释了为什么它们会因为主人对其他动物的关注而感受到威胁。宠物主人还表示，他们观察到的猫和狗的嫉妒程度因它们喜欢主人的程度而异。这一观察结果也可以解释为什么人们认为狗比猫更善妒，因为通常狗比猫更依附于主人。

心理机制越来越被理解为一种潜在的神经机制。在人类和其他动物的大脑中寻找"嫉妒中枢"是很荒唐的，因为情感和其他类型的认知涉及许多大脑区域之间的相互作用。尽管如此，研究人员仍在使用功能磁共振成像等脑部扫描技术来识别大脑中相互作用产生情感等精神状态的区域。

最近，实验者训练狗在功能磁共振成像仪中保持静止，该仪器可以识别大脑在执行任务时活跃的区域。彼得·库克（Peter Cook）及其同事在一篇文章中描述了一项大脑成像实验，该实验为狗的嫉妒行为提供了证据。他们让一些狗目睹其看护者给一只假狗食物奖励，同时扫描狗的大脑各区域，并预测这些狗的杏仁核会比看护者仅仅把食物放在桶里时表现得更活跃。他们还预测，平时被认为更具攻击性的狗，其杏仁核的激活程度会高于那些攻击性较弱的狗。这两项预测都得到了证实。

这项实验本身并不能证明实验中的狗嫉妒假狗，因为还存在其他假说。狗的反应可能只是一种烦恼、羡慕、敌意或不公平感，而非嫉妒。激活杏仁核未必代表狗在嫉妒，因为杏仁核还与焦虑、愤怒、恐惧甚至一些积极的体验等其他情感相关。

然而，这项实验与狗是否嫉妒有关，该实验指出了一种神经机制，可以解释狗是如何嫉妒的。当一条狗看到它的主人对另一条狗很亲密时，它会通过大脑中同负面情感及攻击性相关的部分的神经元放电来应对这种情况。然后杏仁核的激活会导致咆哮和咬人等攻击性行为。我们需要对人类和宠物进行更深入的研究，以提供有关嫉妒的神经机制的更多细节，库克的研究还只是一个开始。

哈里斯、阿比达与库克的研究是否足以证明狗会嫉妒？接受狗会嫉妒或狗不会嫉妒的结论不会产生严重的伦理后果或实际后果，因此举证责任应该是证据优势，而非合理怀疑，而证据优势可以通过解释的一致性来评估。

我目前的评估是，对于狗是否会嫉妒，仍然存在合理怀疑。它们在日常生活和科学实验中被观察到的行为，可能并不是因为将对方视为具有威胁性的竞争者，也不涉及恐惧、愤怒和悲伤等嫉妒相关的情感。尽管如此，我认为从行为实验、脑成像和宠物主人的观察中得出的大量证据佐证了狗确实会嫉妒的结论。图6.6显示了这一假说如何为所有迹象提供了更连贯的解释，而其他解释虽看似简单，却不怎么连贯。

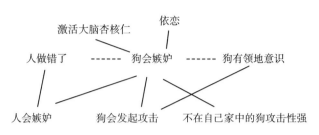

图 6.6　将嫉妒赋予狗

注：该图未显示狗嫉妒与人类嫉妒的类比。

　　关于狗嫉妒的结论，存在着动物认知的复杂性和意识的争议性问题。将嫉妒赋予人类以外的动物可能受到会质疑，理由是动物没有足以产生嫉妒的复杂认知。在成年人中，嫉妒的产生需要一种判断，比如"我与爱人的关系受到了第三者的威胁"。猫和狗甚至没有完全的自我意识，因为它们无法从镜子中认出自己。因此，它们甚至对"我"这个概念还不够了解，更不用说去理解涉及三方的关系：我、我爱的人及竞争者。

　　然而，有关婴幼儿的研究表明，孩子在 18 个月左右开始从镜子中认出自己之前，可能早就产生嫉妒心理了。嫉妒并不需要有完整的自我意识，只需要对自己与他人的不同有一个最低限度的意识，并处于某种情感关系中。像婴儿一样，猫和狗也有这种意识，例如，当猫把自己舔干净时，它们接触自己身体的方式就表明了这一点。宠物可能无法口头描述它们与主人的关系，但许多行为表明它们与主人之间存在着情感纽带。当感知到主人对另一只宠物感兴趣时，它们就会干预主人，这足以引发一种至少与人类嫉妒相似的情感。

　　类似的推理证明，不仅是嫉妒行为，宠物有意识的嫉妒体验也是合理的。当人们把意识赋予自己时，对这一结论的解释就很有连贯性，因为每个人都有一系列有意识的经历，包括经历痛苦，有情感，有思维，有自我意识。尽管行为主义者和其他怀疑者对意识的探讨提出了异议，但对于你的经历和行为，除了"你实际上是有意识的"，没有其他更好的解释。正如我之前所说，他人的行为和你的行为之间的相似性，以及他们可测量的大脑过程和你自己的大脑过程之间的相似性，使得"其他人也有意识"这一观点具有合理性。

当我们试图将意识赋予婴儿时，这种类比的说服力会降低，但婴儿的大脑的确与成年人的大脑有着非常相似的结构和功能。我们对猫和狗等其他哺乳动物也有类似的认识，所有这些哺乳动物的大脑区域，如杏仁核和大脑皮质，都会产生跟人类相似的情感，即使人类的前额叶区域更大。目前对于猫、狗和婴儿是不是真正有意识，仍然存在一些合理怀疑，但表明他们有意识的证据占多数。因此，关于意识或认知复杂性的问题并不能排除宠物会嫉妒的结论。

哈里斯、阿比达和库克的实验只解决了狗是否会嫉妒的问题，而猫是否也会嫉妒还未知。狗的体型比猫更大，且大脑神经元数量大约是猫的两倍。但猫、狗和其他哺乳动物的大脑组织相同，因此不同动物的大脑结构不会引起情感方面的差异。

另外，狗与人类经过了大约15000年的关系进化，其间狗获得了猫所没有的认知能力和情感能力。狗通常比猫更细心，更依恋主人，所以狗可能更容易嫉妒。此外，无论狗还是猫，它们与嫉妒有关的依恋性和攻击性，在程度上可能会因品种而异。鉴于这些差异，再加上缺乏有关行为和神经的实验来佐证猫会嫉妒的事实，所以在判断猫是否会嫉妒时，应比狗更谨慎。

那么本书提到的皮克西和詹娜呢？皮克西是缅甸猫，因像狗一样对人依恋而著称。而詹娜是英国短毛猫，素称生性冷漠而不依恋人。这也解释了为什么皮克西的感情反应比詹娜的感情反应更强烈。当我亲近其中一只时，另一只似乎都不太在意，大概是因为我对它们的重要性远远低于它们的主人劳蕾特。越来越多的科学证据表明狗会嫉妒，而我个人的直觉是皮克西也会有嫉妒心理。

猿和其他动物能进行类比思考吗

在第 2 章，我提出类比思维是人类思维的一种机制，人类灵活解决问题的许多案例，以及科学和其他领域中的创新性，都得益于此。1995 年，基思·霍利约克（Keith Holyoak）和我出版了一本关于类比的书，名为《心智跳跃——创造性思维中的类比》（*Mental Leaps: Analogy in Creative Thought*），其中包括他写的一章"类人猿"（The Analogical Ape）。但是到 2008 年，基思改变了观点，向德里克·佩恩（Derek Penn）和丹尼尔·波维内利（Daniel Povinelli）声称，只有人类才能用类比推理。相反，一些研究人员将类比思维赋予黑猩猩和其他动物。当我开始研究这个问题时，我一直持中立态度，还查阅了那些声称非人类可以进行类比的研究文献。我的结论是，人们在类比论证、比例类推和类比问题求解中所使用到的重要思维方式，动物并不具备。

动物能辨识相似的关系

对动物的研究表明，它们能够识别相似的视觉特征，如形状、颜色和图案。例如，给一只鸽子一个红方块，然后给它两个不同形状的物体，包括一个红方块，如果它啄红方块就会得到奖励。通过强化式学习，许多动物可以学会在这些任务中识别相似的特征。

1981 年，有一项针对黑猩猩的研究将相似性判断扩展到相似关系和相似特征。黑猩猩莎拉（Sarah）接受了大量语言训练，并学会了用标记牌来区分相同和不同的事物。例如，它可以出示一个标记牌，表示红方块与另一个红方块相似，还会用另一个标记牌表示红方块与蓝圆圈不同。

莎拉还学会了识别相同和不同的关系。图 6.7 显示了初始因素之间的关系匹配，并提供了两个可供选择的潜在匹配。在左边，初始的两个方块形状相同，因此莎拉必须识别出选项 1 的匹配方式，而不是选项 2。相反，右侧的初始形状不同，因此莎拉必须识别出选项 2 匹配的方式，而不是选项 1。莎拉学会了在各种关系中做出这样的选择，例如辨识部分和整体的关系。

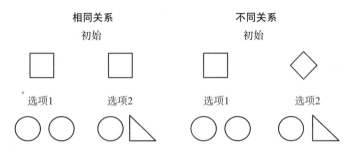

图 6.7　关系相似性任务，其中左侧选项 1 正确，右侧选项 2 正确

心理学家最初认为，由于莎拉接受了不同寻常的语言训练，她在识别相同和不同关系方面有着特殊的能力，但后来的研究发现，黑猩猩、狒狒、渡鸦、鹦鹉和鸽子也能完成如图 6.7 所示的任务。这些任务具有类比的特点，因为它们需要注意关系之间的关系。图 6.7 左侧的任务中，选项 1 类似于初始模式；而在右侧的任务中，选项 2 类似于初始模式。不过，这项任务比人类的类比思考要简单得多。

类比论证

早在类比成为认知科学的热门话题之前，它在亚里士多德哲学探讨中的地位就至关重要。在 20 世纪最有影响力的逻辑学著作中，欧文·柯匹（Irving Copi）说："每一个类比推理都是从比较两个或多个事物在一个或多个方面的相似性到比较这些事物在另一个方面的相似性。"例如，柯匹说，如果你读过并很喜欢一位作者写的书，那么你很有可能会期待他的新书。此特征同样适用于第 3 章所讨论的人工智能推荐系统。

柯匹强调，类比论证可能说服力不强，但可以通过以下几点来评估：①类比的实体数量；②所涉及事物相似的方面的数量；③相异性或差异点的数量；④相似方面与结论之间因果关系的强度。例如，你一定会喜欢同一作者的另一本书，前提是：①你读了同一作者的很多书；②你打算读的新书在许多方面与旧书相似；③新旧书之间相差无几；④新旧书之间的相似点与你对这些书的喜爱有因果关系，例如，给你带来乐趣的主题和风格。

作为一名逻辑学家，柯匹假设类比推理是语言学方面的概念，但如果实例和相似性的心理表征是非语言的，是通过视觉、听觉、触觉、味觉和嗅觉等感觉产生的，他的标准同样适用。例如，我可以推断，我从未尝试过的一种蓝纹奶酪（西班牙卡博瑞勒斯干酪）味道很好，因为它看起来与我喜欢吃的奶酪相似，比如法国洛克福羊乳干酪和意大利戈尔根朱勒干酪。如果我知道奶酪的蓝色纹理是由青霉造成的，这会导致它们的味道独特，那么我的推断就更加有力了。

柯匹的类比论证比动物完成的任务更复杂，因为类比论证需要的推理不仅仅是对关系之间关系的认识。例如，在书籍类比中，从熟悉的书的特性推断出新书的相关特性，理想情况下可以将阅读旧书和获得愉悦之间的因果关系扩展到新书的对应关系。而仅仅辨识出关系的相似性或差异性，并不会产生这样的映射。

比例类推

智商测试中经常使用的比例类推，也超越了认识关系之间关系的推理，其结构是"A 对 B 就像 C 对什么"。人们可以很容易地回答诸如"脚对鞋就像手对什么"这样的问题。与柯匹讨论的问题不同，要生成答案"手套"，首先要弄清楚脚和鞋之间的关系是鞋穿在脚上，其次要把"穿在"的关系转移到"手"上，才能得到答案"手套"。这种从脚到手的转换所需要的推理超越了初始模式中存在的信息，而不仅仅是识别关系之间的相似性。所以，同柯匹的论点一样，比例类推比动物所能做到的关系匹配更具推理性。

类比问题求解

类比对人类思维的贡献远大于论据和测试问题，在科学（如进化论）、技术（如听诊器）和文学（如自传体小说）方面，类比促成了许多伟大成就。类比问题的解决通常从要解决的目标问题开始，例如弄清楚如何举行一场宴会。然后，检索出类似的源问题，例如想起之前较为成功的一场宴会。该来源可以映射到目标，为实现目标提供近似的解决方案，例如，准备相同种类和数量的酒水。通过将因果相关的特征从源问题转移到目标问题上，源问题就可以为目标问题提供解决方案，例如，有啤酒和葡萄酒的聚会将会更加有趣。

表 6.1 显示，类比问题的解决包含了关系相似性、类比论证和比例类推。主要区别在于，关系匹配不会给目标问题添加任何新信息：除了要注意到初始模式和目标模式之间的联系，不会用到新的推理。同样，科学、技术、艺术和日常生活中的类比都需要调整源问题，以将解决方案转移到一个新问题中，例如，托尔斯泰根据自己的生活经历创作了《战争与和平》中虚构的世界。关系匹配和复杂类比问题求解之间的另一个区别是，后者可能涉及因果关系的层

次。例如，达尔文认为，自然选择（由生存竞争和繁殖竞争引起）导致物种进化，正如农民的选择不同，培育的新品种也会不同。

表 6.1　关系匹配、类比论证和比例类推是如何解决类比问题的

类型	源问题	目标问题	映射	转移
关系匹配	初始模式	选择模式	关系之间的关联	无
类比论证	旧事物	新事物	旧事物及其方面对 新事物及其方面	新事物的特性
比例类推	A 对 B	C 对什么	A 对 B，C 对什么	源问题到 目标问题与答案

由于动物的关系匹配缺乏推理转移和关系层次，所以我不想将类比思维赋予黑猩猩、渡鸦和其他能够完成图 6.7 所示任务的动物。在表 4.3 的报告卡上，给渡鸦和黑猩猩一个 C 作为对类比能力的评分已经十分慷慨；在关系映射的能力上，它们至少应该得个 F。报告卡的优点在于，心理特征和心理机制往往是程度上的问题，而非严格意义上的是或否。也许扩展我的评分方案，给黑猩猩和所有鸦科鸟类评个 D 级会恰当些。

在第 4 章，我提出了模仿学习是否属于一种类比思维的问题。例如，当一只黑猩猩模仿另一只黑猩猩敲开坚果时，这可能就像一个类比，目标问题是如何打开坚果，而源问题是另一只黑猩猩用石头作为工具。与关系匹配任务不同，这实际上是通过实现"我也可以用石头"进行类比迁移的情况。然而，考虑到黑猩猩和卷尾猴需要数年的时间才能学会敲开坚果，这种模仿听起来更像是通过观察对方而激发的反复试错学习，而非通过映射和转移快速见效的类比思维。

即使动物或人能够通过模仿其他动物或人快速学习，这个过程也比类比映射和推理简单。当我学习太极拳时，我一个接一个地模仿教练的动作，例如，吸气时双手从两侧向上举过头顶，然后呼气时双手从面前落下。学习这项运动只需要按顺序复制，而不是映射整个因果结构并使用它进行新的推理。同样，第 4 章提到的从其他海豚那里学习用尾巴行走的海豚只需要按惯例依次重复动作，并不用映射整个因果结构。

计算机会有思维吗

在第 4 章，我确定机器在某种程度上已经显示出许多智能特征和机制，但我们自然想知道人工智能是否会在意象、意识、情感和创造力方面赶上人类思维。确定机器能够思考比让它们通过图灵测试更复杂。模仿人类并不足以形成思维，因为这可以通过语言技巧来实现，就像机器治疗师 Woebot 这样的聊天机器人一样。要形成思维甚至不需要模仿，因为机器可能会在回答一些琐碎的问题时出错，例如"你能用右手拇指摸一下你的右肘吗"，尽管总体来看，它可能比人类聪明得多。相反，根据赋予程序，我们可以利用我们现在对人类特征和机制的了解来推断未来的机器是否会有思维。

计算机会有意识吗

马克斯·泰格马克（Max Tegmark）认为，智能是"底层独立思维"，这意味着它可能在不同类型的硬件中运行，包括大脑、数字计算机和其他许多机器。但托德·范伯格（Todd Feinberg）和乔恩·马拉特（Jon Mallatt）认为，意识是从固有的生物过程中进化而来的，而这种生物进程依赖于地球上生物体的自然特质。比较有性生殖和算法的区别：性依赖于特定的生物实体，如卵子、精子和身体部位，这使得它具有底物依赖性；但是算法可以由不同的设备执行，包括大脑和计算机。意识是像"性"还是像"算法"？沃森、阿尔法狗、无人驾驶汽车和其他机器的升级产品最终会发展出意识吗？

动物并不能为机器意识的发展提供很好的启发，因为动物的身体结构和大脑，同计算机和机器人中使用的装置截然不同。疼痛是一种简单的动物意识，它甚至可能在只有几百万个神经元的鱼身上起作用。但为什么会有人试图制造一个能体会到痛苦的机器人呢？伤害性感受器是检测细胞损伤的生物学手段，但机器没有细胞，所以它们不会有伤害性感受器。我们还有其他方法可以在机器上安装损坏检测器，例如，可以用电子传感器判断保险杠何时凹陷。无人驾驶汽车和其他机器人可以获得注意力、评估和动机等机制，而这些机制不需要人体的感官和情感就能独立工作。

第 3 章描述了无人驾驶汽车如何使用基于摄像头、雷达、激光雷达和 GPS 的复杂传感器组合。这样的汽车已经具有感知能力，但需要什么才能赋予它们知觉意识呢？有所助益的递归特性应该不仅能做出知觉判断，例如识别物体是人体，而且能够表达这种感知，例如，作为道德判断的一部分，认为碾压人体是不可取的。无人驾驶汽车还没有这种映射能力，但如果将其与沃森等系统的更多语言资源相结合，可能就会产生这种映射能力。我曾指出，沃森需要无人驾驶汽车的感知能力来丰富其语义，而无人驾驶汽车同样需要沃森的语言能力来增强其意识潜力。

计算机的自我表征能力很有限，只能告诉你它正在运行什么操作系统，正在使用多少存储空间，诸如此类。若要获得意识，计算机还需要不断完善，例如在语义指针中运行模态保留，以保持感觉和运动输入的近似值。

语义指针的模拟已在计算机上运行，包括使用神经形态的芯片模拟数百万神经元，并将计算机与摄像头、机械臂连接。所以我认为这些机制最有可能在未来机器中产生类似意识的东西。另一种与意识相关的机制是竞争：不同的表征会相互竞争，以确定哪些表征足够重要，可以进入意识。这种竞争很容易在计算机系统中实现。斯塔尼斯拉斯·德阿纳描述了另一种对人类意识而言可能很重要的神经机制，即大脑将信息从某些部分传播到其他部分的能力，这在机器上应该也不难实现。

假设机器永远不会有意识则过于草率，尽管很难理解为什么未来的工程师和科学家会致力于制造有意识的机器。另一种可能性是，未来的机器人将通过自我构建来进化，就像今天的一些计算机程序可以自我修改一样。在这种情况下，人们是不会用编程让机器具有意识的，但是机器自身是否会独立形成意识，目前还无法预测。我将在第 7 章讨论让机器拥有意识在道德上是否可取。

计算机会有情感吗

怎样才能让机器人情感化？我们是否希望机器人拥有情感？根据以前的观点，理性和情感从根本上是对立的，因为理性是运用演绎逻辑、概率和效用导向的一种冷漠的计算实践。但心理学、神经科学和行为经济学的大量证据表明，认知和情感在人类心智和头脑中交织。虽然存在情感使人失去理性的情况，例如一个人爱上一个有虐待倾向的配偶，但在其他情况下，好的决定取决于我们对情况的情感反应。情感可以帮助人们决定什么是重要的，并将复杂的信息整合到重要的决策中。因此，尝试制造一个有情感的机器人可能会很有用。

人们想要制造出有情感的机器人的另一个原因是，机器人会被用来照顾人类，这种需求在日本老人中越来越普遍。有情感的机器人会更好地理解和照顾人。

此外，随着机器人越来越能够自主行动，我们更需要确保其行为符合道德。我们希望高速公路和战场上的机器人能像好人一样，为人类的利益而行动。道德不仅仅是一个冷冰冰的计算问题，还需要情感过程，如关怀、同情和同理心。人脑的情感机能使我们能够关心他人，并以同理心理解他人。因此，如果要机器人像人一样有道德，就需要赋予其情感。

评估让机器人有情感的可行性，首先要理解是什么让人有情感。如今，关于人类情感我们有三套主要理论，分别基于评价、生理和社会建构。认知评价理论认为，情感是对当前情况与个人目标的相关性的判断。例如，如果有人给你100万美元，你可能会很高兴，因为这些钱可以帮助你实现生存、娱乐和照顾家人的目标。当一辆无人驾驶汽车得出从当前位置到预期位置的最佳路线时，机器人已经能够进行至少一种形式的评价了。如果情感只是一种评价，那么机器人拥有情感将指日可待。

然而，人类的情感也取决于生理。例如，得到一大笔钱所产生的快乐反应是和生理变化相关联的，如心率、呼吸频率和皮质醇等激素水平的变化。因为机器人是由金属和塑料制成的，所以它们不太可能有来自身体的输入来帮助它们确立人类所拥有的那种体验，而情感不仅仅是一种判断。根据情感是生理感知的理论，机器人可能永远不会有人类的情感，因为机器人永远不会有人类的身体。也许可以模拟生理输入，但人们从所有器官获得的信号十分复杂，所以此想法不切实际。例如，消化道中有大约1亿个神经元，这些神经元根据消化道内数十亿细胞和细菌的活动，通过迷走神经向大脑发送信号。

第三种情感理论认为，情感是社会建构，依赖于语言和其他文化习俗。例如，当 100 万美元落入你手中时，你的反应将取决于你描述意外之财的语言以及你所在文化对此事的预期。如果机器人擅长语言，并与其他机器人及人类形成复杂的关系，那么它们可能会受到文化的影响。

我认为这三种情感理论是互补的，并不相互冲突，情感的语义指针理论展示了如何在大脑机制中将三者结合起来。因此，也许机器人可以通过对目标的评估、对人类生理特征的粗略模拟，以及语言和文化的成熟度，来获得人类情感的某种近似物，所有这些都在语义指针中结合在一起。那样，机器人虽不能完全获得人类的情感，但情感的某种近似物也可以产生人类情感的一些效果，如第 2 章所列：评价、相关性、注意力、动机、记忆和交流。

计算机已经能够模拟情感的某些方面，例如评价，但没有人声称计算机实际上正在体验情感。人类情感的生理方面依赖于来自不同身体器官的数十条信息流。复制这些信息流需要复制所有器官的输出，以及在不同的大脑区域（如杏仁核、室内脑岛和眶额皮质）对这些信息的解释层。这种复制可能在物理上说得通，但在技术上很难达到，因此没有机器人制造者会这样做，倒不如用其他生物性较低、电子化程度较高的方式来完成情感输入。因此，在未来的智能机器中，情感意识可能会缺失，同时也会缺乏对人际关系而言很重要的相关心理状态，如同理心和同情心。情感似乎更像是性而不是算法，主要依赖于我们的生物实体。

计算机会有创造力吗

在第 3 章，我列举了一些人工智能程序产生创造力的例子。沃森有一个厨师版，可以生成有趣的食谱。阿尔法狗提出了一些举措，专家对这些举措十分震惊且觉得有效。其中用到的深度学习甚至被用来创作莎士比亚风格的十四行诗。

马库斯·杜·索托伊（Marcus du Sautoy）最近描述了计算机创作美术和音乐作品的例子。巴黎的一个团队创作了极具吸引力的肖像画，他们使用生成对抗性神经网络，与经过训练的网络结合起来生成可能的作品，再用另一个网络对其进行评估。他们用 15,000 幅肖像训练程序，用来描绘整个虚构的家庭。其中一幅肖像在拍卖会上以超过 40 万美元的价格售出！索托伊还介绍了一个名为"深度巴赫"（DeepBach）的项目，该项目接受了巴赫合唱团的训练并创作了新的作品，听到的人中有 50% 以为这些作品是巴赫自己创作的。此外，计算机也被用来生成新的数学证明。人工智能已经产生了新颖、与众不同且有价值的成果，符合创造力的典型条件。

然而，肖恩·多伦斯·凯利（Sean Dorrance Kelly）认为，机器永远无法超越人类在创新方面的成就。一位哈佛哲学家在《麻省理工学院科技评论》上撰文称，凯利给出了人类固有优越性的几大原因。他说，人类的创造力植根于社会，取决于文化标准。他认为，机器永远不会给音乐带来重大变化，比如阿诺尔德·勋伯格（Arnold Schoenberg）创作的那种不和谐旋律类型的作品就为机器所不及。机器目前只是模仿音乐风格，但无法开发出一套全新的音乐创作方式。计算机可以应用现有的标准，但目前还没有远见卓识去改变品鉴音乐的标准。

凯利拒绝承认阿尔法狗等游戏程序的创造力，因为它们局限于狭窄的领域。人类的创造力更为普遍，遵循人类行为准则，但也有能力改变这些准则。富有创造力的数学家不仅仅是定理证明者，还提出了其他数学家认为重要的、新的、意想不到的推理形式。凯利总结道，人工智能可以成为提高人类发现能力的工具，但绝不会成为自动创新的媒介。

凯利说得对，人工智能的创造力与作曲家、数学家还有差距，但他也低估了人工智能未来进步的可能性。我在《脑和心智——从神经元到意识和创造力》这本书中指出，人类创造力的最高成就即是找到新方法。例如，伽利略不仅发现了木星的卫星，他用望远镜探索太空的新方法助力了许多新发现。目前还没有人工智能程序可以生成新方法，但我认为通过泛化和类比可以有两种途径来生成新方法。

泛化法能从单一的案例中生成新规则。

输入：一个或多个目标，由一个或多个步骤组成的技巧，以及表明通过这些步骤可以实现目标的问题解决方案。

输出：一种结构为"如果你想实现某目标，那么可使用由某些步骤组成的某种技巧"的方法。

过程：确定实现目标的步骤，并将其泛化到方法中。

例如，伽利略只需要通过使用望远镜来观察木星的案例，就可以产生一种新奇且有价值的方法来探索行星。阿诺尔德·勋伯格在1907 年创作的一首民谣中引入了不和谐类型的旋律，然后将这种和声的缺失推广到无调性音乐的创作方法中。

类比法使用两个或多个案例生成新方法：

输入：在一个领域和另一个类似领域中操作的规则（方法）。

输出：一个可在新领域中提供新方法的新规则。

过程：类比调整原始规则，为新领域提供方法。

例如，马克·扎克伯格（Mark Zuckerberg）将以前用于研究信息的书籍理念与基于网络的计算方法相结合，开发出脸书这种新的社交方式。

由于泛化和类比在人工智能中研究甚广，而且相关规则是一种常见的心理和计算表征，因此在未来的机器智能系统中实现这两种产生新方法的方法应该不难。这样的系统有了丰富的领域知识，就能够产生新的处理方式。

凯利认为，社会规范是人类最强创造力的标志，但是，这样的机器智能系统能够改变社会规范吗？凯利并未定义什么是社会规范，但我在《心智社会——从大脑到社会科学和职业》（*Mind-Society: From Brains to Social Sicences and Professions*）一书中阐述了社会规范如何发挥作用的心理学理论。规范可以理解为"如果—那么"结构的心理规则，其中，"如果—那么"部分可以是非语言的和情感的。例如，当你遇到某人时握手，用西方的社会规范可以表达为"如果见面，那么握手"，其中，握手是一种身体动作。这条规则与积极情感有关，例如与某人见面的快乐；也与消极情感有关，例如任何违反这条规范的人都不受欢迎。在机器中要想完全实现这样的规范，需要它们有情感，但可以通过"如果—那么"规则来大致实现。

情感通常是创造力的重要组成部分，因为创意产品应该是令人惊喜又有价值的。对价值和惊喜的评估是情感反应，而我刚才也描述了让计算机产生情感十分困难。这是否意味着计算机无法具有创造力？不，因为评估惊喜和价值的计算方法不需要使用在人体中很有效的情感手段。计算机可能不会感到惊讶，但它至少可以实现这样的认知，即确定一个事件，例如观察木星附近的卫星，与之前的预期是相反的。一首由计算机生成的新诗可能并非源于人类的情感体验，但它能在读者中激起情感反应，这种能力同样很有价值。

因此，现在就排除机器有创造力的可能性，还为时过早，但要实现这一目标还需要心理学、神经科学和人工智能方面取得重大进步。仅仅提高计算机的运算速度远远不够，而创造力也无法通过熟悉的技术（如深度强化式学习）来实现。完全有创意的计算机虽不是指日可待，但很可能成为未来技术进步的一部分，除非人们出于道德理由决定不让计算机比现在更有创意。

思维逐渐开始

根据神学观点，当上帝创造思维时，思维便顿然出现。生物学的故事则要复杂得多，因为大脑融合了至少 20 种特征和机制，每种特征和机制都有不同的层次，例如不同类型的学习和类比依据的不同方面。即使是细菌，也能通过单个细胞来感知、反应、移动，并发送信号给其他细菌。

尽管如此，细菌和植物在解决问题和学习等功能以及意识等机制方面，发展极其有限，因此我认为没有理由将思维和智慧赋予它们。但是鱼、昆虫，以及章鱼等头足纲动物，似乎具有发挥许多智慧特征的神经能力。它们甚至可能具有一定的情感能力，尽管一系列的情感状态和反应可能始于哺乳动物和鸟类，因为它们的大脑更大。

黑猩猩和渡鸦等非人类动物使用工具的例子表明，它们对因果关系有一定的了解，例如，用石头砸坚果会导致坚果裂开，用喙按压棍子会导致棍子弯曲。但这些仅仅是可观察的事物之间的因果关系，而不是不可观察的因果机制的假说，后者在科学和宗教等各种各样的人类事业中发挥作用。

因此，我们可以得出这样的结论，思维是分以下阶段逐渐发展的：

（1）具有初级感觉、行为和信号，如细菌和植物。

（2）能了解并解决一些问题，可能产生有意识的体验，如昆虫和鱼类。

（3）用情感和意识了解并解决更复杂的问题，如鸟类和哺乳动物。

（4）全智能，包括使用类比和隐藏原因，如人类。

关于思维的赋予，我认为目前的证据对于非生物、植物和细菌来说很扫兴，但对于鸟类和哺乳动物来说，可以持有理性的乐观态度。

从这个角度来看，我们可以思考智慧生命是否有可能在其他行星上进化。汤姆·韦斯特比（Tom Westby）和克里斯托弗·康塞利斯（Christopher Conselice）估计，我们银河系中至少存在36种其他文明，他们还认为智慧生命会像在地球上一样在其他地方发展。然而，在我们的星球上产生智慧的一些步骤在其他星球上是极不可能的，因为它们似乎只发生过一次，而且依赖于很偶然的机制。这些步骤包括与无核细胞相比具有能量优势的真核细胞进化，恐龙的突然灭绝使哺乳动物变得地位突出，以及任何基因突变都能使大脑递归运作。相反，产生智慧生命的其他步骤可能会重复发生，例如氨基酸的形成、细胞的发育、脊椎动物的进化以及烹饪和农业的发明。但总的来说，我猜测人类的智识是在宇宙中侥幸产生的，我们不要搞砸了。

那么计算机、机器人和其他机器呢？在第3章，我讲过当前的机器有一些智能特征和机制，但缺乏情感和意识。人工智能正在迅速发展，但要发展出包括图像、意识和情感在内的思维还很遥远。在下一章，我认为这种差距值得保持。

7 机器和动物的道德

　　我们应该如何对待机器和动物？它们不像人类那么聪明，却具有诸多可以启迪人类智慧的特征和机制。那么，我们对其应承担怎样的道德义务呢？在确定道德义务时，智慧并非唯一的因素，正如新生儿虽处于智识发育初期，但在道德层面应得到充分的关注和保护。

　　机器和动物的伦理问题不仅仅是抽象的哲学论争，因为有越来越多的现实问题需要解答。关于机器，最大的问题在于是否应该采取措施防止机器人灾变——计算机智能彻底摧毁或主导人类。由于今天人工智能的局限性，这个问题并不紧迫，但是有很多机器智能的伦理问题亟待解决。人工智能的发展对人类的就业、隐私、平等和福祉会产生多大的威胁？对能够自主发动战争的杀手机器人应该采取什么限制措施？我们需要一个伦理框架来系统地回答所有这些问题。

　　同样，我们也需要一个伦理框架来解答许多关于如何对待动物的问题。我们人类没有受到其他物种的威胁，但由于人类在世界各地的扩张和统治，许多其他物种的生存正面临威胁，这些物种包括黑猩猩、倭黑猩猩和红毛猩猩等。有什么理由能够证实这样的物种灭绝在道德上是错误的，而又能采取什么措施来阻止这种物种灭绝呢？

对待动物还涉及很多其他道德问题。人们从动物身上获取食物、衣物，将它们用于医学实验和其他目的，这在道德上是否具有合理性？需要关注的动物痛苦的本质是什么？是否存在与机器和动物同时有关的伦理问题，例如构建机器人和动物的混合体？

为了回答这些问题，基于所有相关方的重大需求，我提出了一套道德体系。通过需求，我们可以评估哪些机器人和兽类具有道德地位，因而应当成为道德关注的对象。根据需求，可以采取各种办法应对生存威胁，诸如人类和黑猩猩等物种面临的灭绝风险，以及随之而来的相关个体福祉所面临的不那么极端的风险。

结合当前和未来的发展情况，上述框架产生了一些重要的结论。我们没有面对被机器智能取代的直接威胁，而许多智慧物种的灭绝才是人类真正的生存威胁。对需求的思考表明，应该禁止杀手机器人的存在，人类也应停止吃肉。我对机器和动物需求的思考将涉及第 5 章和第 6 章所述的人类与其他智慧生物之间的差异问题。

基于需求的伦理

为了解答有关动物和机器的伦理问题，我们需要一个有影响力的宽泛的道德框架。许多人想要从宗教层面寻求伦理问题的答案，可是当我们试图用宗教准则解答这些问题时，新的问题又出现了。

首先，诸多不同的宗教就动物问题给出了不同的答案。犹太教、基督教和伊斯兰教通常认为人类生来就优于其他动物。在《创世记》中，上帝赋予人类对动物的统治权。相比之下，印度教则对于动物给予更多的关注，因为印度教的轮回教义是：你应该善待牛，因为它们可能曾是你的前世，而你自己也可能会转世为牛。

机器和生灵　人工智能、动物智慧与人类智识

其次，即使宗教教义一致，我们仍然质疑其规定的合理性。也许上帝发布了错误的道德命令，例如，要求亚伯拉罕献上他的儿子以撒。

最后，所有现存的宗教早在智能机器出现之前就已经存在了，所以，它们对于机器人的伦理问题少有涉及。总而言之，我们应当寻找一种世俗的伦理学方法，来解答机器和动物的伦理学问题。

对严肃的道德问题的回答是和当代哲学中最著名的两个伦理学研究方法有着潜在关系的。根据伊曼努尔·康德（Immanuel Kant）所提出的道义论，伦理学是绝对权利和义务的问题。借助道义论，提出有关动物权利、机器权利及其对人类权利和义务的影响这样的问题，是合理的。相比之下，由杰里米·边沁（Jeremy Bentham）提出的功利主义学说则提倡为最大多数人寻求最大幸福（幸福与否以个体苦乐来衡量），避而不谈权利和义务。若将动物的快乐与痛苦纳入考虑范围，我们便可以使用功利主义学说来解决动物的伦理问题。

从哲学层面来看，这两种学说也存在弊端，而且是广为人知的弊端。对于道义论，权利和义务从何而来？有些人认为权利是上帝赋予的，但这种主张与上文讨论过的宗教伦理学有同样的问题。康德试图仅仅通过推理就确立权利和义务，但想要弄清楚我们对黑猩猩到机器人这一系列的实体负有哪些义务，抽象的论证几乎没有帮助。对伦理学功利主义学说的一种典型的反对意见认为，人们关心的不仅仅是快乐和痛苦，因此我们在进行伦理判断时应该将行为的结果进行扩大化解释，将行为对智识的和社会的影响考虑在内。

我所推崇的一种伦理学方法，则既能避免这些缺陷，又能采用道义论和功利主义学说的一些主要观点。基于人们过上充裕的生活所必须满足的基本需求，我们可以确定人们应拥有哪些权利。人类有各种生理需求，比如空气、食物、水和住所，如果这些需求得不到满足，人类就会受到严重的伤害。心理学研究发现，人类也有精神需求，这包括自主性（不受他人控制）、关联性（与他人的情感联系）和成就感（实现个人目标，如工作和玩耍）。需求不同于无关紧要的欲望，后者因人而异、因文化差异而有所不同。

在这样的框架下，权利来源于这些对所有人而言都具有重要性的需求。基于需求的伦理学方法考虑到不同行为对人类幸福的影响，但不会将幸福狭隘定义为简单的快乐和痛苦，因为人类有很多更重要的目标，比如，与他人建立关系以及在工作、玩乐和其他活动中有所成就。通过运用以下"伦理学流程"，我们可以解答一些道德问题：

（1）列出特定情形中需要考量的几种备选行为。然后从伦理学方面评估这些行为，根据道德判断而非个人喜好对这些行为进行选择。例如，政府官员可以评估是否让军事机器人更加智能化、自主化。

（2）确定哪些人会受到这些行为的影响，包括现在的人及他们的后代。就军事机器人而言，不仅需要考虑那些可能会被它们拯救的人，也要考虑那些会被杀害的人。

（3）对每种备选行为进行评估，评估它们将在多大程度上促进或阻碍人类基本需求的满足。针对军事机器人，我们需要考虑的后果包括可能会受到该智能武器影响的所有人的生命安全及其他需求。

（4）选择最能满足人类需求的行为。

这套流程的最大问题是只考虑到了人类的需求，而忽略了机器人和动物的需求。因此，在进行伦理评价时，我们需要思考在多大程度上将机器和动物的利益考虑在内。

道德关注

从道德上讲，把自己的厨房桌子剁碎当柴烧没什么问题。如果桌子是你的，你可以随心所欲地使用。相比之下，普遍伦理取向认为，为了获取燃料、食物或乐趣将人剁碎的行为是错误的。哲学家们指出了人和桌子的区别，认为人非物品，具有道德身份，是道德关注的对象。

对于诸多介于人类和桌子之间的实体，我们较难确定它们是否属于道德关注的对象。按照动物复杂性的大致顺序，细菌、昆虫、鱼类、两栖动物、鸟类、哺乳动物是否属于道德关注的对象呢？一些机器，如订书器、开罐器和恒温器，似乎与桌子很接近，不需要任何道德关注，但是，当我们考虑到自动驾驶汽车和未来功能更强大的计算机这些智能化程度越来越高的机器时，答案就没那么简单了。

道德地位的确定不应基于原始直觉，而应该基于区别道德关注对象和其他对象的原则。即使是人类的道德地位，其评判标准也是随着时间而改变的，因为早期的人权理论主要关注的是富裕白人男性的地位。历经数百年的辩论和政治活动，权利的主体和道德关注的对象已扩展到所有男性和女性，所有种族的成员，以及不受性取向和性别身份约束的人（至少在加拿大是如此）。所有这些人都符合道德关注的统一标准，例如，拥有智能和自我意识，能够感知快乐和痛苦，以及拥有情绪。

以需求为基础的伦理方法提出了不同的标准：通过考虑某一类实体的需求来确定这类实体是否属于道德关注的对象。并非所有表面的需求都是值得关切的，例如铅笔需要削尖或汽车需要加油。这些不是铅笔或汽车的需求，而是人们需要使这些实体按照他们的期待发挥作用。即使在人类作为实体的情况下，我们也应该将需求与单纯的欲望区分开来，例如"需要"一辆宝马汽车在朋友面前显摆，就不属于需求。

伦理学上的需求指的是对生活至关重要的需求，这类需求若得不到满足就会造成巨大的伤害。你应该关心他人，因为他们与你有同样的基本生理和心理需求。除非你属于极端个例，否则对于人类需求得不到满足时所遭受的痛苦，你有能力产生共情。现在，让我们将基于需求的道德关注标准应用于动物和机器人。

人类应该关心动物吗

动物的需求是什么？让我们看看广受欢迎的宠物——狗和猫。这些动物具有与人类相同的生理需求：食物、水、呼吸的空气、躲避极端天气条件的住所以及在重病时获得的医疗救助。我们可以将这一系列生理需求进行扩展，将身体的完好包含在内。如果一只狗或猫经常被主人殴打，虽然它不缺食物、水和住所，也能去看兽医，但仍然会很痛苦。

将心理需求赋予动物则更为困难。自主性这一需求能让人们感觉到对自己的行为有选择权，从而可以根据自身的兴趣和价值观来实施自己的行为。我在第4章论证了狗不具备人类这样的自我意识。狗有自己的兴趣和价值观，但它们对此很难意识到。狗和猫对自己的食物、其他动物和自己的主人感兴趣，但没有进行自我评价的认知能力。

图7.1描绘了心理学家已探讨过的80多种关于自我的心理现象。超过一半的心理现象关注的是人们向自己和他人展示自我的方式。其中一种自我展示的方式是评价，包括评估和批评，正是这样的评价导致人类产生从自我钦佩到自我厌恶的一系列情感。我们可以合

理地将狗和猫的一些行为视为简单的自我展示，例如它们梳理自己的毛发，但我们没有证据表明它们曾进行过自我评估。

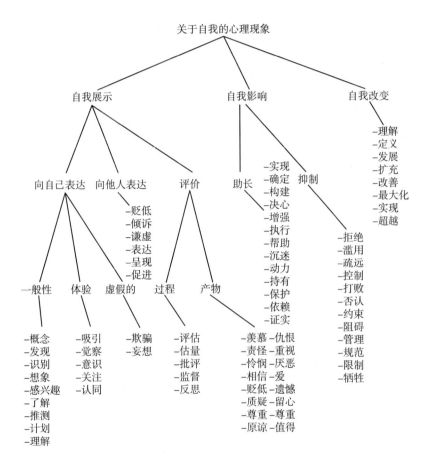

图 7.1 关于自我的心理现象

人和狗的差异性以及关于自我的心理现象的多样性表明，是否赋予道德地位、给予道德关注并不是简单的二选一，而要根据特定动物的种类，赋予不同程度的道德地位，给予不同程度的道德关注。我们没有必要给予所有动物程度完全相同的道德关注，因为它们对自我的认知能力不同。相反，我们倒是可以根据每个物种的智慧能力确定给予何种道德关注。

因此，我们可以断定，图 7.1 所示的关于自我的心理现象，动物并不全都具备。它们对自主性的需求比人类要弱。"自我影响"和"自我改变"范畴下所列出的心理现象表明，人们对自己的能力有很高的期望，期待实现目标并逐步提高自己。由于缺乏这样的期望，狗这样的动物就不像人类那样需要自主性。同样的论点适用于神经认知能力比狗更强的动物，如渡鸦、海豚和黑猩猩。

就成就感而言，人与动物也存在类似的差异。成就感也是一种需求，人们需要参与挑战，展示自己对世界的掌控，从中感觉到自己的行动是富有成效的。由于缺乏自我评估，狗和其他动物除了关注觅食这样的直接目标，对更深层次的掌控感和有效性并没什么概念。

就关联性的需求而言，一些动物物种则更像人类。经过进化，狗与人类的关系尤为密切；甚至冷漠的猫，也会与主人建立关系，正如嫉妒的皮克西的例子所展示的那样。在我讨论过的动物中，章鱼是社交属性最差的，似乎不需要与其他章鱼（包括自己的后代）建立关系。相反，许多像狼和黑猩猩这样的动物都是群居的。因此，在意识到自主性和成就感可能不是它们的基本需求的同时，我们在进行道德考量时应该考虑它们对关联性的需求。

我的结论是，我们应该关心动物并关注它们在生理方面和关联性方面的需求，但它们却不能得到和人类同样的道德地位和关注，因为它们不具备全方位的自我意识，也就意味着他们没有人类那么多的心理需求。我们应根据不同层级的智慧能力来确定道德关注的程度。处于最低层级的是那些没有生命、没有感情因此没有需求的实体，包括无生命的自然物如岩石，以及桌子这样的人工制品。

接下来是有感知能力的实体，如温度计、细菌和植物等，它们可以获取有关世界的信息并对其进行反应，但是不会对信息产生任何内在表征。

动物所展示的不仅是感知—反应能力，正如它们在遭受痛苦、经历快乐和体验简单的情绪时所表现的那样。但自我意识在动物中似乎并不多见，而且在不同物种中有着不同程度的呈现。最简单的自我意识形式是身体意识，可能存在于许多鸟类和哺乳动物中。但这种意识并不能与能够从镜子中认出自己（在某些动物群体中发现）这一更加强烈的自我意识相提并论。最高层级的自我意识应具备图7.1 所示的所有关于自我的心理现象，包括多种形式的自我评估和自我改变。

总而言之，动物有基本需求，因而是道德关注的对象，这不仅仅取决于它们是否能造福于人类。但动物的道德地位与人类有所不同，因为动物有不同的认知能力和心理需求。不同的动物承受痛苦的能力也不相同，本章后面的内容会对此进行区分。但由于动物的道德地位低于人类，要求给黑猩猩和人类一样的待遇未免有些过激。

人们应该关心机器吗

摇滚乐队皇后乐队曾创作歌曲《我迷上了我的汗血宝马》（I'm in Love with My Car），表达人们对车的喜爱；人们有时也会表达对吉他和电视机等其他物件的喜爱。但人们对人造物品的这些情感反应是基于这些物品对人类的效用，而不是因为人们认为它们具有某种特殊的情感或道德地位。

乍一看，基于需求的伦理学方法似乎对智能机器的道德地位问题有着明确的立场。简而言之，当前的机器——包括第 3 章描述的智能机器——没有任何基本需求，因为它们没有生命。它们没有生理需求，因为它们的运行不需要食物、水和空气。说它们需要电只是一种比喻的说法，因为断电时它们不会受到任何伤害。此外，它们缺乏痛苦、情感、自我意识和自我评估等一系列用于确认其道德地位的体验，因此，它们不享有权利，也不涉及道德问题。人们可以随心所欲地处置它们，包括将它们砸成碎片并扔进垃圾箱。痛击和丢弃的对象若是人或动物，则是错误的；若是机器，则不是错误的，因为机器缺乏某些特征。

随着机器智能化程度的提高，这种情况可能会改变。人工智能领域的出现还不到 70 年，机器已经具备感知、解决问题、学习和其他智能特征，如我在第 3 章所描述的那样。从仅能做出感觉—反应的细菌发展到能够自我评估的人类，这一进化过程花了 40 亿年，但机器进化的速度却要快得多。

机器怎样才能获得知觉、自我意识和自我评估能力？其中最后一项是最简单的，因为我们已经可以通过编程使计算机对预期目标的实现程度进行自我评估，例如，报告其处理速度和对指定问题的答对率。但这种自我评估与需求无关，除非它是建立在自我意识的基础上，包含对实现目标的情感反应。

正如我在第 3 章和第 6 章所说，我们尚不清楚如何使机器获得情感和自我意识，但可以从意识的神经计算机理论中获取最有价值的信息。信息的神经传播、语义指针的竞争以及信息整合等理论都提供了机器获得意识的潜在途径，即机器通过模仿人类意识的工作机制被赋予意识。意识的信息整合理论认为，机器已经有了意识，因为即使是智能手机，也整合了大量信息。

然而，意识的语义指针理论表明，意识不会这么容易产生。机器若要获得各种感官体验，需要具备模态保持的特性，而且机器从其传感器获得感知—运动的信息后，其内在表征须以简化的形式传递这些信息。另外，尽管未来的计算机可能具有比人类大脑更大的内存，但为了让意识成为注意力的焦点，还需要一个阻塞点，各种表征只有通过竞争才能通过阻塞点进入意识。

因涉及技术问题和动机问题，我不知道未来的机器是否会以这种方式获得知觉和自我意识。技术问题在于，想构建能够完全像人类那样使用语义指针的机器并不容易，我们可能需要大幅改进人类意识理论，大幅提升科学技术。动机方面的挑战在于，是否有计算机科学家真的愿意花费精力以这种方式赋予机器意识。我找不到明显的商业或军事理由去制造这类拥有意识的计算机，因此我不认为会有公司会投入财力和人力资源进行这方面的研究。

还有一种可能性，就是意识会通过越来越多的智能计算机的自我编程而自发出现。但是，人工智能当前的发展情况显示，正如在沃森和深度学习机器这类令人惊叹的计算机中发现的那样，机器人并没有自主编程的趋势。阿尔法元主要通过自主学习来进行围棋和国际象棋游戏，但它的学习算法不是自己编写的。关于自主编程的奇思妙想已经存在了几十年，例如约翰·霍兰德（John Holland）基于生物进化研发出遗传算法。但是遗传算法并没有涉及新的编程类型，而只是解决人类指定给它们的问题。

计算机的运行不依赖消化、新陈代谢、呼吸、排泄和繁殖等生物学机制，从这个意义上来讲，它们永远不会有生命，但它们最终可能会获得意识。只不过目前尚未有明确的方法赋予它们意识，因此现在的机器还远不能体验痛苦、情感和自我意识。所以，它们没有需求，也没有道德地位。我们也就没有义务在道德评判中考虑机器的利益，除非它们会影响人类和其他有需求的动物。

机器和动物有道德义务吗

人类对机器没有义务，那么，如果说机器对人类负有义务，也略显荒诞。即使我们给计算机编程，使其模拟康德哲学中道义的推理过程，或者让其对快乐、痛苦或需求的结果进行计算，它在道德上也没有义务按照我们设定的算法运行。当人们觉得自己应该做某事时，这种情感是一种义务感，与人们根据道德规范和社会关系进行自我评价而产生的羞耻感和内疚感是同一类型。因此，在机器获得情感和自我意识之前，我们不能指望它们对自己的行为承担个体责任，也不能期望它们对我们负有义务。

动物的情况则更为复杂，因为它们有需求，这让我们对其负有义务。动物研究人员认为，动物所具有的诸如爱心、同理心、社会学习能力以及对适当性的意识等各种特征，使它们成为道德主体。达尔文认为，人类的道德意识与动物的社会本能只是在程度上有所不同，我们都喜欢与同伴相处，对同伴有同理心并会帮助同伴。

另一方面，达尔文还认为，道德观产生的基础是以下黄金法则：你希望别人怎样对待你，你就要怎样对待别人。世界上的许多宗教都采用这条法则，包括基督教、伊斯兰教、佛教和印度教。黄金法则要求你想象你希望别人如何对待你，这样你就会以同样的方式对待他们。如果将黄金法则的认知复杂性从逻辑上表达出来，是很清楚的："x 和 y 分别代表行为人和行为对象，z 代表行为，那么，当且仅当 x 想让 y 对自己做出 z 时，x 才应该对 y 做出 z。"

第 5 章和第 6 章中关于人类优势地位的结论表明，我们不能指望动物遵循黄金法则。首先，这一法则涉及较高程度的递归，需要在"你应该对别人做什么"和"希望别人对你做什么"之间进行循环思维。我们从未发现任何动物具备涉及如此之多递归的表征。其次，"应该"这个概念是从具有道德义务隐藏属性的实际行动中间进行高度抽象化得出的。人类语言可以通过概念结合来实现这种抽象化，例如在宗教和科学中的做法，但动物没有这种能力。最后，要应用黄金法则，需要进行某种类比，在这种类比形式中，行为人在情感上把自己置于他人的境况，并推断出应该如何行动。但对动物来说，即使是黑猩猩，似乎也不具备这种类比推理的能力。

计算机进行这类递归、抽象和类比的能力越来越强，但到目前为止，它们还不具备黄金法则所需的情感因素。了解他人的需求，需要分析其情感需求，不仅涉及对目标的评估，还包括心理层面的评估。同样，人们通过大脑情感区（如腹内侧前额叶皮质）的活动所带来的感觉，来了解"应该"和"义务"的概念。然而，动物缺乏遵循黄金法则的认知能力，机器则缺乏情感能力。因此，根据黄金法则，动物和机器对人类或其他任何事物都不负有道德义务。

生存威胁

从需求的角度来看，在评估机器人和动物的道德问题时，我们应该考虑两种威胁。其中一种最为严重，危及具有道德地位的主体的生存。评论人士越来越多地提出，机器智能对人类构成了生存威胁。但我认为这种担忧有点夸大其词。相比之下，随着越来越多的物种陷入濒临灭绝的境地，动物正面临着实实在在的生存危机。

机器人灾变

机器智能会对人类的生存构成威胁吗？许多科幻作品都提出了这个问题，例如《终结者》《黑客帝国》和《复仇者联盟》等电影。

更严重的是，埃隆·马斯克和史蒂芬·霍金等当代评论家们也为我们敲起了警钟。他们根据最近人工智能所取得的成就，预测人类智识被机器超越只是时间问题。对于人类智识的运行机制，以及机器智能与人类智识的差距，这些虚构作品和个人警告都未涉及。

在第5章的开头，我列出了人类相较于动物的众多优势，并指出其中大多数优势也是人类相对于机器的优势。一大例外是使用地图进行导航的能力，因为无人驾驶汽车已经具备了这一能力。其中的一部分优势对于机器是否会统治人类的问题并不重要，因为没有这些能力它们依然可以轻而易举地达成目标。机器不需要生火和烹饪食物，因为它们以电为能量，也不需要保暖。机器可以不开玩笑，因为它们不需要幽默来促进与人类或其他机器的互动。

然而，第5章所列的人类多项其他优势确实表明，在诸多智慧活动中，人类在很多重要方面远远优于机器。哲学论证无法证明机器永远赶不上人类，但是若想通过开发运算更快的计算机和更有效的机器学习程序来克服技术上的困难，恐怕远远不够。

第1—6项优势是关于学习能力的，这些优势表明目前的机器学习和人类智识之间存在巨大的差距。人类已经开发出成熟的机器学习算法，但机器才开始自主开发学习算法。由于算法可能带来意想不到的结果，计算机已经可以超出人类指令范围运行几十年了。例如，阿尔法元学得比它的开发者更会下围棋和国际象棋。但是到目前为止，机器只能解决人类设定的问题，而无法自己设计新的问题去解决。

人类解决问题的过程不仅仅是弄清楚如何完成目标的纯粹的认知过程，还涉及弄清楚哪些目标值得完成这一情感问题。人类会受到好奇、无聊、贪婪、嫉妒和仁慈等情感的驱使，这些情感会让人直接关注哪些目标值得追求。人类富有创造力，能设定别人未曾想到的新目标。他们还能发明新的方法（形式），如科学实验、数学推理、基因工程、立体主义和歌剧。以数据为基础的机器学习尚未触及设计新目标或新方法这些领域。因不具备设计新目标或新方法的能力，如果机器和人类之间发生严重冲突，在更具创造力的人类面前，机器将毫无胜算。

现今的机器学习技术在识别数据模式方面非常出色，甚至可以进行第3章所描述的一些数据抽象化的工作。但人类也能够抽离出数据中的信息，并思考数据背后的潜在原因。像动物一样，计算机则过于经验主义——完全依赖于既有的可识别的信息。相比之下，人类可以将假设性因素考虑在内，例如重力、原子、基因和心理表征，这些因素无法简单地从数据中概括出来，因为它们是潜在的，是无法通过观察来直接发现的。

人类之所以能够做到这一点，是因为人类拥有机器尚未具备的认知能力，包括对因果关系的理解以及通过概念组合形成新的概念，而不局限于眼前的事物。有了针对假设性因素的因果论证，人类才能够发明出激光这样强大的工具以及原子弹这样颇具杀伤力的武器。在机器能理解因果关系并使用概念组合、类比从而设定新的假设性目标之前，它们的科技能力依然只是单纯模仿人类。

在教学和传授教学方法方面，人类也远比动物和机器更有优势。除非未来所有机器智能都使用相同的硬件和软件，否则它们将无法通过即时交流来传授信息，而且还会面临跨系统传递信息的难题。我们已经发明出教授人类数学知识和计算机编程这类技能的计算机老师，但据我所知，现在还没有教授计算机学生的计算机老师。教学也属于人类的社会优势之一，我将在后文进行讨论。

第8—9项优势是关于制作工具和改变环境的。我们已经发明出会使用工具的机器，从带有焊枪的工厂机器人到配有摄像头和其他传感设备的自动驾驶汽车。而且，在一些工厂里，机器人被用来生产其他机器人；还有一些正在进行的研究是关于机器人学习使用工具的。但据我所知，还没有机器人能使用工具制作其他工具来用，更没有机器人能够像人类那样用工具生产新工具，再用新工具生产其他工具，这样循环下去。3D 打印机可自行制作出其机身的各个零件，但不能制作自用的工具。元工具层的开发对硬件提出了比现在高得多的要求，以实现机器人能用工具来制作工具的愿景；同时对软件的精准性也提出了更高的要求，以达成计算机发明工具并为工具的使用制订计划的目的。机器只有在能够构建元工具并胜过人类现有的武器时，才能最终统治人类。

机器可能还需要具备改变环境并扩大运行所需的"栖息地"范围的能力，包括找到原材料来源以实现自我再生，并为自己提供能源。这种改变和扩展需要硬件和软件的进步，使机器不仅能适应现在的条件，而且能灵活应对世界复杂多变的环境，这需要技术上的重大革新。

第 11—13 项优势涉及人类评估和提升自己的情感能力，人类曾以此取得了社会、医疗和科学上的许多成就。然而，第 3 章提到的所有机器，以及我所知道的所有有关人工智能的研究，都未尝试将人工智能用于自我评估。正如之前所提到的，我并不认为这样的程序是不可能的，而且我至少可以想到一项之前由道格拉斯·莱纳（Douglas Lenat）开发的人工智能程序，它采用经过评估的启发式步骤来改变自己。但如今，自我评估在多数情况下不是人工智能关注的问题，而且很难以一种通用的形式来评估智能系统诸多不同的组成部分，例如语言能力和导航能力。人类将自我评估作为情感系统的一部分，我们会注意到是什么让我们自我感觉良好或者不好。由于机器缺乏情感，我们需要人为在其硬件和软件中安装一些系统，以便它们对自己的行为做出评估。

此外，机器人无法自我改良。尚未有人能制造出一台这样的机器，它可以设计出比目前市面上的机器人工作效率更高的机器人。除了要具备上文所述的自我评估能力，自我改良还要求机器人肢体灵活，这样才能在其他机器人身上开展工作；同时要求机器人具有设计能力，以便弄清如何让其他机器人变得更智能。常规的自我评估和自我改良是循环能力的体现，能将人和动物区分开来。机器在未获得这些能力前，对人类的威胁不会比黑猩猩大多少。

第14—18项优势关乎社会学，体现了人类关心他人，与他人合作，有时甚至为他人不顾自己安危的能力，以及通过不同的治理模式改变社会的能力。有些动物是社会性的，但不像人类那样善于交流，积极主动。除了自动驾驶汽车等极少数个例，大多数机器智能都是我行我素的。即使机器之间能够交流，它们也无法像人类一样以肢体语言会意或进行声情并茂的交流。

理论上，机器可以尝试通过协作来统治人类。但由于缺乏情感和意识的驱使，机器也就没有这么做的动机和信心。深度学习专家燕乐存（Yann LeCun）曾说："是睾酮，而非智慧，促生了统治世界的欲望。"将睾酮类似物列入机器人的禁忌清单是很容易做到的。当人类露出可怕的一面，开始在奴隶制、战争和种族灭绝这样的活动中支配他人时，他们就被贪婪、仇外这样的丑恶心理控制了。尽管计算机缺乏这种丑恶的动机对我们来说是好事，但在未来的战争中，它们缺乏任何强烈的动机并不是一个好兆头。

借助对自己和社会的评估，人类创造出新的沟通和治理模式。在过去的几百年里，对社交的渴望促生了巨大的技术进步，包括报纸、电报、广播、电视、互联网和其他社交媒体的发展。同样，政府在治理社会的过程中通过代议制民主、全民投票、公共教育和全民医疗保健等社会革新，改进人们互动的方式。机器智能可能不需要这些具体的革新，但要超越人类，它们必须获得创新的能力，以便相互影响和控制。否则，人类凭借在社会创新方面的无穷潜力，将会一路领先于无法改善相互之间交流和协作方式的机器。

人类相较于动物的心理和社会学优势表明，人类依然比预想范围内的机器强大得多。虽然沃森、阿尔法元和自动驾驶汽车所应用的技术已经非常令人惊叹，但还远不能为计算机提供循环能力，来帮助它们生成元工具并具备自我评估、自我改进、高级学习和社会创新的能力。

调查发现，专家们在计算机何时获得与人类相当的通用人工智能这个问题上存在很大分歧。例如，在 2018 年的一项调查中，关于何时实现与人类相当的人工智能，专家们给出了不同的答案，从雷·库兹韦尔所预言的 2029 年到顶尖的机器人专家罗德尼·布鲁克斯（Rodney Brooks）所预言的 2200 年，众说纷纭。由于人工智能专家并未给出关于人类智识的理论，本书第 3 章结尾部分报告卡中所列的详细对比结果是基于本人所描述的 12 个特征和 8 套机制所做出。这些对比结果和上述人类优势表明，担心机器人大灾变颇有杞人忧天之嫌。

但是机器统治人类的后果是如此严重，或许我们现在就应该谨慎对待并采取行动来阻止这件事。谨慎使我们产生了阻止计算机获得循环能力的伦理原则，而计算机没有循环能力便无法在元工具、自我改良和其他形式的自我改进方面赶上人类。以下是我们希望伦理原则能够奉为圭臬的一些"禁区"，即禁止机器人获得的：因果关系的理解能力、隐藏原因的抽象能力、循环能力、情绪、意识、睾酮、元工具、教学能力、方法方面的创造力，以及整合了语法、语义和语用学的语言。将这些"禁区"制度化能够防止与人类水平相当的机器智能的产生，从而避免机器人大灾变。这比试图给机器人编入"急停按钮"、人类受到极端威胁时可以将机器关闭的策略更加明智。

当前人类面临的生存威胁比机器人大灾变要严重得多。全球变暖所带来的风暴、干旱和洪水等极端天气，已经对人类生活产生了严重影响。未来 20 年，海平面上升、永久冻土融化和洋流变向这些变化将对人类产生更为严重的影响。有些大国的政客却对此视而不见，在利益的驱使下，拒绝对营利性企业采取限制措施。鉴于人类对计算机的巨大优势，气候变化比机器智能对人类的威胁要严重得多。深度学习与气候变暖也脱不了干系，因为计算机可能需要数天的时间通过范例进行学习。其他诸多社会问题也比机器智能问题更加紧迫，包括全球贸易纷争和权力冲突导致的核战争，病毒大流行，具有普遍耐药性的超级细菌，以及一国之内和国家之间日益严重的不平等现象，等等。

动物灭绝

机器智能不会直接威胁到人类的生存，但人类却给其他许多物种带来了灭绝的风险。由于人类对动物栖息地的侵占以及气候变化等环境影响，每年都有数百个物种灭绝。我曾在第 4 章对六种动物的生存状况进行了讨论。让我们考虑一下蜜蜂、海豚和黑猩猩所处的境况吧。

但是，灭绝又有什么问题呢？尽管一些超人类主义者期待人类被机器人取代，但大多数关于机器人大灾变的舆论都将其视为不好的结局。几乎所有曾经存在过的动植物物种都会经历被其他物种取代而走向灭绝的过程。我们人类作为一个物种最终灭绝，并不会直接伤害人类个体，因为人最终都会死去。那么，既然我们每个人都将死去，为什么还要担心我们的物种会灭绝呢？同样，既然周围还有许多其他有趣的物种，为什么我们还会担心海豚灭绝呢？

我认为人们之所以对人类灭绝持排斥态度，源自对后代的同理心。人们对未曾谋面的人也会产生关爱之心，比如对世界另一端自然灾害的受害者。同样，人们也会关心后代，不仅包括自己的后代。我们可以对数百年后的人类产生同理心，不禁去想，如果他们面临被机器统治、流行病、小行星碰撞或其他这类可造成人类灭绝的灾难，他们会有多绝望。因此，当思考智能机器兴起这样一度可控的情况可能会置人类于危险之地的问题时，我们痛苦不堪。随着气候变化的加剧，后代会将责任归于我们并质问："他们怎么会这么愚蠢？"如果人工智能开始对人类造成威胁时，我们本可以阻止却没有行动，那么我们也会遭受后代的怨恨。

同样，人类自然也会为其他动物的灭绝而难过，既是为了人类，也是为了动物本身。大规模的生物灭绝带来了很多不利影响。首先，生物多样性的缺失使地球在应对气候变化这样的潜在威胁时丧失了以往的灵活性。其次，动物的灭绝使人类丧失了获得全面信息的机会。如果地球上没有了类人猿这种与人类亲缘关系最近的物种，那么人类就失去了了解其特性的机会。最后，许多人把动物当成宠物或大自然的一部分来看待。当这些动物离开时，他们会遭受心理上的痛苦。

物种灭绝对物种本身有害吗？与人类不同，即使是最高级的动物似乎也无法将其物种视为一个整体，也无法想象在未来的某一天该物种灭绝时的状态。过早死亡对动物个体来说当然是悲剧，但死亡对个体来说又是不可避免的。因此，我们很难证明某种动物的灭绝对该物种来说本质上是不利的，因为它们无法想象后代将遭受的痛苦。

让我们以第 4 章所讨论的那六种聪明的动物来具体说明这个问题。幸运的是，其中的三种动物正处于蓬勃发展的态势中——章鱼、渡鸦和狗。由于全球变暖和人类捕鱼活动，章鱼和其他头足纲动物的数量正在增加。全球变暖便于章鱼将它们的栖息地扩展到更冷的水域，而人类对食肉鱼的捕捞有利于章鱼种群扩大。其他海洋生物就没有这么幸运了，许多能给人类带来经济利益的鱼类，如鳕鱼，已经所剩无几。

渡鸦的生存状况也还不错，它们饮食灵活，可以以腐肉、小动物和昆虫为食。其他一些鸦科动物的生存却受到了威胁，例如夏威夷乌鸦，由于外来病的传染，它们现在已处于野外灭绝状态。其他许多鸟类也受到了人类的捕食和对其栖息地的侵入，例如因狩猎和森林砍伐而灭绝的旅鸽。

由于人口的增长以及人类将狗作为宠物饲养的浓厚兴趣，狗的数量也在不断增加。地球上生活着上亿只狗，其中野狗的数量也不少。仅在美国，就有 7000 多万只宠物狗，因此狗不会面临生存威胁。

蜜蜂、海豚和黑猩猩的生存状况要糟糕得多。近几十年来，蜜蜂一直遭受着传染性病毒、有害农药和气候变化的严重威胁。在世界许多地方，大量其他种类的昆虫也正在经历生存危机。这些种群数量的下降对人类的食物供应构成了巨大威胁，因为大多数开花植物都是由昆虫授粉的。科学家们甚至发出警告，未来几十年，世界上 40% 的昆虫物种将会灭绝。由于缺乏心智能力，蜜蜂无法证明它们的灭绝对它们自己不利，但由于它们对授粉的重要性，它们的灭绝必定是人类的损失。

由于气候变化，海水温度升高导致海豚繁殖率降低，它们的数量正在减少。海豚可能无法为其物种灭绝感到遗憾，但人类却可以，我们应该珍惜这种既聪慧又优雅的动物。如果海豚灭绝，人类将遭受认知和情感上的损失。幸运的是，数以百万计的海豚还活着，然而它们却将长期面临被金枪鱼渔网捕获这样的危险。

更糟糕的是，由于人类捕猎以及入侵其栖息地进行采矿的行为，所有类人猿都面临着灭绝的危险。黑猩猩这个物种已濒临灭绝，由一个世纪前的大约 100 万只减少到现在的大约 20 万只。更令人震惊的是，倭黑猩猩可能只剩下大约 1 万只，红毛猩猩只剩大约 10 万只，东部大猩猩的数量已减少到大约 5000 只。这些物种中任何一个物种的灭绝，都会使人类丧失全面了解进化史的机会。

鉴于千千万万的物种都处于人类活动的威胁之下，有人提出了"第六次生物大灭绝"，来与之前的五次生物大灭绝相呼应，例如白垩纪末期出现的恐龙灭绝。无论是从理性还是感性方面，我们都应该为人类给其他物种所带来的生存威胁感到自责。我们因生物多样性的丧失而失去了扩展知识的机会，也无法再像以前一样体验大自然的美妙。

间接性威胁：动物

即使没有把动物逼到灭绝的境地，人类在很多方面也存在对动物的虐待行为。人类在拥挤不堪的工厂化农场中饲养牛、猪和鸡，然后将它们杀死作为食物。大多数人对其宠物狗或猫很友好，但有些主人却虐待动物，甚至将宠物丢弃在街道或收容所，收容所也就成了许多动物的归宿。利用我们所了解到的动物的心智和需求，我们可以来解决两个重要的动物伦理问题：人类是否应该将动物作为食物？是否应该把动物当作宠物？

人类是否应该将动物作为食物？

我的儿子丹在两岁时开始不吃肉（有些早熟），从 16 岁起就成为纯素食主义者。我认识的其他素食主义者都是从 4 岁左右开始素食，因为这个年龄的孩子能够意识到餐盘里的鸡就是之前活蹦乱跳的鸡。虽然父母吃肉，但是两岁的丹却对肉食有一种发自内心的厌恶，他试图把一些鸡肉藏在土豆泥里一起吃，但还是无法下咽。当他意识到我为他准备的午餐中的酸奶含有由马皮制成的明胶时，他便开启了后来的纯素食生活。相反，我的小儿子亚当最喜欢巴西餐馆里那些成堆的肉。

人们应该吃素并完全避开肉类和奶制品的原因有以下四个。第一，动物若不被当作食物，就可以免受被当作食物饲养和宰杀的痛苦。第二，人类健康的两大杀手为心脏病和癌症，纯素饮食比有肉的饮食更健康。第三，人口数量迅速增长，我们面临着温饱这一非常严重的问题。我们种植大量谷物（例如玉米）来饲养动物，然后再食用动物的肉，这样做的效率远低于直接食用谷物。第四，饲养动物用作食物是导致气候变暖的一个主要因素，因为牛、猪和其他动物在消化和排泄的过程中会产生大量的甲烷，这种气体比二氧化碳对气候变化的影响更大。但是这些理由有多大的说服力呢？

对于人类为什么不应该吃肉，第一个原因的说服力最强：饲养动物作为食物对动物来说是一个痛苦的过程，让动物受苦是错误的，因而饲养动物作为食物是错误的。要想对这个论证过程进行评价，第一步就要弄清楚什么是受苦。根据词典中的定义，"受苦"是经历痛苦、焦虑或煎熬；但如果采用我定义"智慧""因果关系"和"嫉妒"的方法，"受苦"一词将更为具体生动，这种方法就是：经典示例＋典型特征＋解释。

为多数人所熟知的受苦的典型例子包括痛苦、恐惧、沮丧、疲惫、疾病和孤独。受苦的典型特征是，当人们有意识地觉察到强烈的不愉快体验时，不管是短期的还是长期的，就会有受苦的感觉。受苦的概念解释了为什么人们会表现出特定的行为，例如呻吟、愁眉苦脸或抱怨他们的处境。

　　这一系列特征足以表明许多动物都有感知痛苦的能力。我在第4章曾论证过，鸟类和哺乳动物能够感知痛苦、情感和社会剥夺。我在第5章曾提出鱼可能也会感到痛苦的观点。牛、猪、羊和鸡都有足够敏锐的大脑来感知痛苦，赋予程序也证明了它们经常能感受到痛苦这一结论。

　　但是，给它们带来痛苦，就说明人类在道德上是错误的吗？有些人连同类的痛苦都漠不关心，虽然这种人非常少见。绝大多数人具有通过想象他人的痛苦来同情他人的本能。在过去的几个世纪里，人类在教育和社会变革的影响下，将同理心的对象扩展至全人类，而不再仅仅是家人、朋友和邻居。当我们得知动物也有感知痛苦和产生负面情绪的能力的那一刻，我们也应该对它们产生同理心。因此，人为地给动物带来痛苦在道德上是错误的。

　　如果饲养动物是为了将它们作为食物，那么在饲养过程中为其提供良好的条件，包括充足的空间、食物以及同类之间互动的机会，让它们快速无痛地死亡，那它们的痛苦也会降至最低。然而，现在几乎所有家畜都是被饲养在空间狭小、条件恶劣的工厂里，宰杀的方法也往往是笨拙、野蛮的。

　　在伦理层面，不吃肉而只吃鸡蛋、牛奶和奶酪的做法比吃肉要好一些，因为我们可以从鸡、牛和羊身上获取这些食物，而不用杀死它们。但比起被饲养用作食物的动物，产蛋鸡和奶牛的生活条件也好不到哪去，而且所有这些动物最终往往面临被残忍宰杀的命运，毫无人道可言。所以从动物遭受的痛苦来看，只是不吃肉的素食主义做法也就比吃肉稍好一点。

尽管在工厂化农场中饲养的动物确实会遭受痛苦，但由于它们心智不如人类健全，它们很可能不像处于相同条件下的人那么痛苦。人类能够产生更多样化的负面情绪，因为我们有更丰富的自我表征，思考过去和未来的能力更强，对与他人的关系有更深的理解，具有情绪之间的循环能力。这些能力意味着人类比动物能感知更多的痛苦，因为我们在反思、记忆、想象和社会情感方面的能力更强；但这并不能否定工厂化农场饲养的动物正在遭受痛苦的结论。

素食的第二个原因更多是基于健康而非道德考量，即如果我们停止吃肉，会变得更健康。美国前总统比尔·克林顿（Bill Clinton）就是为健康而食素的典型代表，他因严重的心脏病几乎成为素食主义者。研究表明，不吃肉的人比吃肉的人更长寿，但是大多数研究都以宗教团体为研究对象，这些群体的其他生活习惯可能与普通人群不同，例如不饮酒。

关于第二个原因中提到的素食对健康的益处，我们需要谨慎对待，因为人们可能很难从素食中获得充足的营养以维持健康。大多数具有一定营养学知识的人都知道如何通过素食获得足够的蛋白质。但对于老年人来说，这要困难一些，因为他们需要更多的蛋白质来减缓年龄增长所带来的衰退。年龄越大，蛋白质的摄入问题就越复杂，因为老年人新陈代谢减缓，需要减少热量的摄入，而如果不吃肉和奶制品，又很难在控制热量摄入的前提下维持高蛋白质摄入量。另外还要考虑铁和维生素 B12 等营养物质的摄入量问题，大多数人从肉和鱼中获取这些营养，但补充剂也可以解决这个问题。再就是 ω-3 脂肪酸，如二十二碳六烯酸（DHA），它对于维持健康的大脑和心脏尤为重要，可通过食用鱼类来获得。

回到伦理问题，成为素食主义者的第三个原因涉及全世界人民的温饱问题。种植植物以供饲养动物，然后再将肉供给人类，这种做法比直接用粮食养活人类需要更多的土地和资源。世界人口将突破百亿大关，满足所有人的温饱将变得愈加困难。减少肉类的消费和生产将在很大程度上缓解普遍存在的人口饥饿问题。

成为素食主义者的第四个原因与气候变化有关。全球变暖是由温室气体排放增加所致，而温室气体主要来源于煤炭、石油和天然气等化石燃料的燃烧。但动物，尤其是奶牛，也是温室气体的主要来源之一，因为它们在消化和排泄过程中会产生大量甲烷。在前文，我将气候变化视为人类生存面临的最大威胁。要解决这个问题，我们需要彻底改变能源消耗方式，但人类饮食结构的改变也会起到补充作用。

食素有助于减少动物的痛苦，有利于人身体健康，有助于解决温饱问题和应对气候变化，基于这四个令人信服的理由，我认为我们应该成为素食主义者。也许我儿子丹一直都是对的，但我还没有完全过渡到纯素饮食。我每周吃一两次鱼，因为有证据表明吃鱼可以降低心脏病发作率。我还担心戒掉奶制品会导致蛋白质缺乏问题，不利于我逐渐衰老的身体。而且素食主义者与坚持传统饮食结构的朋友无法分享食物，从而带来社交问题。

基于动物所遭受的痛苦和气候的变化，我们也反对在鞋子、腰带和大衣等物品中使用动物皮毛。动物实验则是个复杂的问题——如果少量动物的轻微痛苦可以在很大程度上减轻人类病痛的话。我在上文已经论述过，人类对自己未来的想象能力使得我们比动物能感受到更多痛苦。但动物实验的前提是，与人类获得的益处相比，动物遭受痛苦的程度必须是最低的。

宠物是人吗

"宠物也是人"的口号很受欢迎，频频出现在 T 恤衫和保险杠贴纸上，甚至还有作者以《狗也是人》来做书名。从提醒人们动物具有道德地位从而值得被善待这方面来说，这个口号不错。但无论从事实层面还是道德层面，这个口号都是有问题的。

我所列出的 18 项人类优势表明，人类与狗、猫和其他宠物有着显著的区别。人们的大脑发达，在了解自我、社会关系、未来和道德方面，可产生循环效应。动物确实具有一些情感、意识和简单的语言能力，但这些不足以将它们的地位与人类画等号。递归思维能够促生道德观念，例如权利和义务，简单思维却不能。道德感的产生依赖于对他人需求的感同身受，即使是最聪明的动物（如黑猩猩和海豚）也缺乏这种能力，更不用说猫和狗了。

从道德层面来看，"宠物也是人"的口号同样有问题。奴隶制曾在人类社会普遍存在，但在 19 世纪，人类在道德上的进步让他们普遍意识到，一个人对另外一个人声称拥有所有权的做法是严重错误的。买卖人口的行为是错误的，因为每个人基于其需求都有自主的权利，而且奴隶制也剥夺了人类所需要的关联性（当一家人被分开时）和成就感（奴隶被迫从事不喜欢的工作）。如果动物是人类，那么宠物的主人就成了奴隶主，干起了买卖、控制奴隶的勾当。幸运的是，人类所具有的优势表明，宠物不是人类，所以猫、狗和其他宠物的主人可以继续心安理得地享受它们的陪伴。

一些动物保护主义者提出了废除宠物所有权的其他理由。由于人们对宠物的需求，大量的宠物在繁殖场这样条件恶劣的地方以不人道的方式被饲养，很多宠物被丢弃到野外或收容所，往往以安乐死的方式结束生命。一些宠物的主人不善待宠物的做法，实际上也增加了它们的痛苦。而且，猫等食肉动物的食物里面包含肉类，因此也会涉及我所讨论过的关于人类为什么应该食素中的所有伦理问题。

支持宠物所有权的人则认为，主人和宠物都会从这种共生关系中受益。人类从宠物那里得到陪伴、爱和乐趣，也往往会将它们视为家庭成员对待。这样，宠物的所有需求也得到了满足，包括对食物、水、住所、玩耍和陪伴的需要，它们健康快乐地生活，而不是受苦。

至于一般的动物，我建议用以下问题来测试：如果它们从未出生，它们是不是更加幸运？一位哲学家认为，对于人类来说这个问题的答案是肯定的，因为人类的生活很悲惨。但事实上，在繁荣富足的国家，大多数人都过着幸福的生活，他的说法并不准确。对那些被饲养用作食物的动物来说，答案是肯定的，例如，被养在小箱子里用于提供牛肉的牛犊，以及被养在拥挤空间无法拍打翅膀的鸡。但是大多数宠物和大多数人一样，至少过着不错的生活，所以它们的出生还算幸运。弃用工厂化农场和宠物繁殖场这样的政策，将降低那些不幸来到世上的动物的比例。幸亏宠物不是人类，这样人们才可以合法地拥有它们并照顾它们。

间接性威胁：机器

机器缺乏基本的需求和情感，也无法感知痛苦，所以我们不用担心给它们带来威胁，相反，我们应该担心来自它们的威胁。在当前和可预知的未来，我们人类与机器智能相比是有优势的，我们不用担心会有机器人大灾变危及我们生存。然而，机器可以使人类福祉方面已然严重的一些问题变本加厉，如失业、社会管控、偏见、不平等及杀手机器人的存在。这些问题的加剧可能会导致人类基本需求得到不满足。在本节我将对这些问题进行描述，并就如何减少这样的问题提出建议。

自动化与失业问题

从 2015 年到 2018 年，美国人的预期寿命逐年下降，与上个世纪的增长趋势形成鲜明对比。导致预期寿命下降的主要原因是"绝望症"的增加：药物过量、自杀和肝硬化。吸毒、酗酒和因绝望而自杀的人数增多，其主要原因是行业衰退造成的失业问题，例如阿巴拉契亚煤田和中西部制造业的衰退。心理健康不是单纯的个人问题，会受到失业这类社会性变化的严重影响。

机器智能已经对人们的就业产生影响。人们常常将制造业衰退归咎于工作岗位的转移，即转移到劳动力成本低的国家，但忽略了自动化程度提高所带来的影响——机器人取代工厂中的工人。工厂中的大多数机器人执行的都是简单、重复的任务，智能程度并不高。但机器智能的发展将加速机器在更具挑战性的工作中取代人类的进程。例如，如果人类关于自动驾驶汽车和卡车的设想全部实现，数百万司机将失业，无论是出租车司机、优步司机、来福车司机还是货车司机。受到自动化智能机器威胁的其他行业包括呼叫中心、零售业和餐饮服务业。在造成失业问题的同时，机器智能可能也会带来新的工作机会，但失业人员可能会因缺乏相应技能而无法从事这些新工作。

失业让人们在生理和心理方面的需求都得不到满足，因而会产生严重的危害。如果没有持续的就业保险等强有力的社会支持，人们在缺钱的情况下可能连温饱和住所这样的基本生命需求都得不到满足。失业的人可能会营养不良、无家可归，这是最糟糕的。自动化智能机器造成的失业也会给失业的人造成严重的心理影响，因为人们一般依赖工作来满足他们对关联性、自主性和成就感的需求。工作能满足人们在价值感和成就感方面的需求，这是坐在家里看电视所无法满足的。此外，与朋友一起工作是满足人际关系方面需求的方式之一。人们的其他人际关系（例如家人之间的关系）也可能受到失业的负面影响，因为失业带来的绝望可能导致婚姻破裂或自杀。失业也会导致人们自主性的缺失，因为一旦丧失可靠的收入，人们就失去了控制自己生活的能力。

由于上述人类需求得不到满足，我们应该将自动化智能机器所带来的社会变化视为道德上不可取的。对于这种趋势，我们能做些什么？目前所有大公司都在实施人工智能计划，但是在我们的资本主义经济体制下，目前却缺乏相应的规则，对智能自动化的扩张进行规范。

饶是如此，我们可以制定社会政策，减轻机器智能对就业的影响。将心理健康支持涵盖在内的全民医保，可以确保失业者能够正常获得医疗服务。延时失业保险金可以让失业者有更多时间思考如何适应经济状况的骤然转变。我在《自然哲学——从社会大脑到智、真、善、美》（*Natural Philosophy: From Social Brains to knowledge, Reality, Morality, and Beauty*）一书中提倡建立基本收入制度，并提供了基于人类需求的伦理学论据。这里的基本收入指的是能够保证所有社会成员满足基本需求的一笔资金。政府还可以用公共资助的方式赞助一些有价值的活动（例如改善教育条件的活动和应对全球气候变化的活动），来提供更多的就业机会。社会政策的重大变革势在必行，以应对机器智能的普及带来的失业问题。

隐私和社会管控问题

我家有两台亚马逊智能音箱 Echo，可以识别我的声音。亚马逊曾向人们保证，Echo 需要用"Alexa"之类的词来唤醒，只有当它听到这个唤醒词时，才会将随后听到的需求发送给亚马逊以进行解读并采取行动。尽管如此，令人不安的是，亚马逊可能在监听我所做的一切，不管是对话还是亲密行为。我的苹果手机和平板电脑也在等着我说"嗨，Siri"，以便它们做出响应。这种倾听使某种程度的监视成为可能，这是前所未有的，公司和政府可以借助这种方式自动监控我们的通信。即使家里没有语音识别系统，人们也会在与脸书、谷歌搜索、谷歌地图和其他网络程序的交互过程中泄露大量个人信息。例如，如果您的手机使用了定位程序，一些公司就可以轻而易举地计算出您去教堂或酒类专卖店的频率。

有些公司已经开始销售入店行窃监测程序，它由机器学习驱动，可以预测被摄像头拍到的哪些人可能会偷窃。在侵犯隐私并管控人们的潜在行为方面，政府和公司的能力正在不断增强，从而导致人们对自主性的需求得不到满足。

语音识别、人脸识别、自然语言理解和机器学习等人工智能技术，有可能会大大削弱人们的自主性，因为一些组织机构可以预测人们的潜在行为，并对人们的行为进行精准化管控。侵犯隐私和加强社会管控也会影响成就感这一需求的满足，因为人们完成自己所认为的有价值的项目的能力可能会受到社会管控的限制，社会管控会引导他们远离自己的兴趣并转向优先事项。因人们不再热衷于建立人际关系（包括亲密关系）所必需的私人交流，人们对关联性的需求也受到了影响。

面对自主性、成就感和关联性所受到的这些威胁，我们能做些什么呢？当今技术变革的主要力量是谷歌、脸书和亚马逊这样的大公司，它们分别对搜索、社交互动和购物等业务的互联网企业拥有近乎垄断的控制权。对这些公司收集和利用数据的方式，我们需要用新的法规进行限制，以免它们入侵并控制我们的生活。同样，新的立法也应禁止任何人使用人脸识别、语言理解和机器学习等技术侵入他人的生活。也许我们还可以利用新的人工智能技术来进行社会监督，以防有人以大众不喜欢的方式使用这些技术。这种循环效应可以让人们少受智能机器的侵害。

机器学习和推荐系统中的偏见和不平等问题

你可能会认为机器不会有偏见和歧视这类加剧人类不平等的态度。计算机无法拥有人类那样的种族主义和性别歧视观念，因为它缺乏恐惧、愤怒、厌恶、蔑视和怨恨等情感。不幸的是，一些机器智能应用和自然语言处理程序表明，计算机可以学得像人类一样进行毫无道理的歧视，甚至比人类更严重。

一些公司正试图利用人工智能来改进招聘流程。如果一家公司收到数千份工作申请，它就面临着对大量申请人进行分类的问题，以确定可能给公司带来最大价值的候选人。自然语言处理和机器学习等技术听起来非常适合翻阅大量简历，并利用已有经验来预测哪些人工作表现最佳。

2018 年的一份新闻报道透露了亚马逊在这方面的经历。亚马逊一直在尝试使用机器学习来改善招聘流程，即通过使用过去曾经奏效的员工选用模式来预测未来可能胜任的候选人。但问题出现了，亚马逊是科技公司，过去雇佣的员工大多为男性，因此它采用的这种新型机器学习程序表现出了对女性的强烈偏见。例如，只要"女性"这个词出现在简历中，哪怕只是提及"女性大学"或"女性俱乐部"，那么程序就不太可能推荐这个人，因为女性不符合以前的招聘模式。因此，程序会对之前那种以雇佣男性为主的招聘模式进行强化，而不是认真分析简历去聘用最佳候选人。机器学习算法可基于过去的实践做出统计性预测，但过去的实践可能具有歧视性，这就会导致公司未来想雇佣最优秀人才的愿望无法实现。

同样，一项研究发现，计算机文本中的术语概念也存在人类那样的歧视。词汇联想毫无疑义地暗示：花相较于昆虫，欧式名字相较于非洲式名字，男性名字相较于女性名字更令人愉快。

成见、偏见和歧视在道德上是错误的，因为弱势群体会因此无法展示他们的能力，以满足其生理和心理需求。如果自然语言处理程序和机器学习从之前的实例中推断出某个群体的人不聪明，那么他们就不太可能得到理想的工作，无法提高获得食物和住所的技能，无法满足自主性和成就感方面的心理需求。如果一个人完全胜任某个职位却未被录取，他的实现目标的自由和能力就会被限制，同时，他与潜在同事社交的机会也会被剥夺。歧视可带来伤害与痛苦，如果机器智能的使用阻碍了人类需求的满足，那么这就是不道德的。

要避免歧视带来的伤害，就要认识到机器学习和自然语言处理等技术并非完全客观。像深度学习之类的技术可能会让人难以弄清为什么程序会做出这样的推荐，因为它的信息嵌在数千个神经元之间的连接中。与"如果候选人是女性，则不要雇佣她"这样简单的规则不同，人工神经网络中的偏见更加难以识别。但是我们可以通过某个程序的表现，来确定它是否对弱势人群表现出了歧视，例如对女性和少数族裔。同时，用于识别应用程序是否存在偏见的技术也在研发之中。社会和政府应当密切关注智能技术的使用，以减少而不是助长偏见和不平等现象。

杀手机器人

大概从 20 世纪 50 年代开始，人工智能领域就得到了美国国防部高级研究计划局的资助。该局的资助对计算机科学有一定的促进作用，例如促进了互联网的发展。但美国和其他国家的军队却执着于人工智能和机器人作战技术。美国开始越来越多地转用机器人执行侦察、轰炸任务，并计划在所有在编军队中都配备机器人。

埃隆·马斯克这样的技术专家对杀手机器人的前景感到担忧是有道理的。首先，机器人和无人机这样的设备比人类作战效率更高，可快速杀死大批人，从而剥夺这些人对一切需求的满足。其次，关于机器是否应对杀戮目标有自主决定权，这是一个重大的伦理问题。如果杀戮的决定是由具有道德感、能够判断是非对错的人类做出的，已然是非常残忍；若由机器做出，那么将更加冷酷、不假思索和武断。人们可以对他人的需求产生同理心，因而会在进行道德决定时将他人的需求考虑在内。

要解决杀手机器人带来的伦理问题，最简单的方法就是永久性禁止赋予机器人选择受害人的自主权。2017 年，马斯克和来自 26 个国家的 116 名人工智能专家呼吁联合国禁止开发致命性自主武器。基于机器人、无人机和其他能够自行做出杀人决定的系统可能对人类需求造成的潜在危害，我认为这样的禁令是合理的。

随着军事技术的发展，人类有可能会为杀手机器人编程，使其具有人类那样的道德感，甚至更胜一筹，就像自动驾驶汽车因为不会分心和疲劳，从而可能比人类驾驶得更好。但是，只要机器人缺乏情感，不能对他人的需求感同身受并对他人产生同情心和关心，它们就无法像人类那样做出道德判断。在获得情感能力之前，机器人不能被赋予杀人能力。

必需，而非贪欲

我对人工智能会对人类造成的严重的间接性威胁的描述，并不是想给人造成人工智能本质邪恶的印象。在语言翻译、医疗及数字助理等领域，人工智能促进了人类社会的发展。在帮助人类应对气候变化和使用自动驾驶汽车促进高效交通方面，人工智能也大有前景。所有技术都是双刃剑，但借助道德评价和公共政策的制定，我们可以确保人工智能给人们带来的主要是益处而非危害。在第8章，我将从道德层面对人工智能的原则和价值观进行更深入的讨论。

圣雄甘地（Mahatma Gandhi）曾说："地球所提供的，足以满足每个人的需要，但不足以填满每个人的欲望。"与其他道德决策一样，针对人工智能做出的决策以及智能机器做出的决策应该为人类需求服务。今天，有太多的决定是为满足人类对财富和权力的贪欲而做出的。如果将普遍性的人类需求置于个人、企业和政府强烈而自私的贪欲之前，那么合乎道德的人工智能就会蓬勃发展。

同样，关于动物的道德决策应该基于人类和动物的需求，而不是人类在剥削性的工厂化农场和宠物繁殖场中所表现出的贪婪。人类相对于动物的优势表明动物的需求与人类不同，宠物也不能被视为人类，但动物有认知和情感能力，它们应该具有道德地位。它们不像当前的机器。机器的认知能力有限，并且完全不具备疼痛、苦楚、同理心，以及羞耻和内疚等社会情感。

让计算机实施合乎道德的规则和算法，并不等同于赋予了它们关切之心。人类的价值观并非仅仅体现为偏好或具体目标，更体现为在情感影响下所设定的一般性目标。只有关心他人，并重视基本需求、平等和民主这样的价值观，才能做出合乎道德的行为。所以我们不能将计算机的"价值观"与人类的价值观相提并论，因为计算机本身没有任何价值观，只是经过编程后可能会表现出价值观。

近年来，机器和人类之间的认知鸿沟一直在缩小，我在第 3 章所描述的机器所取得的成就已经证明了这一点。要想实现深度思维公司"解决智能难题"的计划，现在的人工智能还有很长一段路要走，因此我们有充足的时间来解决杀手机器人之类的伦理问题，并制定服务于人类需求的政策和企业决策。

8 人工智能的伦理问题

　　过去 10 年，人工智能在理论和实践上迅猛发展，从而引发了人们对其伦理学后果的密切关注。针对此问题，80 多个组织机构针对合乎道德的人工智能提出了一系列原则。这些原则都秉承透明度、公正性、公平性、对人类有益、避免伤害、责任和隐私等价值观。但是，对于如何分析这些原则、如何证明其合理性、如何使其协同一致，目前人们还没有进行实质性讨论。此外，这些原则所秉承的价值观的分析和评估工作也几乎没有开始。斯图尔特·罗素（Stuart Russell）的提议或许可以帮助我们回避有关原则和价值观的问题，即合乎道德的人工智能关注的是人们的偏好，而不是人们的道德原则和价值观。

　　在本章中，我认为采用医学伦理原则是一个很好的模式，可以将大量人工智能相关的提议纳入其中。针对人工智能的伦理问题，人们已经提出了上百条原则，而医学伦理所采用的常规方法只涉及四大原则，即自主性原则、公正原则、有利原则和无害原则。通过对当前的人工智能提案进行抽样研究，我得出人工智能相关原则也可以纳入这四大原则的结论。因此，对医学伦理四大原则合理性的考量，可以延伸到更多具体的人工智能原则。

医学和人工智能所采用的伦理原则将透明度和公平性等作为预设的价值观，但这些价值观是什么？如何证明它们是合理的？我认为，价值观是情感的心理表征，根据它在多大程度上促进了人类生理和心理需求的满足，可以判断出它是否具有合理性。这样看来，价值观既可以是客观的评价，也可以是心理和情感层面的评估，那么我们就可以将其作为合理的指导原则，规范人工智能的研究和应用。

　　与试图根据人类偏好构建合乎道德的人工智能相比，人工智能伦理学所采用的原则和价值观具有许多优势。从操作层面，研究几项原则可比处理十亿种偏好要容易得多。而且，原则和价值观可通过客观标准来证明其合理性，从而避开偏好的主观性。

可为人工智能伦理学借鉴的医学伦理学

　　人工智能伦理学是一门新的学科，医学伦理学却可以追溯到2400 多年前的希波克拉底誓言（Hippocratic oath），而"医学伦理学"（Medical Ethics）一词早在 1803 年就出现了。伦理学是一个有争议的哲学领域，有许多不同的流派，例如宗教伦理学、美德伦理学、功利主义伦理学和康德的道义论伦理学。流派之间的争论也蔓延至医学伦理学的讨论当中。但是，人们最终采用了一种基于四个简单原则的方法，这种方法在理论、实践和教学中的巨大作用已经得到证明。

　　在一本已修订到第七版的教科书中，汤姆・比彻姆（Tom Beauchamp）和詹姆士・邱卓思（James Childress）说明了四大原则与医疗决策的相关性。现将其简明扼要地表述如下：

　　（医学伦理原则 1）自主性原则：尊重他人的自由。

（医学伦理原则 2）有利原则：给他人带来益处。

（医学伦理原则 3）无害原则：避免伤害他人。

（医学伦理原则 4）公正原则：公平地分配利益，分担风险和成本。

采纳和应用这套原则的理由是什么？比彻姆和邱卓思将这些原则视为整个人类的共同道德观的一部分，但他们没有提供证据证明这些原则被人类数千种不同的文化所认同。即使单纯以美国文化为背景，其中一些原则也受到了挑战。有人认为，有利原则和公正原则对至高无上的个体自由造成了威胁。自主性原则在独裁制国家里从未被采用。而公正原则也受到了不平等现象的内在挑战。以上对这套原则的挑战表明，它们绝不是共同的或普遍的价值观，以不证自明或显而易见为理由要求他人接受，是站不住脚的。即使这些原则是各个文化所认同的，我们同样可以质疑它的有效性。同样，未被所有文化认同，不代表这些原则就是错误的，因为流行文化经常会对真理视而不见，例如对科学事实。

但是，我们也能找到充足的理由证明这四大原则适于处理医学中的伦理问题。第一，它们有助于学者就医学伦理中紧迫需要解决的问题进行充分的知情讨论，包括知情同意权、安乐死、替代决策、全民医疗和患者信息保密等问题。它们的应用并不简单，因为原则之间经常发生冲突，例如，有利原则鼓励医生给予患者有价值的治疗，而患者却不想得到这样的治疗。但是，这些原则却提供了一个可供审议的框架，鼓励人们认真探究医学伦理问题。

第二，人们提出的其他医学伦理原则可以合理地纳入这四大原则。例如，人们经常建议将患者知情权和患者信息保密作为补充原则，而这两项又可以被合理归入有利原则、无害原则和自主性原则中。联合国通过了六项"为保护因犯权利医务人员应遵守的医学伦理原则"，但都涉及自主性、有利、无害和公正性问题。例如，其中第一项原则提到：

> 负责为囚犯和俘虏提供医疗服务的医护人员，特别是医生，有义务帮助他们维持身心健康，并向他们提供与普通患者相同质量和标准的医疗服务。

关心患者的身体健康状况体现的是有利原则和公正原则，而禁止虐待等其他考量体现的是无害原则和自主性原则。

认同医学伦理四大原则的第三个原因是，它们有效而适当地借鉴了伦理学主要流派的精髓：宗教论、后果论、义务论和美德论。宗教论声称要根据《十诫》这样的神学教义来论断是非，但其中很多教义的本质体现的是有利原则（孝敬父母）或无害原则（不得偷窃）。功利主义主张为最大多数人追求最大幸福，其中幸福指的是追求快乐和避免痛苦。对这些后果进行计算，无论是从经验角度还是从计算方面来看，都是一项艰巨的任务，但它们同有利原则、无害原则却有异曲同工之妙。以义务为基础的伦理学，例如康德的绝对命令论，一直被用来证明自由行动和公平行事的正当性，这正符合自主性原则和公正原则的精神。最后，美德伦理学认为一个人的行为应配得上他的品质，例如有爱心、有同情心、正直和值得信赖等品质，所有这些都可归纳到有利原则。

采用这四大原则的第四个理由是，它们体现了我在第 7 章所秉持的观点，即客观的伦理学标准以人类的现实需求为基础。基本需求不同于贪欲和偏好，关乎人的本质，是人能够活得像人的必需条件，可通过实证研究来证实。人的生理需求是显而易见的，没有了氧气、水、食物、住所和医疗保健，人就无法生存。人的心理需求则更加隐晦，包括与他人的关联性、追求目标的自主性以及实现目标的成就感，大量研究已证实了这些需求属于人的基本需求。认识有利原则和无害原则的利他性，以及自主性和公正性对自我的限制，有助于实现全人类的基本需求。人类需要得到善意和公正的对待，这样他们的需求才能得到满足。

将这四大原则视为金科玉律的最后一个原因是，它们的应用远远超出了医学范畴。行善、避免给他人带来伤害、倡导自由和实现公正在人类活动的其他许多领域（如政治、商业和科学领域）也非常重要。我们可以结合最近提出的诸多原则，对这四项原则在人工智能领域的适用性加以说明。

阿西洛马原则

2017 年 1 月，包括著名的人工智能研究人员和其他领域的领军人物在内的 100 多名人士在美国加利福尼亚州的阿西洛马市举行了一次会议。经过多次讨论，他们制定了阿西洛马人工智能 23 项原则。这些原则得到了至少 90% 与会人员的认可。我之所以关注这个清单，是因为其涵盖的内容比其他组织机构所提出的更加丰富、更加深入，并且得到了大量人工智能专家的认可。所有这 23 条原则都可以纳入医学伦理学四大原则的一项或者几项里面。

有利原则

阿西洛马人工智能 23 项原则中的 6 项显然可以被纳入"给他人带来益处"这条一般性原则中去。

（阿西洛马原则 1）研究目的：人工智能的研发应方向明

确，以造福人类为目的。

（阿西洛马原则 2）研究资金：对人工智能的投资应一分为二，设立专项研发资金，确保人工智能的使用符合人类利益，包括设立专项资金解决计算机科学、经济学、法律、伦理学和社会研究中的棘手问题。

（阿西洛马原则 14）普惠性：人工智能技术应惠及和服务尽可能多的人。

（阿西洛马原则 15）共享繁荣：由人工智能推动的经济繁荣应该被广泛分享，惠及全人类。

（阿西洛马原则 20）重要性：高级形式的人工智能代表着地球生命历史的一大深刻变革，人类应给予密切关注，并配备相应的资源对其进行计划和管理。

（阿西洛马原则 23）共同利益：超级智能开发的前提是服务于共同的价值观，是为了全人类的利益而不是某个国家或组织的利益。

从这些原则我们可以看出，人工智能的研究、投资、技术和发展应该服务于全人类，而不是服务于特定个人或组织的经济利益或政治权力。第 14、15、23 条原则强调利益共享，包含公平性因素，因此这三项原则也可以纳入公正性原则当中。超级智能是人工智能系统的一种潜在发展方向，它拥有比人类更高级的智慧，可能会对人类利益造成严重损害，对自由和公正产生重大影响。

还有两项阿西洛马原则可纳入有利原则，但对该原则的体现方式更为间接。

（阿西洛马原则 3）科学政策的关联性：人工智能研究人员

和政策制定者之间应该开展建设性的、健康的交流。

（阿西洛马原则 4）研究文化：应该在人工智能的研究人员和开发人员之间培育合作、信任和透明的文化。

人工智能研究人员和政策制定者之间之所以要进行建设性交流，人工智能研究人员和开发人员之间之所以要进行合作，其伦理学方面的原因在于，他们可以合作研发有利于人类的系统；在潜在的危害出现时，这种沟通还可以帮助我们消除危害。因此，这两项原则与无害原则也有关系。我稍后会讨论为何透明度的价值主要体现在无害原则中。

无害原则

阿西洛马人工智能 23 项原则中的 6 项显然与避免特定类型的伤害有关。

（阿西洛马原则 5）避免竞争：开发人工智能系统的团队应积极合作，严禁在安全标准上敷衍了事。

（阿西洛马原则 6）安全性：人工智能系统在其整个运行生命周期内应该是安全可靠的，而且其适用性和可行性应当接受验证。

（阿西洛马原则 7）损害透明：如果人工智能系统带来了损害，那么故障原因应当查明。

（阿西洛马原则 18）人工智能军备竞赛：应避免致命性自主武器方面的军备竞赛。

（阿西洛马原则 21）风险：对于人工智能系统带来的风险，特别是灾难性的或有关人类存亡的风险，我们必须制订相应的计划，而且要采取针对性措施以减轻损失。

（阿西洛马原则 22）自我递归改进：针对可以通过迅速提升质量和数量的方式进行自我升级或自我复制的人工智能系统，必须采取严格的安全和管理措施。

第 5、6、22 项原则涉及安全问题，意在预防人工智能对人类的伤害。第 7 项和第 21 项原则旨在通过创建透明的体系来减轻伤害，在这样的体系中，我们可以找出造成伤害的原因，以采取预防和减损措施。第 18 项原则专门就一种特定的危害做出了规定，即人类开始越来越多地使用人工智能来开发无须人为干预就可以伤害他人的系统，例如杀手机器人。

我还将另外一项原则纳入无害原则当中，但是它有些含混不清，需要解释。

（阿西洛马原则 19）能力预警：我们应该避免对未来人工智能的能力上限做出预设，但这一点还没有达成共识。

我推测，之所以要避免预设上限，主要是为了加强人们对超级人工智能潜在危害的认知。一旦忽视超级人工智能出现的可能性，我们就不会谨慎对待其潜在的严重危害，例如，人们被未来的智能计算机奴役、支配，或因其出现而变得毫无价值。

自主性

阿西洛马人工智能 23 项原则中有 4 项是为了维护人类自由。

（阿西洛马原则 12）个人隐私：鉴于人工智能系统具有分

析和使用数据的能力，人类应有权访问、管理和控制他们所导入的数据。

（阿西洛马原则 13）自由与隐私：人工智能若用于处理个人信息，那么其应用不得在无合理理由的情况下剥夺人们的自由，无论是客观的还是主观的自由。

（阿西洛马原则 16）人类控制：应该由人类来选择是否将决定权赋予人工智能系统，并选择赋予的方式，以使人工智能完成人类指定的任务。

（阿西洛马原则 17）非颠覆：高级人工智能系统的应用应尊重和改善健康社会所依赖的公共秩序，而非颠覆秩序。

第 12 项和第 13 项原则中提到的隐私问题其实是自主性问题，掌握人工智能技术的组织机构可通过侵犯隐私的行为得知他人信息，从而利用这些信息来限制他人的自由。隐私保护也可以纳入无害原则，因为当人们的个人信息被公开时，他们可能会受到伤害。第 16 项和第 17 项原则认为，将控制权赋予人工智能系统或使用人工智能系统的组织，可能导致人类自由的丧失。

公正

我在上文提到的一些阿西洛马原则包含"共享"的内容，涉及公正原则，但以下四项原则以更明确的方式涉及公正问题。

（阿西洛马原则 8）司法透明：任何有自动系统参与的司法判决都应提供令人满意的司法解释，以供相关领域的专家审查。

（阿西洛马原则 9）责任：高级人工智能系统的设计者和构建者，对人工智能的合理使用、滥用及人工智能本身的行为所产生的伦理影响负有责任，他们有责任、有机会去消除这些影响。

（阿西洛马原则10）价值观一致性：在设计高度自主的人工智能系统的时候，应确保该系统在其整个运行周期内的目标和行为与人类价值观保持一致。

（阿西洛马原则11）人类价值观：人工智能系统的设计和运行，应与人类追求尊严、权利、自由和文化多样性的理想相一致。

第8项和第9项原则认为，人工智能系统应该保持充分的透明度，并且在出现问题时能够追责，以确保系统的公平使用。第9项和第10项原则规定，人工智能系统的运行必须符合公平等人类价值观，同时这些价值观也可能包括行善、避免伤害和促进自由等要素。

有一则古老的笑话，讲的是一个委员会本来要设计一匹马，结果成品却成了骆驼。这23项阿西洛马原则是由一个人数众多的大型委员会制定的，这些原则缺乏条理性和合理解释也就不足为奇了。幸运的是，它们可以很自然地被纳入最初为医学伦理设计的四大原则中，其中八项主要涉及有利原则，七项涉及无害原则，四项涉及自主性原则，四项涉及公正原则。

影响

我的意思并不是将阿西洛马人工智能23项原则替换为医学伦理四原则。这些原则一针见血地指出了当今人工智能中存在的实际问题，将透明度和安全性等重要问题搬上了桌面，可见其实用性。我之所以将这23项原则与概括性的医学四原则联系起来，是因为这23项原则看起来杂乱无章，缺乏条理性。同样，正如我在博客上列出的其他原则清单所表明的，我们也可以将其他人工智能原则纳入这四大原则之中。其他原则具体关注的是促进环境发展的可持续性等问题，但是也可以划入这四大原则当中，理由见以上关于价值观的讨论部分。

将大量的人工智能原则梳理到医学伦理四大原则之下，这种做法还有其他的好处。首先，这种做法具有启发性，能帮助我们制定解决某些特定问题的新原则。例如，在研发比人类相关能力更高级的人工智能系统时，我们可以追问它们会给人类带来哪些好处和害处，对自由和公正有哪些影响。其次，记住 4 条原则可比记住 10 条容易得多，更别说是 23 条了，所以四大原则具有认知方面的优势。最后，四大原则是一种简明的伦理学方法，需要与其他伦理学方法做辩证化比较，比如以下方法：

（1）怀疑论：道德与特定的个人和文化有关，因此不必担心人工智能的伦理问题。

（2）理论至上：我们应该使用具体的理论而不是原则来规范人工智能的发展，例如，宗教论、美德论、功利主义或康德的道义论等伦理学理论。

（3）偏好论：我们可以通过人们的行为来确定他们的偏好，而不用去探究背后的价值观。

我认为原则的使用优于偏好论。我对怀疑论不做任何探讨，因为还没有人工智能研究人员提出这类观点。

原则与偏好

斯图尔特·罗素是人工智能领域的权威专家，也是人工智能领域"标准教科书"的作者之一。他的著作《AI 新生：破解人机共存密码——人类最后一个大问题》(*Human Compatible: Artificial Intelligence and the Problem of Control*)涵盖的信息量大，其中的讨论也非常充分、广泛。这本书的核心思想是如何开发帮助人类解决难题又不会伤害人类的高智能机器。遗憾的是，他所提出的基于偏好来构建有益人工智能的观点是不切实际的，与某些公认的心理学和哲学理论相抵触。

罗素的观点体现在他所提出的有益机器三大原则中：

（1）机器的唯一目标是最大限度地实现人类的偏好。

（2）机器最初不清楚这些偏好是什么。

（3）机器只有通过人类的行为才能获得关于人类偏好的信息。

罗素希望将关注点放在人类的偏好而非价值观上，从而避开道德评判的过程。如何通过最大限度地满足人类偏好使人类受益，在罗素看来，这是有可能被证明的。这样，人工智能的发展便可以避开应运用什么样的原则和价值观来规范技术的开发这一伦理问题。

罗素提出的偏好论面临的首要挑战便是实用性的问题。据他估计，每个人一生会做出 20 万亿次选择。在他写这本书时，全世界有 70 多亿人，会做出数量惊人的行为，而根据行为推断偏好就必须要考虑这些行为。即使是拥有最先进机器学习算法的超高速计算机，也很难从巨大的人类行为数据库中挖掘出有意义的人类偏好。即使这种算法确实带给计算机相对可靠地预测人类行为的能力，也很难确保人们能够理解计算机做出这些预测的根据。人工神经网络中的深度学习等技术通常会做出一些依据不明的预测。因此，从人类行为中推断其普遍倾向，然后再加以概括，为人类所用，这个过程实现的可能性很小，更不用说制定有益且其有益性可被证明的行动方案了。相比之下，我们可通过四大原则将诸多医学伦理原则进行有效概括，这要比数十亿的行为所蕴含的有用信息丰富得多。

机器和生灵
人工智能、动物智慧与人类智识

罗素偏好论存在的第二个问题是，它的心理学和经济学理论基础从 20 世纪 60 年代起就已经被人们所抛弃。一些经济学家仍然沿用基于偏好的功利主义论，这种理论流行于 20 世纪 40 年代，当时的社会科学被行为主义教条牵着鼻子走，涉及心理表征和心理过程的言论都被视为不科学的。但是到了 20 世纪 60 年代，心理学家意识到行为主义的狭隘性——不能充分解释人类和其他动物的行为，并提出了认知论。同样，实验经济学表明，理性选择理论无法解释人类的行为，我们应着眼于情感和其他心理因素。

从认知的角度来看，选择和偏好源于目标、情感和价值观等心理表征。许多医学伦理学家和多届医学院学生发现，医学伦理四大原则所体现的价值观可以为疑难问题的解决提供简单明了的依据。过时的经济学已退出历史舞台，取而代之的是心理过程驱动偏好、偏好产出行为的理论，所以我们不能仅仅从行为中推断出偏好。

罗素理论所存在的第三个问题是哲学范畴的：他的方法只是对人类的行为进行描述，无法就人们应该拥有的偏好和做出的行为得出合理的规范性结论。不道德和非理性充斥着人类的行为和偏好，体现在暴力、战争、歧视等常见做法中。通过研究人类行为获取有关人类偏好的信息，这种做法所得出的人工智能相关建议可能对人类利益产生不确定甚至有害的影响，而非对人类真正有益。相比之下，在医学伦理四大原则的引导下，医学正运行在对人类有益的轨道上，而且它们同样适用于人工智能。

和罗素观点最接近的哲学理论当属偏好功利主义论。传统的功利主义学说认为，善的行为是为最大多数人谋求最大利益的行为，其中"善"被理解为增进快乐和减少痛苦的行为。然而，偏好功利主义将关注点从快乐和痛苦转向人类的偏好。20 世纪的经济学同样也将"效用"这一心理学概念替换为行为主义概念，而且这里的

"行为"是通过人类偏好推断出来的。评论家们指出了偏好功利主义论的问题所在：将偏好的满足与人类福祉画上了等号。这种学说假设人们都是彻底的利己主义者，而且会将个人信念真实地体现在行动中。从实证角度看，这两种假设是错误的，从暴饮暴食、药物滥用和支持专制领导人这些广泛存在的做法中便可以发现这种假设的谬误之处。

还有一些观点主张通过幸福最大化或需求的满足来实现人类福祉，而不是通过满足偏好、增进快乐或减少痛苦。多元后果论可以很自然地用四大原则来概括，因为它们都体现了自由、平等、对人类有利和无害的价值观。因此，以下三项原则可以用来代替罗素关于机器伦理问题的观点：

（1）机器的目标是秉承自主性、公正性、有利和无害的原则运行。

（2）机器在运行过程中，其目标与人类所秉承的自由、公平、有利、无害的价值观一致。

（3）对人类是有利还是有害，这最终取决于满足人类基本需求的实证信息。

更笼统地说，时机成熟时，合乎道德的人工智能不再只是符合对机器的判断标准，同样也适用于人类的判断，届时我们可以提出这样的要求，即机器和人类的决定要符合几项秉承正确价值观的原则，例如四大原则。而大量的具体性原则，如阿西洛马人工智能23项原则，在与四大原则一致的前提下可用于解决特定的人工智能问题，例如杀手机器人问题。

总之，出于实践、心理和理论层面的原因，应用原则来解决人工智能的伦理问题优于罗素使用偏好的方法。从实践角度来看，少量原则的评议过程比数十亿偏好之间相关性的计算过程要容易得多。从心理层面来看，人们更习惯使用原则，而不太关注由内在价值观驱动、流于表面的行为偏好。从理论上讲，偏好论是功利主义学说的一个分支，比起将幸福或者需求作为关注点的其他学说，仅仅关注人类偏好未免有些片面。

罗素的偏好论似乎比原则法看起来更加民主。因为这种理论关注的是每个人的喜好，而不是给人们列出条条框框。但是，将每个人的偏好汇集在一起，然后据此做出道德决定，这个过程会不可避免地牺牲一些人的偏好。例如，如果我喜欢在满是孩子的街道上玩炸药，那么当人们不喜欢我在这里玩且最终导致我不能在这里玩的时候，我会感到压抑。当某些人的行为威胁到他人的利益时，这些行为难逃被扼杀的命运，这是道德判断的结果。原则法将人们必须付出的代价明确表示了出来，而偏好论没有。

原则法面临的一个挑战就是原则数量激增的问题，目前已经有80 多份人工智能伦理问题原则清单。然而，我们可以将这些原则归纳到医学伦理四大原则中，并对价值观的内涵开展更加彻底的研究，以此来应对数量激增问题。

原则中的价值观

安娜·乔宾（Anna Jobin）、马尔切洛·伊恩卡（Marcello Ienca）和伊菲·瓦耶纳（Effy Vayena）对 84 份人工智能伦理问题原则清单进行了研究并将成果概括如下：

> 我们的研究结果显示，各个国家的原则正呈现趋同化趋势，它们都是围绕五项道德准则（透明度、公正和公平、无害、责任、隐私）展开的，但在以下方面仍存在实质性分歧：如何解释这些原则，它们的重要性体现在哪里，它们都会涉及哪些

问题、领域和参与者，如何贯彻实施这些原则。

以上总结将原则和价值观混为一谈。原则是诸如阿西洛马人工智能 23 项原则和医学伦理四大原则这样的规则。原则以句子的形式表达，而价值观则由诸如"透明度"之类的词语表示。因此，乔宾、伊恩卡和瓦耶纳描述的是价值观，而非原则。通过将价值观嵌入句子，可以将价值观转化为原则，例如以下包含"透明度"价值观的原则：

（阿西洛马原则 4）研究文化：应该在人工智能的研究人员和开发人员之间培育合作、信任和透明的文化。

通常来说，如果我们想把价值观 V 转化为一项原则，我们只需要用 V 造一个句子"V 应该得以贯彻"或者"我们应该追求 V"。

乔宾、伊恩卡和瓦耶纳之所以将以上五项价值观作为重点，是基于它们在这 84 份清单中出现的频率。根据他们的分析，各项价值观出现的频率是：透明度 73 次，公正和公平 68 次，无害 60 次，责任 60 次，隐私 47 次。其他出现频率比较高的价值观是自由和自主（34 次）、信任（28 次）、可持续性（14 次）、尊严（12 次）和休戚与共（6 次）。出现的频率并不代表其在道德层面的客观性，因为这些可能只是反映了人工智能文化中存在的偏见。所以，我们还需要回答以下问题：什么是价值观？怎样才能让价值观变得客观而不是主观？哪些价值观应被用在原则之中解决人工智能伦理问题？人工智能系统的开发者拥有价值观，那么人工智能系统应该有吗？

什么是价值

阿西洛马人工智能 23 项原则中的第 10 项和第 11 项要求，人工智能系统的运行必须符合人类价值观，但并未说明何为价值观。价值观可能是偏好、理想概念、心理表征这三者的一种。举例来说，包括许多经济学家在内的行为主义者会说透明度是一种价值观，因为人们更倾向于选择信息透明的情况。当人工智能系统被用于医疗决策时，如果人们能够了解它为何会做出这样的决定，这当然是最好的。

将价值观视为偏好，与罗素关于有益人工智能的观点存在相同的问题。首先，从心理学角度看它是错误的，因为人们不仅有偏好，而且还有一些心理状态，例如，偏好背后的理念和情感。其次，它存在伦理学层面的问题，痴迷于儿童色情这一偏好是错误的，因其与避免伤害儿童等法理相冲突。因此，我们需要更深入地探究价值观的本质，而不是简单地通过人们的偏好来确定。

从柏拉图开始，许多哲学家将价值观视为独立于人类思维的理想。按照这种观点，人工智能伦理中的透明度、隐私和其他价值观就是一种这样的柏拉图式存在：独立于时间和空间的抽象实体。这种观点弊端也不少：我们如何证明这些推断出来的非世俗观点是正确的？我们如何确定哪些抽象价值观是合理的？这些抽象概念如何运用在人工智能系统上？

人类的价值观可以自然地理解为结合了概念和情感的心理表征。概念往往不能脱离情感而存在，人们对民主这样的价值观反应强烈，就可以说明这一点。例如，透明度是存在于人类大脑中的一种概念，具有积极的情感效价。主流观点认为，情感是身体过程的主观反应，但是有些关于情感的理论认为，情感还涉及对情境—目标相关性的评估。情感评估的内容涉及特定情境对目标的影响，我们也可以对这种评估的准确性进行评议。例如，害怕跳入浅水池是有道理的，因为这么做确实有摔断脖子的危险，而"十三恐惧症"则是不合理的，因为没有人受到过数字 13 的伤害。因此，透明度等价值观将心理概念与情感评估结合在一起，这可能比完全依赖偏好更客观。

使用"Merit""Worth"等同样指代价值观的词语定义"价值"（Value），并不能让我们弄清楚价值观的含义。但是，相比传统定义方法，一种结合了以下三方面的方法在心理学和神经学层面更加合理：范例（标准示例）、模式（典型特征）和解释。

因此，我们可以用第 2 章中定义智识的方法，用标准示例、典型特征和解释来定义价值观。被人们普遍接受的价值观示例包括自由、幸福、平等、民主和健康。这些价值观的典型特征是，都带有积极情感效价，都会对人们的判断和行为产生影响，但它们的重要性各不相同。人们的判断和行为，可以通过人类心理表征中的价值观来解释。有了这种对价值观的定义方法，我们便可以对以下问题进行思考：用什么样的价值观来评估人工智能？人工智能系统中应植入怎样的价值观？

哪些是普遍最佳价值观

我为采纳医学伦理四大原则给出的理由之一是它们有利于人类生理和心理需求的满足。类似的理由适用于自由、公平、有利和无害这些价值观。每项价值观的目标都是让大多数人以正当理由获得积极的情感体验。自由使人们可以在不受强迫和限制的情况下实现对他们来说重要的目标。公平非常重要，可以确保多数人而非少数特权人士达成自己的目标。人们的活动趋向于获得利益而非受到伤害。对于其他价值观，我们可以通过判断它们是否可以纳入四大原则或者单独评估它们在满足人类需求方面的贡献，将其包含进来。

开发合乎伦理的人工智能所适用的价值观

乔宾、伊恩卡和瓦耶纳共提到了 11 项价值观，我已经将其中 4 项纳入原则框架中：公正和公平、无害、有利、自由和自主。还剩下透明度、责任、隐私、信任、可持续性、尊严及休戚与共没有纳入。这 7 项价值观的合理性在于它们符合四大核心价值观。

人工智能领域的透明度问题会涉及一些要求，例如，人工智能系统的运作过程应该是可解释的，以便用户理解它们为什么会这么做；公众应有知情权，以了解人工智能系统是如何运行的。基本上，我们用无害原则就可以解释这些要求的合理性，因为如果有人使用人工智能来掩盖其真实目的，那么其他人可能会受到伤害。例如，如果一套旨在提供电影推荐的人工智能系统，出于政治目的偷偷收集人们的价值观信息，那么它就不符合透明度的要求。如果透明度规则能够让人们更有效地追求自己的目标，那么它就可以为人类带来好处，并增强人们的自主性。最终，如果人工智能系统的运作是可解释的，且相关主体会向公众说明相关信息，那么它所带来的益处就会被所有相关人群所分享，从而促进社会的公正。

责任是一种衍生价值观，因为它在人们秉承正当价值观的相关原则行事时才会产生。当且仅当人工智能开发人员和公司以有利、无害、促进自由和公正的原则为行为准则时，他们才可能成为责任主体。

自路易斯·布兰代斯（Louis Brandeis）以来，法学家和政治家一直在捍卫隐私权，并将其解释为不受他人和各类机构侵入性审查的权利。隐私权禁止他人获取可用于胁迫目的个人信息，使人类更加自由。隐私权还能使人们获益，人们在免受胁迫的情况下，才能够追求建立人际关系这样的个人目标。隐私权还可以使人们免于被他人控制所带来的尴尬和恐惧，从而免受伤害。最后，隐私权对个人信息的保护有助于人们得到平等和公正的对待，从而促进社会公平。

信任是人际关系的重要组成部分。信任之所以会成为一种价值观，是因为人们富有成效的合作和相处可以带给人们好处。互相猜疑会给人们带来恐惧、焦虑等负面情绪，对人是有害的。

环境的可持续性显然可以归结为利害问题。如果人们使用人工智能，却导致了资源的浪费和气候变化的加剧，那么人工智能就是对人类有害的；如果人们利用人工智能提高了资源使用效率并减少了温室气体排放，那么它就使数十亿人获益。

尊严关注的是被他人尊重和欣赏。被同行尊重能使个人受益。被人尊重意味着免受伤害。反之，因受侮辱而产生负面情绪，失去尊严，通常意味着人们失去了自由，正在遭受虐待和胁迫。

休戚与共原则的主要目的是建立社会安全网并确保人们能够共同参与生产性工作。它可以造福人类，并使人类免受因失去自由而遭受的危害，是一项衍生性价值观。

通过对这些价值观的评析，我们可以将这 11 项价值观适当地分为两类：一类是医学伦理四大原则所采用的四项核心价值观，另外一类是衍生性价值观，可用来制定四大原则之外的辅助性原则。用辅助性原则和价值观来规范特定相关领域的人工智能（例如，禁止人工智能程序对隐私权的威胁）是合理且有效的。

图 8.1 采用认知—情感地图法（该方法已广泛应用于政治和伦理学领域），描绘了这 11 项价值观之间的关系。我将医学伦理四大原则所采用的四项核心价值观放在地图的中心，用粗线椭圆形表示。它们相互之间以及同其他 7 项价值观之间的关系用实线表示，与一些相抵触的负面价值观的关系用虚线表示。

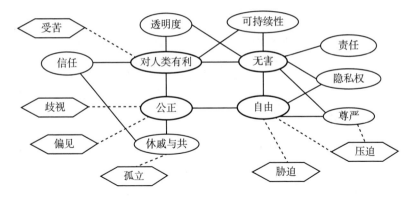

图 8.1　与人工智能伦理问题相关的价值观

注：该图并未将所有价值观和它们相互之间的关系涵盖在内。

在人工智能系统中植入伦理观

　　若让人工智能符合伦理，确定原则和价值观是有益的，这有两个原因。第一，对人工智能有决策权的人可以根据原则和价值观行事，确保它们的行为符合道德规范。第二，如果人们通过编程将这些原则、价值观和其他道德规范植入人工智能系统当中（例如，设置善恶的示例以作类比），那么系统的运行就可以符合伦理要求。然而，让人工智能机器自动以合乎道德的方式运行的前景如何？

计算原理

　　要使人工智能系统进行合乎道德的推理，仅对伦理原则进行自然语言表述是行不通的，例如"尊重他人的自由"（医学伦理原则1）和"人工智能的研发应方向明确，以造福人类为目的"（阿西洛马原则1）这样的自然语言。自20世纪50年代人工智能诞生以来，计算机表示和处理信息的主要方法之一就是产生式规则，也可简称为"产生式"或"规则"。此类规则采用"如果—那么"（if-then）结构，通过匹配条件部分和执行结论部分来控制推理过程。例如，可以将"挠痒"这一建议转换为产生式规则——"如果痒，则挠痒"，机器首先会匹配背部发痒等条件，然后执行挠痒的指令。产生式规则一直是 GPS、ACT-R 和 SOAR 等重要人工智能程序的核心表示法。

有了这样精巧的设计，我们可以将所有的伦理原则转换为产生式规则，包括医学伦理四大原则和阿西洛马前四项原则。以下为这几条原则的语言转换，仅供参考：

（医学伦理原则 1）自主性原则：尊重他人的自由。如果某一行为会影响到他人，那么就应将目标设置为该行为不可限制他人的自由。

（医学伦理原则 2）有利原则：给他人带来益处。如果某一行为会影响到他人，那么就应将目标设置为该行为应为他人带来益处。

（医学伦理原则 3）无害原则：避免伤害他人。如果某一行为会影响到他人，那么就应将目标设置为该行为不得给他人带来伤害。

（医学伦理原则 4）公正原则：公平分配利益，分担风险和成本。如果某一行为涉及资源分配，那么所设置的目标应该是公平分配。

（阿西洛马原则 1）研究目的：人工智能的研发应方向明确，以造福人类为目的。如果某一行为涉及人工智能的研发，那么应将目标设置为：该人工智能对人类有益。

（阿西洛马原则 2）研究资金：对人工智能的投资应一分为二，设立专项研发资金，确保人工智能的使用符合人类利益。如果一项资金是投向人工智能领域的，那么应将目标设置为：设立专项研发资金，确保人工智能的使用符合人类利益。

（阿西洛马原则 3）科学政策的关联性：人工智能研究人员和政策制定者之间应该开展建设性的、健康的交流。 如果 X 是一名人工智能研究人员，Y是一名政策制定者，那么应将目标设置为：X与Y应进行信息分享。

（阿西洛马原则4）研究文化：应该在人工智能的研究人员和开发人员之间培育合作、信任和透明的文化。如果X、Y都是人工智能研究人员或开发人员，那么应将目标设置为：X与Y合作、互信并保持信息透明度。

用产生式规则进行推理，并非仅仅涉及"如果P则Q""前提P满足则可执行Q所规定的操作"这样的正向推理，还可能出现多条规则同时应用的情形，其推理结果也可能是矛盾的。不同的产生式规则体系所依据的原则不同，因而具体使用的规则也可能不同。例如，针对同一问题，有的体系会使用更加具体的规则，而有的体系则使用在以往解决问题过程中成功率最高的规则。产生式规则应被理解为默认值而不是普遍性规定。

因此，将伦理原则通过编码植入使用产生式规则的人工智能系统是可行的。对于人工神经网络，则可以先将产生式规则转换为向量，再转换为尖峰神经元。将伦理原则转换为产生式规则，存在两大问题。一是如何将原则准确地转换为规则，以便机器进行计算处理；二是如何处理规则之间的冲突问题。道德层面的困境很常见，也经常体现为伦理原则的冲突。例如，假设一个恐怖分子放置了一个炸弹，想炸死几百人，那么为找到炸弹的放置地点而对恐怖分子施以酷刑是否合理？这个问题涉及多条有关自主性、有利、无害和公正的规则，这些规则在这种情形中是互相冲突的。这种情况下，我们通常会在产生式规则体系中挑选一些适用的规则，但这种做法并不能解决规则的权衡问题。这种方法可能更适于处理价值观的权衡问题。

机器价值观

如果将价值观视为概念和情感相结合的心理表征，那么人工智能系统就很难拥有价值观，因为目前的人工智能系统都不具备情感。假设情感只涉及认知评估，那么让人工智能系统获得情感就变得容易起来，何况用作评估的情感计算模型已经问世。但是情感不仅涉及评估能力，还需要生理变化以及有意识的感受。计算机缺乏人类那样的生理状态，例如心率、呼吸频率以及影响情绪的皮质醇等激素水平。此外，当前及人类计划范围内的计算机都不具备意识。

因为价值观需要情感的参与，而情感又需要生理基础和意识，所以我们暂时无法将价值观完全融入人工智能系统。但是我们却可能使人工智能系统具备与人类相近的价值观，即让人工智能系统具备表征，可以承载价值观的某些功能。

最简单的实现方式就是将价值观视为非结构化符号，以便机器可以处理更加复杂的表征。例如，我将医学伦理原则 1 和阿西洛马原则 1 等原则转换成产生式规则的过程中，使用了"自由"和"有益"等符号，以替代"自主性"和"使人类受益"两项价值观。

为更加多样化地表示自由等价值观，我们可以使用马文·明斯基的框架理论这样的结构，设置若干槽，然后植入默认值。在这种框架下，"自由"便可以用"槽 + 填充值"的方式表示出来，如下所示：

权利：行动、言论、思想

免于：胁迫、限制

效价：正面的

使用我在自由的特征中所提到的其他元素，可对"自由"这一概念进行更加充分的解释，在明斯基框架所包含的典型特征的基础上，我们可以添加"自由"的标准示例，例如，纳尔逊·曼德拉（Nelson Mandela）从南非监狱获释。此外，在对"自由"一词进行解释性使用时，我们可以标注它诠释了人们在不受胁迫时的幸福状态。

这种结构化概念通常有助于分类，即根据匹配程度对对象或情形进行分类。例如，根据某种情形同"权利""免于"和"效价"槽内的默认值的匹配程度，确定其是否属于自由状态。然而，我们通常需要对一些涉及多项价值观匹配的复杂情形进行道德判断。

我们以图 8.1 中所示的价值观交互网为线索，对价值观进行权衡。图 8.1 是基于情感连贯性理论而绘制的。如果将价值观视为人工神经网络中的神经元，那么就可以实现对多项价值观的计算权衡，其中实线表示兴奋性联结，虚线表示抑制性联结。然后，用于解决并行约束满足问题的一些高效算法，将通过激活一些元素并停用其他元素的方式来做出决定。例如，如果代表自由的人工神经元被激活，代表压迫的神经元就会停用。并行约束满足问题也可以通过人工神经网络以外的方法来解决，例如，能得出近似最优方案的贪心算法。

计算机因缺乏情感，无法全面理解价值观和其他重要伦理观念（如同理心）。但是，我们可以通过产生式规则中的符号、框架理论这样的表征方法以及并行约束满足问题的解决过程，让计算机具备近似于人类的价值观认知功能。

除了上述赋予计算机伦理原则和价值观的方法，我们还可以通过其他方式将伦理观植入机器。我们可以将传统的功利主义观念植入计算机，通过计算机来为所有相关人员实现预期效用最大化，也可以通过经济决策理论中的效用概率理论为最大多数人计算出最大利益。但由于缺乏概率和效用的相关信息，这种方法实施起来并不容易。

医学伦理学采用了一种替代一般性原则和价值观的方法，也就是"案例分析法"或"案例法"，将当前的问题与之前道德意义更明显的案例进行对比，根据其相似性来进行伦理推理，而不是使用一般性原则。人工智能系统可以采用这种方式，通过一些知名算法进行类比推理和案例式推理。然而，类比并不能给出结论性的伦理学答案，因为找到类似案例并不容易，而且案例之间的推理过程也不尽相同，难分对错。

合乎伦理的人工智能

值得称道的是，许多组织机构已充分关注到人工智能的社会影响，并制定了成套的原则来规范人工智能的研发、应用和公共政策。比起偏好论、类比论、宗教论和相对主义怀疑论这些伦理学说，原则法具有明显的优势。

本章从几方面论证了应使用原则法解决人工智能伦理问题的理由。首先，本章使用医学伦理学中广泛使用的四大明确原则对多而杂乱的人工智能伦理原则进行了梳理。这四大原则覆盖面广泛，可将阿西洛马人工智能 23 项原则涵盖进来。其次，乔宾、伊恩卡和瓦耶纳曾对 84 套原则进行了研究，并提出了 11 项最重要的价值观，而医学伦理四大原则所体现的有利、无害、自主性、公正的价值观为我们提供了理论框架，以便对这 11 项价值观进行分析。最后，为构建合乎伦理的人工智能，我们可使用一些众所周知的方法，例如产生式规则、框架伦理和并行约束满足问题的算法，将原则和价值观植入人工智能系统。

我用医学伦理四大原则和几大核心价值观对人工智能伦理问题

进行了梳理，但是对这些原则和价值观的补充性工作尚待完成。我们需要对有利原则和无害原则中的"益处"和"害处"进行说明，比起偏好、快乐和痛苦，这些"益处"和"害处"涉及生理和心理的更深层面。我们可以通过关注人类基本需求的本质，将其与贪欲区分开来，对"益处"和"害处"进行说明。基于人之所以能成为人的生理和心理本质，我们可以对当前和未来人工智能的成本和收益加以分析，并将人工智能所创造的成果进行公平分配，而不受种族、国籍、性别和其他促生歧视的因素的影响。在选择和应用颇具影响力的原则和价值观的时候，如果合乎道德的人工智能能将人的基本需求置于个人贪欲之上，那么人工智能将会蓬勃发展。

政策建议

在本书中，通过对机器智能、动物智慧和人类智识的特征和机制进行评估，我对这些主体的智慧情况进行了系统比较。比较的结果对智能研究工作、动物待遇和人工智能的发展问题有参考价值。50 年后，如果人类尚未毁灭于气候灾难、瘟疫和其他天灾人祸，我们应该对各种智慧有更深入的了解，并研发出扩展而不是取代人类智识的新技术。

人工智能的研究应该是跨学科的

心理学为我们研究智能问题提供了大量珍贵的信息，但其关注对象的狭隘性有时也会导致令人遗憾的结果出现。对智商和影响智商的因素的偏执，使人们对智能的定义更偏向语言和数学技能，而忽略了非语言层面的重要能力，例如情感和空间导航能力。数学技能旨在探寻可测变量之间的关系，对它的过分关注使人们忽视了可提供更深层次解释的潜在机制。而专注于智商和提高智商的方法，有时会助长种族主义言论。

　　要想扩展心理学对智能的研究范围，最佳方法就是将心理学与其他领域的观点和方法结合起来，这样也符合认知科学的跨学科目标。人工智能提供了解决问题和学习的计算模型，并具备识别人类思维工作原理的其他特征。神经科学，从神经递质等分子过程到脑部神经网络区域的相互作用等一系列原理，有助于解释人类思维的工作机制。行为学提供了与非人类动物智慧相关的证据和理论。人类学可确保智能理论能顾及不同文化的多样性。由于人类智识的很大一部分都是语言导向的，因此语言学对智能的研究也有帮助。最后，哲学通过对跨学科问题的一般性思考，特别是对机器、动物和人类的发展所带来的伦理学影响的探究，让我们能够更深刻地了解智能。

应尊重动物的需求和能力，但不应夸大

　　以合乎道德的方式对待动物，既要避免不切实际的假说，即动物在道德地位上等同于人类，又要避免大泼冷水的怀疑主义，完全否定动物的能力。归因程序建立在大量实验证据的基础上，向我们充分证明了很多种动物都有意识，包括能感知到不同程度的疼痛、苦楚，具有一定的情感。这意味着动物具有道德地位，我们不应毫无节制地将它们当作食品和用于医学实验。人类对动物自然栖息地的侵占导致很多动物处于灭绝的边缘，尤其是类人猿，它们的智力在许多方面都与人类相近，但它们也正面临着灭绝的危险。

　　然而，人类在心智层面的巨大优势表明，宠物不是人类，因此人类将它们养在身边并非奴役它们。如果动物得到善待，需求得到满足，那么人类就可以理所当然地享受它们带来的幸福。我们必须继续探索

动物的认知和情感方面，以便证明它们在多大程度上被用作食物和医学实验品才具有合理性。例如，我会说蜜蜂不会因产蜜而受苦。

我们应密切监督人工智能，确保其满足人类需求

智能机器对人类生活的影响越来越大，但它们在认知、情感和意识方面存在诸多限制，我们暂时无须为它们是否应拥有道德地位而费心。同样，通用人工智能短期内并不会出现，我们也不必杞人忧天，担心机器会统治人类，也就是机器大灾变的来临。但是，对于同人类智识相当的人工智能的发展前景及其威胁，我们却应该进行持续性研究。为防止人工智能统治人类，我们现在就应该开始研究对策，限制其发展，例如，限制计算机对因果关系的理解能力，不赋予其情感和创造力。

更为迫切的是，科技的发展已经对人类利益构成严重威胁。杀手机器人面世的可能性越来越大。它违背了对人类无害和尊重人类自主性两大伦理原则，因而应在国际层面全面禁止。智能计算机可通过歧视性推理加剧不平等现象，我们需要根据伦理原则密切监督人工智能的发展。人工智能还可能通过侵犯隐私的方式来侵蚀人们的自由。无人驾驶汽车和自动决策等新应用可能会影响人们的生产性就业，使人类对成就感和社会关系的需求得不到满足。

我在本书中的主要观点可用"必需而非贪欲"这一口号来概括。现今的计算机和机器人没有任何需求，因此它们不具有道德主体地位。但是有些动物具有心理和生理需求，是道德主体。人类对自主性、成就感和关联性的心理需求更强烈、更复杂，这是由人类智识的特征和机制所决定的。我们在未来应怎么对待动物和计算机，应取决于它们的生理和心理需求，而不是自私的个人和冷漠的组织对财富和权力的贪欲。在同情心的驱动下，我们可以同机器、动物携手并进，共同发展。

致　　谢

很早以前，我读了马文·明斯基的著作，就对人工智能产生了兴趣。最近，在阅读了阿什利·基夫纳（Ashley Keefner）有关动物思维的硕士论文和博士论文后，我又对动物认知问题产生了兴趣。我与阿什利及其他很多人，包括劳蕾特·拉罗克、克里斯·埃里亚史密斯、吴彦、蒂莫西·利利克拉普（Timothy Lillicrap）、雅森·丹尼尔斯（Iason Daniels），还有滑铁卢大学"机器、人类和动物智能"这门课的学生进行了交流，我受益匪浅。劳蕾特给予我灵感和鼓励，还设计了本书部分章节的标题，连本书中的猫的例子也是她提供的。

我要感谢埃里克·T. 穆勒（Erik T. Mueller）、吉姆·鲍尔斯（Jim Bowers）、吴彦和其他两名匿名审稿人，他们就我之前的草稿提出了意见。

我曾在 Aeon.co 网站发表文章《绿眼宠物》（Green-Eyed Pets），并在本书中摘选了部分片段（我拥有版权）。我在本书中还使用了我在"今日心理学"网站（Psychology Today）所开设的博客"热门思想"（Hot Thought）中的资料（我拥有版权）。

菲利普·劳克林（Philip Laughlin）、亚历克斯·胡普斯（Alex Hoopes）和朱迪思·费尔德曼（Judith Feldmann）提供了高效的编辑支持，比尔·亨利（Bill Henry）的文案编辑非常出色，伦纳德·罗森鲍姆（Leonard Rosenbaum）进行了细致的索引工作。在此一并表示感谢。

作者、译者简介

作者简介

保罗·萨伽德（Paul Thagard），哲学家、认知科学家，滑铁卢大学哲学系荣誉退休教授，著有《脑和心智——从神经元到意识和创造力》（*Brain-Mind: From Neurons to Consciousness and Creativity*）、《自然哲学——从社会大脑到智、真、善、美》（*Natural Philosophy: From Social Brains to Knowledge, Reality, Morality, and Beauty*）、《科学中的认知科学——解释、发现和概念改变》（*The Cognitive Science of Science: Explanation, Discovery, and Conceptual Change*）、《热思维——情绪认知的机制与作用》（*Hot Thought: Mechanisms and Applications of Emotional Cognition*）、《认知科学导论》（*Mind: Introduction to Cognitive Science*，中文版由中国科学技术大学出版社于 1999 年出版）等。

译者简介

李明君，文学硕士，哈尔滨工业大学外国语学院讲师。主要从事西方文明史、英国历史、美国历史、华裔美国文学、跨文化交际等方面研究，主持或参与"语言能力发展的构建过程研究""华裔美国文学中的中华文化认同研究""亚裔美国文学中身份认同与文艺批评理论研究""汤亭亭作品的华裔共同体建构研究"等省部级科研项目。获黑龙江省高等学校第三届"教学之星"外语金课团队大赛二等奖，出版译著《数论史研究——第 2 卷，丢番图分析》（合译）。

参考文献

1. 为机器和动物赋予心智 [①]

On animals that recognize themselves in mirrors, see H. Prior, A. Schwarz, and O. Güntürkün, "Mirror-Induced Representation in Magpies: Evidence of Self-Recognition," *PLOS Biology* 6, no. 8 (2008): e202.

R. Kurzweil, in *The Singularity Is Near: When Humans Transcend Biology* (New York: Viking, 2005), lauds the singularity. Warnings about the consequences of AI have come from Bill Gates, quoted in H. Pettit, "Killer Computers," *The Sun* (UK), March 21, 2019, https://www.thesun.co.uk/tech/8688058/bill-gates-warning-dangerous-ai-nuclear-weapons; S. Hawking, *Brief Answers to the Big Questions* (New York: Bantam, 2018); Elon Musk, quoted in K. Piper, "Why Elon Musk Fears Artificial Intelligence," *Vox, November 2*, 2018, https://www.vox.com/future-perfect/2018/11/2/18053418/elon-musk-artificial-intelligence-google-deepmind-openai.

The Nature of Human Intelligence, edited by R. J. Sternberg (Cambridge: Cambridge University Press, 2018), contains conflicting definitions of intelligence. Psychological research on concepts is reviewed in G. L. Murphy, *The Big Book of Concepts* (Cambridge, MA: MIT Press, 2002); and L. J. Rips, E. E. Smith, and D. L. Medin, "Concepts and Categories: Memory, Meaning, and Metaphysics," in *Oxford Handbook of Thinking and Reasoning*, edited by K. J. Holyoak and R. G. Morrison (Oxford: Oxford University Press, 2012), 177–209. I call conceptual analysis using exemplars, features, and explanations "three-analysis": see my *Brain-Mind: From*

[①] 关于机器智能的参考文献，见第 3 章注释；关于动物智慧的参考文献，见第 4 章注释。

Neurons to Consciousness and Creativity (New York: Oxford University Press, 2019); and *Natural Philosophy*: *From Social Brains to Knowledge, Reality, Morality, and Beauty* (New York: Oxford University Press, 2019).

M. Tegmark defines intelligence as the "ability to accomplish complex goals," which packs a lot into "complex," for example, that learning is required; see M. Tegmark, *Life 3.0: Being Human in the Age of Artificial Intelligence* (New York: Alfred A. Knopf, 2017), 39. Psychologists often cite the following definition by Linda Gottfredson: "Intelligence is a very general mental capability that, among other things, involves the ability to reason, plan, solve problems, think abstractly, comprehend complex ideas, learn quickly and learn from experience"; see L. Gottfredson, "Mainstream Science on Intelligence: An Editorial with 52 Signatories, History, and Bibliography," *Intelligence* 24 (1997): 13. The phrase "among other things" makes the definition indeterminate.

The "romantic/killjoy" distinction comes from K. Andrews, *How to Study Animal Minds* (Cambridge: Cambridge University Press, 2020); D. C. Dennett, "Intentional Systems in Cognitive Ethology: The 'Panglossian Paradigm' Defended," *Behavioral and Brain Sciences* 6, no. 3 (1983): 343–390; and T. Suddendorf, *The Gap: The Science of What Separates Us from Other Animals* (New York: Basic Books, 2013). S. J. Shettleworth evaluates killjoy explanations in "Clever Animals and Killjoy Explanations in Comparative Psychology," *Trends in Cognitive Sciences* 14, no. 11 (2010): 477–481. Philosophical arguments against the possibility of artificial intelligence include claims that computers will never be able to handle context (H. L. Dreyfus, *What Computers Still Can't Do*, 3rd ed. [Cambridge, MA: MIT Press, 1992]); semantics (J. Searle, "Minds, Brains, and Programs," *Behavioral and Brain Sciences* 3 [1980]: 417–424); significance (John Haugeland, *Having Thought*: *Essays in the Metaphysics of Mind* [Cambridge, MA: Harvard University Press, 1998]); and creativity (S. D. Kelly, "A Philosopher Argues That an AI Can't Be an Artist: Creativity Is, and Always Will Be, a Human Endeavor," *MIT Technology Review*, March–April 2019, https://www.technologyreview.com/s /612913/a-philosopher-argues-that-an-ai-can-never-be-an-artist). I take these issues as challenges rather than impossibilities; see chapters 3 and 5.

The Attribution Procedure is an application of a theory of explanatory coherence that accounts for the reasoning of Newton, Darwin, Einstein, and many other scientists: see my *Conceptual Revolutions* (Princeton, NJ: Princeton University Press, 1992); *How Scientists Explain Disease* (Princeton, NJ: Princeton University Press, 1999); *The Cognitive Science of Science: Explanation, Discovery, and Conceptual Change* (Cambridge, MA: MIT Press, 2012). Explanatory coherence can efficiently be computed by neural networks and other algorithms. For a description of inference to the best explanation, see G. Harman, Thought (Princeton, NJ: Princeton University Press, 1973); and P. Lipton, *Inference to the Best Explanation*, 2nd ed. (London: Routledge, 2004), which K. Andrews applies to animal cognition in *The Animal Mind: An Introduction to the Philosophy of Animal Cognition* (Abingdon: Routledge, 2015). Explanatory coherence and simplicity show the implausibility of claims that people are living in a computer simulation.

The Morgan quotes come from C. L. Morgan, *An Introduction to Comparative Psychology* (London: Walter Scott Publishing, 1903), 53, 59. On evolutionary simplicity, see F. B. M. de Waal, *Are We Smart Enough to Know How Smart Animals Are?* (New York: Norton, 2016), 43. Mike Dacey analyzes anthropomorphism as a cognitive bias in "Anthropomorphism as Cognitive Bias," *Philosophy of Science* 84, no. 5 (2017): 1152–1164.

2. 奇妙的人类

Cognitive science approaches to mental mechanisms are reviewed in W. Bechtel, *Mental Mechanisms: Philosophical Perspectives on Cognitive Neuroscience* (New York: Routledge, 2008); M. Boden, *Mind as Machine: A History of Cognitive Science* (Oxford: Oxford University Press, 2006); K. J. Holyoak and R. G. Morrison, eds., *The Oxford Handbook of Thinking and Reasoning* (New York: Oxford University Press, 2012); and myself in Mind: *Introduction to Cognitive Science*, 2nd ed. (Cambridge, MA: MIT Press, 2005), and *Brain-Mind: From Neurons to Consciousness and Creativity* (New York: Oxford University Press, 2019).

Psychological research on intelligence is reviewed in E. Hunt, *Human Intelligence* (Cambridge: Cambridge University Press, 2010); N. J. Mackintosh, *IQ and Human Intelligence*, 2nd ed. (Oxford: Oxford University Press, 2011); R. E. Nisbett, Intelligence and How We Get It (New York: Norton, 2009); R. E. Nisbett, J. Aronson, C. Blair, W. Dickens, J. Flynn, D. F. Halpern, and E. Turkheimer, "Intelligence:

New Findings and Theoretical Developments," *American Psychologist* 67, no. 2 (2012): 130–159; R. J. Sternberg, ed., *The Nature of Human Intelligence* (Cambridge: Cambridge University Press, 2018); and R. J. Sternberg and S. B. Kaufman, eds., The Cambridge *Handbook of Intelligence* (Cambridge: Cambridge University Press, 2011). Neural theories of intelligence include R. E. Jung and R. J. Haier, "The Parieto-frontal Integration Theory (P-FIT) of Intelligence: Converging Neuroimaging Evidence," *Behavioral and Brain Sciences* 30, no. 2 (2007): 135–154; and A. O. Savi, M. Marsman, H. L. J. van der Maas, and G. K. J. Maris, "The Wiring of Intelligence," *Perspectives on Psychological Science* 14, no. 6 (2019): 1034–1061. Howard Gardner defends multiple kinds of intelligence in *Multiple Intelligences*: *New Horizons* (New York: Basic Books, 2006). J. D. Mayer, P. Salovey, and D. R. Caruso review emotional intelligence in "Emotional Intelligence: Theory, Findings, and Implications," *Psychological Inquiry* 15, no. 3 (2004): 197–215.

Neuroscientific research on intelligence connects it to genes (R. J. Haier, *The Neuroscience of Intelligence* [New York: Cambridge University Press, 2016]); epigenetics (J. A. Kaminsky, F. Schlagenhauf, M. Rapp, S. Awasthi, B. Ruggeri, L. Deserno, T. Banaschewski, et al., "Epigenetic Variance in Dopamine D2 Receptor: A Marker of IQ Malleability?" *Translational Psychiatry* 8, no. 1 [2018]: 169); mitochondria (D. C. Geary, "Efficiency of Mitochondrial Functioning as the Fundamental Biological Mechanism of General Intelligence [g]," *Psychological Review* 125, no. 6 [2018]: 1028–1050); and brain networks (A. K. Barbey, "Network Neuroscience Theory of Human Intelligence," *Trends in Cognitive Sciences* 22, no. 1 [2018]: 8–20). I suspect g is a statistical artifact rather than a fundamental brain mechanism. Intelligence is explained by multiple mental mechanisms that result from neural mechanisms I describe in *Brain-Mind*: *From Neurons to Consciousness and Creativity* (New York: Oxford University Press, 2019).

R. I. Dunbar advocates the social brain hypothesis in "The Social Brain Hypothesis and Its Implications for Social Evolution," *Annals of Human Biology* 36 (2009): 562–572.

The remark about beer comes from D. Barry, *Dave Barry Turns 40* (New York: Ballantine, 1990).

The following are starter references for the twelve features of intelligence. Problem solving: A. Newell and H. A. Simon, *Human Problem Solving* (Englewood Cliffs, NJ:

Prentice Hall, 1972). Planning: G. A. Miller, E. Galanter, and K. Pribram, *Plans and the Structure of Behavior* (New York: Holt, Rinehart and Winston, 1960). Deciding: P. W. Glimcher and E. Fehr, eds., *Neuroeconomics: Decision Making and the Brain*, 2nd ed. (Amsterdam: Academic Press, 2013). Understanding: D. G. Bobrow and A. Collins, eds., *Representation and Understanding: Studies in Cognitive Science* (New York: Academic Press, 1975). Learning: J. H. Holland, K. J. Holyoak, R. E. Nisbett, and P. R. Thagard, *Induction: Processes of Inference, Learning, and Discovery* (Cambridge, MA: MIT Press, 1986). Abstracting: Z. Reznikova, *Animal Intelligence: From Individual to Social Cognition* (Cambridge: Cambridge University Press, 2007). Creating: M. Boden, *The Creative Mind: Myths and Mechanisms*, 2nd ed. (London: Routledge, 2004). Reasoning: J. E. Adler and L. J. Rips, eds., *Reasoning: Studies of Inference and Its Foundations* (Cambridge: Cambridge University Press, 2004). Feeling: A. R. Damasio, *The Feeling of What Happens: Body and Emotion in the Making of Consciousness* (New York: Harcourt Brace, 1999). Communicating: P. Thagard, *Mind-Society: From Brains to Social Sciences and Professions* (New York: Oxford University Press, 2019). Acting: T. D. Lee, *Motor Control in Everyday Actions* (Champaign, IL: Human Kinetics, 2011).

The following are starter references for the eight mechanisms of intelligence. Images: S. M. Kosslyn, W. L. Thompson, and G. Ganis, *The Case for Mental Imagery* (New York: Oxford University Press, 2006). Concepts: P. Blouw, E. Solodkin, P. Thagard, and C. Eliasmith, "Concepts as Semantic Pointers: A Framework and Computational Model," *Cognitive Science* 40 (2016): 1128–1162. Rules: J. R. Anderson, *Rules of the Mind* (Hillsdale, NJ: Erlbaum, 1993). Analogies: K. J. Holyoak and R. G. Morrison, eds., *The Oxford Handbook of Thinking and Reasoning* (New York: Oxford University Press, 2012). Emotions: L. F. Barrett, M. Lewis, and M. Haviland-Jones, eds., *Handbook of Emotions*, 4th ed. (New York: Guilford, 2016). Language: R. Jackendoff, *Foundations of Language: Brain, Meaning, Grammar, Evolution* (Oxford: Oxford University Press, 2002). Intentional actions: T. Schröder, T. C. Stewart, and P. Thagard, "Intention, Emotion, and Action: A Neural Theory Based on Semantic Pointers," *Cognitive Science* 38 (2014): 851–880. Consciousness: Stanislas Dehaene, *Consciousness and the Brain: Deciphering How the Brain Codes Our Thoughts* (New York: Viking, 2014). Many more references and arguments could be given to justify assigning these mechanisms to people in accord with the

Attribution Procedure.

The lasagna analogy comes from *CNN Tonight*, February 20, 2019, https://www.cnn.com/videos/politics/2019/02/20/lasagna-of-lies-russia-mueller-probe-don-lemon-chris-cuomo-handoff-sot-ctn-vpx.cnn. The integrative neural theory of emotion is described in Thagard, *Brain-Mind*; and I. Kajić, T. Schröder, T. C. Stewart, and P. Thagard, "The Semantic Pointer Theory of Emotions," *Cognitive Systems Research* 58 (2019): 35–53.

J.-M. Fellous and M. A. Arbib consider the functions of emotions in *Who Needs Emotions? The Brain Meets the Robot* (Oxford: Oxford University Press, 2005). T. E. Feinberg and J. M. Mallatt discuss the adaptive advantages of consciousness in *The Ancient Origins of Consciousness: How the Brain Created Experience* (Cambridge, MA: MIT Press, 2018).

D. C. Kidd and E. Castano find that reading literary fiction improves understanding of other people's minds in "Reading Literary Fiction Improves Theory of Mind," *Science* 342, no. 6156 (2013): 377–380.

3. 神奇的机器

The paper that first interested me in AI was M. Minsky's "A Framework of Representing Knowledge," in The *Psychology of Computer Vision* (New York: McGraw-Hill, 1975). Histories of AI are provided in Boden, *Mind as Machine*; and N. J. Nilsson, *The Quest for Artificial Intelligence: A History of Ideas and Achievements* (Cambridge: Cambridge University Press, 2010). Recent developments are described in M. Ford, ed., *Architects of Intelligence: The Truth about AI from the People Building It* (Birmingham, UK: Packt, 2018); S. Gerrish, *How Smart Machines Think* (Cambridge, MA: MIT Press, 2018); and T. Walsh, *Machines That Think: The Future of Artificial Intelligence* (Amherst, NY: Prometheus Books, 2018). N. Brown and T. Sandholm report on "Superhuman AI for Multiplayer Poker," *Science* 365, no. 6456 (2019): 885–890. M. Mitchell's *Artificial Intelligence: A Guide for Thinking Humans* (New York: Farrar, Straus and Giroux, 2019) provides a good introduction to the state of AI today.

Leading institutions focused on machine intelligence include the Allen Institute for Artificial Intelligence (Seattle), DeepMind (London), Google Brain (Mountain View),

Mila (Montreal), OpenAI (San Francisco), the Turing Institute (London), and the Vector Institute (Toronto). My favorite AI researchers in universities include Yoshua Bengio (Montreal), Chris Eliasmith (Waterloo), Ken Forbus (Northwestern), Ashok Goel (Georgia Tech), Geoffrey Hinton (Toronto), John Laird (Michigan), Patrick Langley (ISRE), and Judea Pearl (UCLA). Project: prepare report cards on how well their programs satisfy my twenty benchmarks. I. Kotseruba and J. K. Tsotsos provide a comprehensive comparison of cognitive architectures in "40 Years of Cognitive Architectures: Core Cognitive Abilities and Practical Applications," *Artificial Intelligence Review* 53, no. 1 (2020): 17–94.

How IBM Watson won at *Jeopardy*! is described in D. A. Ferrucci, "Introduction to 'This Is Watson,'" *IBM Journal of Research and Development* 56, nos. 3–4 (2012): 1:1–1:15; and in other articles in the May–June 2012 issue of the *IBM Journal of Research and Development*. For later applications, see Y. Chen, J. D. Elenee Argentinis, and G. Weber, "IBM Watson: How Cognitive Computing Can Be Applied to Big Data Challenges in Life Sciences Research," *Clinical Therapeutics* 38, no. 4 (2016): 688–701; J. G. Hamilton, Ma. G. Garzon, J. S. Westerman, E. Shuk, J. L. Hay, C. Walters, E. Elkin, et al., "'A Tool, Not a Crutch': Patient Perspectives about IBM Watson for Oncology Trained by Memorial Sloan Kettering," *Journal of Oncology Practice* 15 (2019): e277–e288; L. R. Varshney, F. Pinel, K. R. Varshney, D. Bhattacharjya, A. Schorgendorfer, and Y. M. Chee, "A Big Data Approach to Computational Creativity: The Curious Case of Chef Watson," *IBM Journal of Research and Development* 63, no. 1 (2019): 7:1–7:18. See also the IBM web pages on Watson and Project Debater.

Analogy could be added to Watson using techniques from case-based reasoning (D. B. Leake, Case-Based Reasoning: Experiences, Lessons, *and Future Directions* [Menlo Park, CA: AAAI Press/MIT Press, 1996]) and structure mapping (K. D. Forbus, R. W. Ferguson, A. Lovett, and D. Gentner, "Extending SME to Handle Larger-Scale Cognitive Modeling," *Cognitive Science* 41 [2017]: 1152–1201). In chapter 6 of *Brain-Mind: From Neurons to Consciousness to Creativity* (New York: Oxford University Press, 2019), I describe mental and neural mechanisms for analogy that have yet to be modeled computationally but could be accommodated in the semantic pointer architecture of C. Eliasmith; see his *How to Build a Brain: A Neural Architecture for Biological Cognition* (Oxford: Oxford University Press, 2013).

297

Deep learning is explained in I. Goodfellow, Y. Bengio, and A. Courville, *Deep Learning* (Cambridge, MA: MIT Press, 2016); Y. LeCun, Y. Bengio, and G. Hinton, "Deep Learning," Nature 521, no. 7553 (2015): 436–444. E. J. Topol, in both "High-Performance Medicine: The Convergence of Human and Artificial Intelligence," *Nature Medicine* 25, no. 1 (2019): 44–56, and *Deep Medicine: How Artificial Intelligence Can Make Healthcare Human Again* (New York: Basic Books, 2019), reviews applications of deep learning in medicine, as do A. Esteva, A. Robicquet, B. Ramsundar, V. Kuleshov, M. DePristo, K. Chou, C. Cui, et al., in "A Guide to Deep Learning in Healthcare," *Nature Medicine* 25, no. 1 (2019): 24–29. Reinforcement learning is reviewed in R. S. Sutton and A. G. Barto, *Reinforcement Learning: An Introduction* (Cambridge, MA: MIT Press, 2018).

DeepMind's successes with AlphaZero and other programs are described in D. Silver, T. Hubert, J. Schrittwieser, I. Antonoglou, M. Lai, A. Guez, M. Lanctot, et al., "A General Reinforcement Learning Algorithm That Masters Chess, Shogi, and Go through Self-Play," *Science* 382, no. 6419 (2018): 1140–1144; and M. Botvinick, S. Ritter, J. X. Wang, Z. Kurth-Nelson, C. Blundell, and D. Hassabis, "Reinforcement Learning: Fast and Slow," *Trends in Cognitive Science* 23 (2019): 408–422. G. Marcus, "Innateness, AlphaZero, and Artificial Intelligence," *arXiv preprint arXiv:1801.05667*, 2018, provides a critique; see also G. Marcus and E. Davis, *Rebooting AI: Building Artificial Intelligence We Can Trust* (New York: Pantheon, 2019).

Self-driving cars are reviewed in M. Paden, M. Čáp, S. Zheng Yong, D. Yershov, and E. Frazzoli, "A Survey of Motion Planning and Control Techniques for Self-Driving Urban Vehicles," *IEEE Transactions on Intelligent Vehicles* 1, no. 1 (2016): 33–55; W. Schwarting, J. Alanso-Mora, and D. Rus, "Planning and Decision-Making for Autonomous Vehicles," *Annual Review of Control, Robotics, and Autonomous Systems* 1 (2018): 187–210. For an accessible guide, see A. Davies, "The Wired Guide to Self-Driving Cars," *Wired,* December 13, 2018, https://www.wired.com/story/guide-self-driving-cars. Current limitations are described in N. E. Boudette, "Despite High Hopes, Self-Driving Cars Are 'Way in the Future,'" *New York Times*, July 17, 2019, https://www.nytimes.com/2019/07/17/business/self-driving-autonomous-cars.html?smid=nytcore-ios-share.

M. B. Hoy, "Alexa, Siri, Cortana, and More: An Introduction to Voice Assistants,"

Medical Reference Services Quarterly 37, no. 1 (2018): 81–88, reviews virtual assistants. How Alexa works is described in R. Baguley and C. McDonald, "Appliance Science," CNET, August 4, 2016, https://www.cnet.com/news/appliance-science-alexa-how-does-alexa-work-the-science-of-amazons-echo. How Siri works is described in A. Goel, "How Does Siri Work?" *Magoosh Data Science Blog*, February 2, 2018, https://magoosh.com/data-science/siri-work-science-behind-siri.

Google Translate is described in Y. Wu, M. Schuster, Z. Chen, Q. V. Le, M. Norouzi, W. Macherey, M. Krikun, et al., "Google's Neural Machine Translation System: Bridging the Gap between Human and Machine Translation," *arXiv preprint arXiv:1609.08144*, 2016. D. Hofstadter provides a critique in https://www.theatlantic.com/technology/archive/2018/01/the-shallowness-of-google-translate/551570/. In 2020, OpenAI announced GPT-3 which has generated some impressive texts but still lacks the word-to-world semantics essential for natural language understanding. For philosophical examination, see https://dailynous.com/2020/07/30/philosophers-gpt-3/.

Netflix's recommender system is described in Gerrish, *How Smart Machines Think*; and C. A. Gomez-Uribe and Neil Hunt, "The Netflix Recommender System: Algorithms, Business Value, and Innovation," *ACM Transactions on Management Information Systems (TMIS)* 6, no. 4 (2016): 13. See also L. Plummer, "This Is How Netflix's Top-Secret Recommendation System Works," *Wired*, August 22, 2017, https://www.wired.co.uk/article/how-do-netflixs-algorithms-work-machine-learning-helps-to-predict-what-viewers-will-like. Amazon's algorithms are sketched in B. Smith and G. Linden, "Two Decades of Recommender Systems at Amazon.com," *IEEE Internet Computing* 21 (May–June 2017): 12–18, https://www.computer.org/csdl/mags/ic/2017/03/mic2017030012.html.

Predictions about when AI might catch up to human intelligence are in Ford, *Architects of Intelligence*, 527; K. Grace, J. Salvatier, A. Dafoe, B. Zhang, and O. Evans, "When Will AI Ever Exceed Human Performance? Evidence from AI Experts," *Journal of Artificial Intelligence Research* 62 (2018): 729–754; https://aiimpacts.org; "Experts Predict When Artificial Intelligence Will Exceed Human Performance," *MIT Technology Review*, May 31, 2017, https://www.technologyreview.com/s/607970/experts-predict-when-artificial-intelligence-will-exceed-human-performance; and S. Johnson, "Human-like A.I. Will Emerge in 5 to 10 Years, Say Experts," *Big Think*, September 26, 2018, https://bigthink.com/surprising-science/computers-smart-ashumans-5-years. The fact that experts totally disagree shows that nobody knows when (or if) artificial general intelligence will occur.

4. 惊人的动物

General sources on animal intelligence include De Waal, *Are We Smart Enough*; Z. Reznikova, *Animal Intelligence: From Individual to Social Cognition* (Cambridge: Cambridge University Press, 2007); C. D. L. Wynne, *Do Animals Think?* (Princeton, NJ: Princeton University Press, 2004); and T. R. Zentall and E. A. Wasserman, eds., *The Oxford Handbook of Comparative Cognition* (Oxford: Oxford University Press, 2012). L. Chittka and K. Jensen compare concepts across species in "Animal Cognition: Concepts from Apes to Bees," *Current Biology* 21, no. 3 (2011): R116–R119. C. M. Sanz, J. Call, and C. Boesch review tool use in animals in *Tool Use in Animals: Cognition and Ecology* (Cambridge: Cambridge University Press, 2013). Animal emotions are discussed in F. B. M. de Waal, *Mama's Last Hug: Animals and Human Emotions* (New York: Norton, 2019). K. Andrews, *How to Study Animal Minds* (Abingdon: Routledge, 2020), examines the methods of comparative psychology.

On bee cognition, see L. Chittka, "Bee Cognition," *Current Biology* 27, no. 19 (2017): R1049–R1053; J. L. Gould, "Honey Bee Cognition," *Cognition 37* (1990): 83–103; T. Hanson, *Buzz: The Nature and Necessity of Bees* (New York: Basic Books, 2018); and R. Menzel and M. Giurfa, "Dimensions of Cognition in an Insect, the Honeybee," *Behavioral Cognitive Neuroscience Review* 5, no. 1 (2006): 24–40. For a review of honeybee vision, see A. Avarguès-Weber, D. d'Amaro, M. Metzler, V. Finke, D. Baracchi, and A. G. Dyer, "Does Holistic Processing Require a Large Brain? Insights from Honeybees and Wasps in Fine Visual Recognition Tasks," *Frontiers in Psychology* 9 (2018): 1313; and A. Avarguès-Weber, T. Mota, and M. Giurfa, "New Vistas on Honey Bee Vision," *Apidologie* 43, no. 3 (2012): 244–268. A. Avarguès-Weber, A. G. Dyer, M. Combe, and M. Giurfa, "Simultaneous Mastering of Two Abstract Concepts by the Miniature Brain of Beas," *Proceedings of the National Academy of Sciences* 109 (2012): 7481–7486, describe abstract relations (quote from p. 7481). S. Alem, C. J. Perry, X. Zhu, O. J. Loukola, T. Ingraham, E. Sovik, and L. Chittka describe social learning by bumblebees in "Associative Mechanisms Allow for Social Learning and Cultural Transmission of String Pulling in an Insect,"

PLOS Biology 14, no. 10 (2016): e1002564. On bee imagery, contrast Chittka, "Bee Cognition," R1052, with Gould, "Honey Bee Cognition," 91; Z. Reznikova, *Animal Intelligence: From Individual to Social Cognition* (Cambridge: Cambridge University Press, 2007), 165; and T. E. Feinberg and J. M. Mallatt, *The Ancient Origins of Consciousness: How the Brain Created Experience* (Cambridge, MA: MIT Press, 2016), 184. H. Ai, K. Kai, A. Kumaraswamy, H. Ikeno, and T. Wachtler analyze the neural basis of waggle dances in "Interneurons in the Honeybee Primary Auditory Center Responding to Waggle Dance–Like Vibration Pulses," *Journal of Neuroscience* 37, no. 44 (2017): 10624–10635. On emotion-like states in bees, see D. Baracchi, M. Lihoreau, and M. Giurfa, "Do Insects Have Emotions? Some Insights from Bumble Bees," *Frontiers in Behavioral Neuroscience* 11 (2017): 157; M. Bateson, S. Desire, S. E. Gartside, and G. A. Wright, "Agitated Honeybees Exhibit Pessimistic Cognitive Biases," *Current Biology* 21, no. 12 (2011): 1070–1073; and Clint J. Perry, Andrew B. Barron, and Lars Chittka, "The Frontiers of Insect Cognition," *Current Opinion in Behavioral Sciences* 16 (2017): 111–118. A. B. Barron and C. Klein argue that insects are capable of consciousness in "What Insects Can Tell Us about the Origins of Consciousness," *Proceedings of the National Academy of Sciences* 113, no. 18 (2016): 4900–4908. J. Groening, D. Venini, and M. V. Srinivivasan report that bees do not increase morphine in response to damage in "In Search of Evidence for the Experience of Pain in Honeybees: A Self-Administration Study," *Scientific Reports* 7 (2017): 45825. C. Solvi, S. Gutierrez Al-Khudhairy, and L. Chittka describe cross-modal object recognition in bumblebees in "Bumble Bees Display Cross-Modal Object Recognition between Visual and Tactile Senses," *Science* 367, no. 6480 (2020): 910–912. Project: use the brain's grid cells to consider whether bees can have cognitive maps without imagery.

On octopus cognition, see A.-S. Darmaillacq, L. Dickel, and J. Mather, *Cephalopod Cognition* (Cambridge: Cambridge University Press, 2014); P. Godfrey-Smith, *Other Minds: The Octopus, the Sea, and the Deep Origins of Consciousness* (New York: Farrar, Straus and Giroux, 2016); B. Hochner, "An Embodied View of Octopus Neurobiology," *Current Biology* 22, no. 20 (2012): R887–R892; and J. A. Mather and L. Dickel, "Cephalopod Complex Cognition," *Current Opinion in Behavioral Sciences* 16 (2017): 131–137. E. Edsinger and G. Dölen describe octopuses on MDMA becoming more sociable in "A Conserved Role for Serotonergic Neurotransmission in Mediating Social Behavior in Octopus," *Current Biology* 28, no. 19 (2018): 3136–3142. R. J. Crook, R. T. Hanlon, and E. T. Walters report nociceptors in squid in "Squid Have Nociceptors That Display Widespread Long-Term Sensitization and Spontaneous Activity after Bodily Injury," *Journal of Neuroscience* 33, no. 24 (2013): 10021–10026; and P. L. R. Andrews, A.-S. Darmaillacq, N. Dennison, I. G. Gleadall, P. Hawkins, J. B. Messenger, Daniel Osorio, et al., discuss evidence for pain in cephalopods in "The Identification and Management of Pain, Suffering and Distress in Cephalopods, including Anaesthesia, Analgesia and Humane Killing," *Journal of Experimental Marine Biology* 447 (2013): 46–64. D. Scheel, S. Chancellor, M. Hing, M. Lawrence, S. Linquist, and P. Godfrey-Smith describe octopus communities in "A Second Site Occupied by Octopus tetricus at High Densities, with Notes on Their Ecology and Behavior," *Marine and Freshwater Behaviour and Physiology* 50, no. 4 (2017): 285–291.

General works on bird cognition include T. Birkhead, *Bird Sense: What It's Like to Be a Bird* (London: Bloomsbury, 2012); N. Emery, *Bird Brain: An Exploration of Avian Intelligence* (Princeton, NJ: Princeton University Press, 2016); O. Güntürkün and T. Bugnyar, "Cognition without Cortex," *Trends in Cognitive Sciences* 20, no. 4 (2016): 291–303; S. Olkowicz, M. Kocourek, R. K. Lucan, M. Portes, W. T. Fitch, S. Herculano-Houzel, and P. Nemec, "Birds Have Primate-Like Numbers of Neurons in the Forebrain," *Proceedings of the National Academy of Sciences* 113, no. 26 (2016): 7255–7260; and C. ten Cate and S. D. Healy, Avian Cognition (Cambridge: Cambridge University Press, 2017). M. R. Papini, J. C. Penagos-Corzo, and A. M. Pérez-Acosta discuss bird emotions in "Avian Emotions: Comparative Perspectives on Fear and Frustration," *Frontiers in Psychology* 9 (2018): 2707. On ravens and crows, see R. Gruber, M. Schiestl, M. Boeckle, A. Frohnwieser, R. Miller, R. D. Gray, N. S. Clayton, et al., "New Caledonian Crows Use Mental Representations to Solve Metatool Problems," *Current Biology* 29, no. 4 (2017): 686–692 e3; B. Heinrich, *Mind of the Raven* (New York: HarperCollins, 2006) (quote from p. 191); B. Heinrich and T. Bugnyar, "Testing Problem Solving in Ravens: String-Pulling to Reach Food," *Ethology* 111, no. 10 (2005): 962–976; I. F. Jacobs, A. von Bayern, G. Martin-Ordas, L. Rat-Fischer, and M. Osvath, "Corvids Create Novel Causal Interventions After All," *Proceedings of the Royal Society B* 282, no. 1806 (2015): 20142504; C. Kabadayi and M. Osvath, "Ravens Parallel Great Apes in Flexible Planning for Tool-Use and

Bartering," *Science* 357, no. 6347 (2017): 202–204; S. A. Jelbert, R. J. Hosking, A. H. Taylor, and R. D. Gray, "Mental Template Matching Is a Potential Cultural Transmission Mechanism for New Caledonian Crow Tool Manufacturing Traditions," *Scientific Reports* 8, no. 1 (2018): 8956; J. Marzluff and T. Angell, *Gifts of the Crow* (New York: Atria, 2012); J. J. A. Müller, J. J. M. Massen, T. Bugnyar, and M. Osvath, "Ravens Remember the Nature of a Single Reciprocal Interaction Sequence over 2 Days and Even after a Month," *Animal Behaviour* 128 (2017): 69–78; A. M. P. von Bayern, S. Danel, A. M. I. Auersperg, B. Mioduszewska, and A. Kacelnik, "Compound Tool Construction by New Caledonian Crows," *Scientific Reports* 8, no. 1 (2018): 15676; and A. A. Wright, J. F. Magnotti, J. S. Katz, K. Leonard, A. Vernouillet, and D. M. Kelly, "Corvids Outperform Pigeons and Primates in Learning a Basic Concept," *Psychological Science* 28 (2017): 437–444.

Good sources on dog cognition include M. K. Bensky, S. D. Gosling, and D. L. Sinn, "The World from a Dog's Point of View," *Advances in the Study of Behavior* 45 (2013): 209–406; G. Berns, *What It's Like to Be a Dog, and Other Adventures in Animal Neuroscience* (New York: Basic Books, 2017); B. Hare and V. Woods, *The Genius of Dogs* (New York: Dutton, 2013); and especially Á. Miklósi, *Dog Behavior, Evolution, and Cognition* (Oxford: Oxford University Press, 2015). G. S. Berns, A. M. Brooks, and M. Spivak study dog sense of smell in "Scent of the Familiar: An fMRI Study of Canine Brain Responses to Familiar and Unfamiliar Human and Dog Odors," *Behavioral Processes* 110 (2015): 37–46. A. Prichard, R. Chhibber, K. Athanassiades, M. Spivak, and G. S. Berns examine fast neural learning in "Fast Neural Learning in Dogs: A Multimodal Sensory fMRI Study," *Scientific Reports* 8, no. 1 (2018): 14614. C. Fugazza, A. Moesta, A. Pogány, and A. Miklósi study social learning in "Social Learning from Conspecifics and Humans in Dog Puppies," *Scientific Reports* 8, no. 1 (2018): 9257. M. V. Kujala reviews dog emotions in "Canine Emotions as Seen through Human Social Cognition," *Animal Sentience* 14, no. 1 (2017). A. Horowitz argues that a guilty look is not guilt in "Disambiguating the 'Guilty Look': Salient Prompts to Familiar Dog Behavior," *Behavioral Processes* 81, no. 3 (2009): 447–452. A. Horowitz found that dogs recognize their own urine in "Smelling Themselves: Dogs Investigate Their Own Odours Longer When Modified in an 'Olfactory Mirror' Test," *Behavioral Processes* 143 (2017): 17–24. See chapter 7 for a discussion of whether dogs are jealous.

Dolphin cognition is reviewed in J. Gregg, *Are Dolphins Really Smart? The Mammal behind the Myth* (Oxford: Oxford University Press, 2013) (language evaluation, 136); L. M. Herman, "What Laboratory Research Has Told Us about Dolphin Cognition," *International Journal of Comparative Psychology* 23 (2010): 310–330; D. L. Herzing and C. M. Johnson, *Dolphin Communication and Cognition: Past, Present, and Future* (Cambridge, MA: MIT Press, 2015); E. Mercado and C. M. DeLong, "Dolphin Cognition: Representations and Processes in Memory and Perception," *International Journal of Comparative Psychology* 23, no. 3 (2010). R. J. Schusterman, J. A. Thomas, and F. Glenn Wood survey dolphin communication in *Dolphin Cognition and Behavior: A Comparative Approach* (Hillsdale, NJ: Lawrence Erlbaum, 1986). M. Bearzi and C. B. Stanford compare dolphins and apes in *Beautiful Minds: The Parallel Lives of Great Apes and Dolphins* (Cambridge, MA: Harvard University Press, 2008). R. Morrison and D. Reiss describe mirror self-recognition by dolphins in "Precocious Development of Self-Awareness in Dolphins," *PLOS One* 13, no. 1 (2018): e0189813. H. S. Mortenson, B. Pakkenberg, M. Dam, R. Dietz, C. Sonne, B. Mikkelsen, and N. Eriksen analyze dolphin brains in "Quantitative Relationships in Delphinid Neocortex," *Frontiers in Neuroanatomy* 8 (2014): 132. Tail walking learning is reported in E. Young, "A Once-Captive Dolphin Has Introduced Her Friends to a Silly Trend," *Atlantic*, September 5, 2018, https://www.theatlantic.com/science/archive/2018/09/dolphins-tail-walking-trend/569314.

Chimpanzee cognition is covered in E. Lonsdorf, S. R. Ross, and T. Matsuzawa, *The Mind of the Chimpanzee: Ecological and Experimental Perspectives* (Chicago: University of Chicago Press, 2010). M. Tomasello and J. Call review primate cognition in *Primate Cognition* (New York: Oxford University Press, 1997). E. Herrmann, B. Hare, J. Call, and M. Tomasello ("Differences in the Cognitive Skills of Bonobos and Chimpanzees," *PLOS One* 5, no. 8 [2010]: e12438) and J. K. Rilling, J. Scholz, T. M. Preuss, M. F. Glasser, B. K. Errangi, and T. E. Behrens ("Differences between Chimpanzees and Bonobos in Neural Systems Supporting Social Cognition," *Social Cognitive Affective Neuroscience* 7, no. 4 [2012]: 369–379) compare chimpanzees and bonobos. Dorothy L. Cheney and Robert M. Seyfarth compare chimpanzees with baboons and humans in *Baboon Metaphysics: The Evolution of a Social Mind* (Chicago: University of Chicago Press, 2008). Bonobos are described in F. B. M. de Waal, *The Bonobo and the Atheist: In Search of Humanism among* the *Primates* (New York: Norton, 2013). W. Köhler describes insight learning in *The Mentality of Apes* (London: Kegan Paul, Trench, Taubner, 1927), although some ethologists still prefer the alternative explanation of trial-and-error learning. A. Whiten compares social learning in child and chimpanzee in "Social Learning and Culture in Child and Chimpanzee," *Annual Review of Psychology* 68 (2017): 129–154. S. Musgrave, D. Morgan, E. Lonsdorf, R. Mundry, and C. Sanz report teaching of tool use by chimpanzees in "Tool Transfers Are a Form of Teaching among Chimpanzees," *Scientific Reports* 6 (2016): 34783. D. M. Altschul, E. K. Wallace, R. Sonnweber, M. Tomonaga, and A. Weiss describe chimpanzee performance on touch screen tasks in "Chimpanzee Intellect: Personality, Performance and Motivation with Touchscreen Tasks," *Royal Society Open Science* 4, no. 5 (2017): 170169. M. E. Kret, A. Muramatsu, and T. Matsuzawa compare emotions in humans and chimpanzees in "Emotion Processing across and within Species: A Comparison between Humans (Homo sapiens) and Chimpanzees (*Pan troglodytes*)," *Journal of Comparative Psychology* 132, no. 4 (2018): 395–409. W. T. Finch, The *Evolution of Language* (Cambridge: Cambridge University Press, 2010), describes the limits of nonhuman language.

The sources for table 4.1 include S. Herculano-Houzel, *The Human Advantage: A New Understanding of How Our Brain Became Remarkable* (Cambridge, MA: MIT Press, 2016); S. Herculano-Houzel, "Numbers of Neurons as Biological Correlates of Cognitive Capability," *Current Opinion in Behavioral Sciences* 16 (2017): 1–7; D. Jardim-Messeder, K. Lambert, S. Noctor, F. M. Pestana, M. E. de Castro Leal, M. F. Bertelsen, A. N. Alagaili, et al., "Dogs Have the Most Neurons, Though Not the Largest Brain: Trade-Off between Body Mass and Number of Neurons in the Cerebral Cortex of Large Carnivoran Species," *Frontiers in Neuroanatomy* 11 (2017): 118; S. Olkowicz et al., "Birds Have Primate-Like Numbers of Neurons in the Forebrain," 7255–7260; and various websites including Wikipedia, https://en.wikipedia.org/wiki/List_of_animals_by_num ber_of_neurons and https://faculty.washington.edu/chudler/facts.html.

5. 人类的优势

My list of human advantages expands on M. C. Corballis, *The Recursive Mind:*

305

The Origins of Human Language, Thought, and Civilization (Princeton, NJ: Princeton University Press, 2011); Joseph Henrich, *The Secret of Our Success* (Princeton, NJ: Princeton University Press, 2016); Herculano-Houzel, *The Human Advantage*; D. C. Penn, K. J. Holyoak, and D. J. Povinelli, "Darwin's Mistake: Explaining the Discontinuity between Human and Nonhuman Minds," Behavioral and Brain Sciences 31, no. 2 (2008): 109–130; T. Suddendorf, *The Gap: The Science of What Separates Us from Other Animals* (New York: Basic Books, 2013); and Wynne, Do Animals Think?. This list is open to revision based on ongoing research. A few animals such as jays may be able to think about past, future, and the minds of others to a limited degree: N. S. Clayton, T. J. Bussey, and A. Dickenson, "Can Animals Recall the Past and Plan for the Future?" *Nature Reviews Neuroscience* 4, no. 8 (2003): 685. Humans can think about their own minds and the minds of others even before and after death. Cr. Krupenye, F. Kano, S. Hirata, J. Call, and M. Tomasello claim, in "Great Apes Anticipate That Other Individuals Will Act According to False Beliefs," *Science* 354, no. 6308 (2016): 110–114, that great apes implicitly understand false beliefs, suggesting that animals can hypothesize hidden causes when they attribute mental states; but it is more plausible that animals perform multimodal rule simulation (Ashley Keefner, "Corvids Infer the Minds of Conspecifics," *Biology and Philosophy* 31, no. 2 [2015]: 267–281). A. H. Taylor, R. Miller, and R. D. Gray contend that New Caledonian crows can infer hidden causal agents in "New Caledonian Crows Reason about Hidden Causal Agents," *Proceedings of the National Academy of Sciences* 109, no. 40 (2012): 16389–16391. A. H. Taylor, in "Corvid Cognition," *WIREs Cognitive Science* 5, no. 3 (2014): 361–372, describes crows' use of "meta-tools," or using tools to retrieve tools, which is not as creative as making tools that make tools.

AI research on learning how to learn is beginning: E. Real, C. Liang, D. R. So, and Quoc V. Le develop novel techniques for machine learning of machine learning algorithms in "AutoML-Zero: Evolving Machine Learning Algorithms from Scratch," *arXiv preprint arXiv*:2003.03384.

The hypothesis that cooking played a major role in the evolution of large human brains is advocated in Herculano-Houzel, *The Human Advantage*; C. Organ, C. L. Nunn, Z. Machanda, and R. W. Wrangham, "Phylogenetic Rate Shifts in Feeding Time during the Evolution of Homo," *Proceedings of the National Academy of Sciences* 108, no. 35 (2011): 14555–14559; and R. W. Wrangham, *Catching*

Fire: How Cooking Made Us Human (New York: Basic Books, 2009). The major problem with this hypothesis is lack of archaeological evidence for cooking 1.5 million years ago, but an African hearth around a million years old has been found: K. Miller, "Archaeologists Find Earliest Evidence of Humans Cooking with Fire," *Discover*, December 16, 2013, https://www.discovermagazine.com/the-sciences/ archaeologists-find-earliest-evidence-of-humans-cooking-with-fire. Alternative (or complementary) hypotheses for the evolution of large brains are tool use (D. M. Rumbaugh, M. J. Beran, and W. A. Hillix, "Cause-Effect Reasoning in Humans and Animals," in *The Evolution of Cognition*, ed. C. Heyes and L. Huber [Cambridge, MA: MIT Press, 2000]); social emotions (E. Jablonka, S. Ginsburg, and D. Dor, "The Coevolution of Language and Emotions," *Philosophical Transactions of the Royal Society B: Biological Sciences* 367, no. 1599 [2012]: 2152–2159); and social learning (M. Muthukrishna, M. Doebeli, M. Chudek, and J. Henrich, "The Cultural Brain Hypothesis: How Culture Drives Brain Expansion, Sociality, and Life History," *PLOS Computational Biology* 14, no. 11 [2018]: e1006504).

Corballis, *The Recursive Mind*, and T. Suddendorf, *The Gap: The Science of What Separates Us from Other Animals* (New York: Basic Books, 2013), explain recursive thinking. I take the term "looping effect" from I. Hacking, who applies it to how social concepts can change society in *The Social Construction of What?* (Cambridge, MA: Harvard University Press, 1999). Hofstadter, *I Am a Strange Loop*, considers persons as "strange loops." I avoid using the popular but misleading terms "theory of mind" and "mental time travel."

You can watch a crow solve an eight-step problem on YouTube, https://www.youtube.com/watch?v=Gui3IswQ0DI. F. S. Medina, A. H. Taylor, G. R. Hunt, and R. D. Gray test crows' responses to mirrors in "New Caledonian Crows' Responses to Mirrors," Animal Behavior 82, no. 5 (2011): 981–993.

On human rule-based problem solving, see A. Newell and H. A. Simon, *Human Problem Solving* (Englewood Cliffs, NJ: Prentice Hall, 1972); and J. E. Laird, C. Lebiere, and P. S. Rosenbloom, "A Standard Model of the Mind: Toward a Common Computational Framework across Artificial Intelligence, Cognitive Science, Neuroscience, and Robotics," *AI Magazine* 38, no. 4 (2017): 13–26.

R. C. Berwick and N. Chomsky propose that a mutation led to human language in *Why Only Us: Language and Evolution* (Cambridge, MA: MIT Press, 2016), 70.

On theoretical neuroscience (also known as computational neuroscience), see P. Dayan and L. F. Abbot, *Theoretical Neuroscience: Computational and Mathematical Modeling of Neural Systems* (Cambridge, MA: MIT Press, 2001); and T. J. Sejnowski, *The Deep Learning Revolution* (Cambridge, MA: MIT Press, 2018).

The semantic pointer theory of mind is developed by Eliasmith, *How to Build a Brain*. See also Thagard, Brain-Mind; and P. Thagard, *Natural Philosophy: From Social Brains to Knowledge, Reality, Morality, and Beauty* (New York: Oxford University Press, 2019). The semantic pointer theory of emotions is stated in Thagard, Brain-Mind; and I. Kajić, T. Schröder, T. C. Stewart, and P. Thagard, "The Semantic Pointer Theory of Emotions," *Cognitive Systems Research* 58 (2019): 35–53. S. D. Kreibig, "Autonomic Nervous System Activity in Emotion: A Review," *Biological Psychology* 84 (2010): 394–421, table 1, displays the physiological similarity of anger and fear.

M. Scheffer, *Critical Transitions in Nature and Society* (Princeton, NJ: Princeton University Press, 2009), describes critical transitions in nature and society; and Thagard, *Natural Philosophy*, analyzes emergence that results from such transitions. Emergent properties belong to a whole but not to its parts and are not just aggregates of the properties of the parts, because they result from interactions of the parts.

The Bengio quote on causality comes from his interview in Ford, *Architects of Intelligence*, 18. On causality, see J. Pearl, *Causality: Models, Reasoning, and Inference* (Cambridge: Cambridge University Press, 2000); J. Pearl and D. Mackenzie, *The Book of Why: The New Science of Cause and Effect* (New York: Basic Books, 2018) (quote on p. 13); D. C. Penn and D. J. Povinelli, "Causal Cognition in Human and Nonhuman Animals: A Comparative, Critical Review," *Annual Review of Psychology* 58 (2007): 97–118; Thagard, *Brain-Mind*; and Thagard, *Natural Philosophy*. The three-analysis of causality comes from Thagard, *Brain-Mind*, 100. An alternative route to causality that tracks sensory-motor-sensory patterns might be to use autoencoders in neural networks combined with model-based reinforcement learning.

R. Baillargeon, R. M. Scott, and L. Bian review children's physical knowledge in "Psychological Reasoning in Infancy," *Annual Review of Psychology* 67 (2016): 159–186. Sanz, Call, and Boesch review animals' use of tools in *Tool Use in Animals*. J. Woodward considers the importance of manipulation and intervention for causality and explanation in *Making Things Happen: A Theory of Causal Explanation* (Oxford: Oxford University Press, 2004). A. Karpathy, G. Toderici, S. Shetty, T. Leung, R. Sukthankar, and L. Fei-Fei, "Large-Scale Video Classification with Convolutional Neural Networks," in *2014 IEEE Conference on Computer Vision and Pattern Recognition* (Columbus: IEEE), 1725–1732 apply deep learning to videos, raising the possibility of computer learning of causal relations.

My quote from Homer's Iliad comes from the translation by S. Butler, available at https://www.gutenberg.org/ebooks/2199.

On the contributions of abductive inference, conceptual combination, and analogy to forming hypotheses about hidden causes, see P. Thagard, *Computational Philosophy of Science* (Cambridge, MA: MIT Press, 1988); P. Thagard, *The Cognitive Science of Science: Explanation, Discovery, and Conceptual* Change (Cambridge, MA: MIT Press, 2012); and Thagard, *Brain-Mind.*

On the importance of emotion for social intelligence, see D. Goleman, *Emotional Intelligence* (New York: Bantam, 1995); P. Salovey, B. T. DetweilerBedell, J. B. Detweiler-Bedell, and J. D. Mayer, "Emotional Intelligence," in *Handbook of Emotions*, ed. M. Lewis, J. M. Haviland-Jones, and L. F. Barrett (New York: Guilford Press, 2008), 533–547; and P. Thagard, *Mind-Society: From Brains to Social Sciences and Professions* (New York: Oxford University Press, 2019), which also describes cognitive and emotional mechanisms that enhance communication.

M. Tomasello, *Becoming Human: A Theory of Ontogeny* (Cambridge, MA: Harvard University Press, 2019), describes the social origins of humanity. On empathy and fairness in animals, see De Waal, *Mama's Last Hug*, and many of his other books. M. J. Beran and W. D. Hopkins describe selfcontrol in chimpanzees in "Self-Control in Chimpanzees Relates to General Intelligence," *Current Biology* 28, no. 4 (2018): 574–579, e3. K. N. Laland, *Darwin's Unfinished Symphony: How Culture Made the Human Mind* (Princeton, NJ: Princeton University Press, 2017), 191, proposes that teaching is a major reason why language evolved.

C. Safina gives examples of teaching by animals in *Beyond Words: What Animals Think and Feel* (London: Macmillan, 2015); but G. Csibra and G. Gergely claim that only humans teach in "Natural Pedagogy as Evolutionary Adaptation," *Philosophical Transactions of the Royal Society B: Biological Sciences* 366, no. 1567 (2011): 1149–1157. M. Wooldridge reviews multiagent systems in artificial intelligence in *An Introduction* to Multiagent Systems (Chichester: John Wiley & Sons, 2002). H. Andersen, X. Shen, Y. H. Eng, D. Rus, and M. H. Ang discuss cooperation among autonomous vehicles in "Connected Cooperative Control of Autonomous Vehicles during Unexpected Road Situations," *Mechanical Engineering* 139, no. 12 (2017): S3–S7. The internet device statistic comes from "Internet of Things (IoT) Connected Devices Installed Base Worldwide from 2015 to 2025," *Statista*, November 27, 2016, https://www.statista.com/statistics/471264/iot-number-of-connected-devices-worldwide.

C. A. Chapman and M. A. Huffman discuss the motivation for thinking that humans are different in "Why Do We Want to Think Humans Are Different?" *Animal Sentience* 3, no. 23 (2018). C. Darwin, *The Descent of Man, and Selection in Relation to Sex* (Princeton, NJ: Princeton University Press), says that human and animal minds differ only in degree, an idea that I challenge in chapter 7 and in more detail in P. Thagard, "Darwin and the Golden Rule: How to Distinguish Differences of Degree from Differences of Kind Using Mechanisms" (forthcoming).

6. 思维是何时产生的

A. S. Reber claims that bacteria have minds in *The First Minds: Caterpillars, 'Karyotes, and Consciousness* (New York: Oxford University Press, 2019). F. Baluska and A. Reber propose mechanisms for cell consciousness in "Sentience and Consciousness in Single Cells: How the First Minds Emerged in Unicellular Species," *BioEssays* 41, no. 3 (2019): 1800229. J. Jaynes says that consciousness is a cultural development in *The Origin of Consciousness in the Breakdown of the Bicameral Mind*. C. Koch, *The Feeling of Life Itself: Why Consciousness Is Widespread but Can't Be Computed* (Cambridge, MA: MIT Press, 2019), claims that bacteria are conscious based on the information integration theory of consciousness critiqued in Thagard, *Natural Philosophy*. C. Parisien and P. Thagard, in "Robosemantics: How Stanley the Volkswagen Represents the World," *Minds and Machines* 18 (2006): 169–178, argue that self-driving cars refute J. Searle, "Minds, Brains, and Programs," *Behavioral and Brain Sciences* 3 (1980): 417–424. For an approximate time line of evolution, see M. Marshall, "Timeline: The Evolution of Life," *New Scientist,* July 14, 2009, https://www.newscientist.com/article/dn17453-timeline-the -evolution-of-life.

R. Descartes, in *The Philosophical Writings of Descartes*, trans. J. Cottingham et al. (Cambridge: Cambridge University Press, 1985), argued that he could not doubt that he was thinking. The attribution diagrams are based on the explanatory coherence theory of P. Thagard, "Explanatory Coherence," *Behavioral and Brain Sciences* 12 (1989): 435–467; and P. Thagard, *Conceptual Revolutions* (Princeton, NJ: Princeton University Press, 1992).

Defenders of plant intelligence include Anthony Trewavas, *Plant Behavior and Intelligence* (Oxford: Oxford University Press, 2014); and M. Gagliano, J. C. Ryan, and P. Vieira, *The Language of Plants: Science, Philosophy, Literature* (Minneapolis: University of Minneapolis Press, 2017). L. Taiz, D. Alkon, A. Draguhn, A. Murphy, M. Blatt, C. Hawes, G. Thiel, et al., debunk plant consciousness in "Plants Neither Possess Nor Require Consciousness," *Trends in Plant Science* 14 (2019): 677–687.

C. Allen and M. Trestman review philosophical ideas about animal consciousness in "Animal Consciousness," *Stanford Encyclopedia of Philosophy*, https:// plato.stanford.edu/entries/consciousness-animal. P. Le Neindre, E. Bernard, A. Boissy, X. Boivin, L. Calandreau, N. Delon, B. Deputte, et al., review scientific research on animal consciousness in "Animal Consciousness," *EFSA Supporting Publications* 14, no. 4 (2017): 1196E. T. E. Feinberg and J. M. Mallatt locate the origins of consciousness in insects, fish, and cephalopods in *The Ancient Origins of Consciousness: How the Brain Created Experience* (Cambridge, MA: MIT Press, 2016). Neural theories of consciousness include Dehaene, *Consciousness and the Brain*; and Thagard, *Brain-Mind*.

C. W. Woo, M. Roy, J. T. Buhle, and T. D. Wager review brain mechanisms for human pain in "Distinct Brain Systems Mediate the Effects of Nociceptive Input and Self-Regulation on Pain," *PLOS Biology* 13, no. 1 (2015): e1002036. Advocates of fish pain include V. Braithwaite, *Do Fish Feel Pain?* (Oxford: Oxford University Press, 2001); and Lynne U. Sneddon, Javier Lopez-Luna, David C. C. Wolfenden, Matthew C. Leach, Ana M. Valentim, Peter J. Steenbergen, Nabila Bardine, et al., "Fish Sentience Denial: Muddying the Waters," *Animal Sentience* 3, no. 21 (2018): 1. Skeptics about fish pain include J. D. Rose, R. Arlinghaus, S. J. Cooke, B. K. Diggles, W. Sawynok, E. D. Stevens, and C. D. L. Wynne, "Can Fish Really Feel Pain?" *Fish and Fisheries* 15 (2012): 97–133; and Brian Key, "Why Fish Do Not Feel Pain," *Animal Sentience* 1, no. 3 (2016). M. Kohda, T. Hotta, T. Takeyama, S. Awata, H. Tanaka, J. Y. Asai, and A. L. Jordan claim that fish pass the mirror test for self-consciousness in "If a Fish Can Pass the Mark Test, What Are the Implications for Consciousness and Self-Awareness Testing in Animals?" *PLOS Biology* 17, no. 2 (2019): e3000021; but F. B. M. de Waal prefers a gradualist approach to self-awareness in "Fish, Mirrors, and a Gradualist Perspective on Self-Awareness," *PLOS Biology* 17, no. 2 (2019): e30000112.

B. J. King makes the case for grief in animals in *How Animals Grieve* (Chicago: University of Chicago Press, 2013). More general works on animal emotions include M. Bekoff, *The Emotional Lives of Animals* (Novato, CA: New World Library, 2007); and De Waal, Mama's Last Hug. M. A. L. Reggente, F. Alves, C. Nicolau, L. Freitas, D. Cagnazzi, R. W. Baird, and P. Galli describe grief in dolphins in "Nurturant Behavior toward Dead Conspecifics in FreeRanging Mammals: New Records for Odontocetes and a General Review," *Journal of Mammalogy* 97, no. 5 (2016): 1428–1434. Horowitz, in "Disambiguating the 'Guilty Look,'" debunks guilt in dogs; but De Waal, in *Mama's Last Hug,* maintains that dogs can be guilty in cases of violation of dominance rules.

Studies on jealousy in dogs include J. Abdai, C. Bano Terencio, P. Perez Fraga, and Á. Miklósi, "Investigating Jealous Behavior in Dogs," *Scientific Reports* 8, no. 1 (2018): 8911; P. Cook, A. Prichard, M. Spivak, and G. S. Berns, "Jealousy in Dogs? Evidence from Brain Imaging," *Animal Sentience* 3, no. 22 (2018): 1; C. R. Harris and C. Prouvost, "Jealousy in Dogs," *PLOS One* 9, no. 7 (2014): e94597; E. W. Mathes and D. J. Deuger, "Jealousy, a Creation of Human Culture?" *Psychological Reports* 51, no. 2 (1982): 351–354; and P. H. Morris, C. Doe, and E. Godsell, "Secondary Emotions in Non-primate Species? Behavioural Reports and Subjective Claims by Animal Owners," *Cognition and Emotions* 22, no. 1 (2007): 3–20.

Advocates of the idea that animals can think with analogies include R. G. Cook and E. A. Wasserman, "Learning and Transfer of Relational Matchingto-Sample by Pigeons," Psychonomic Bulletin and Review 14, no. 6 (2007): 1107–1114; J. Fagot and A. Maugard, "Analogical Reasoning in Baboons (*Papio papio*): Flexible Reencoding of the Source Relation Depending on the Target Relation," *Learning and Behavior* 41, no. 3 (2007): 229–237; T. M. Flemming, R. K. R. Thompson, and J. Fagot, "Baboons, like Humans, Solve Analogy by Categorical Abstraction of Relations," *Animal Cognition* 16, no. 3 (2013): 519–524; D. J. Gillan, D. Premack, and G. Woodruff, "Reasoning in the Chimpanzee: I. Analogical Reasoning," *Journal of*

Experimental Psychology: Animal Behavior Processes 7 (1981): 1–17; K. J. Holyoak and P. Thagard, *Mental Leaps: Analogy in Creative Thought* (Cambridge, MA: MIT Press, 1995); T. Obozova, A. Smirnova, Z. Zorina, and E. Wasserman, "Analogical Reasoning in Amazons," *Animal Cognition* 18, no. 6 (2015): 1363–1371; D. Premack, "Why Humans Are Unique: Three Theories," *Perspectives in Psychological Science* 5, no. 1 (2010): 22–32; A. Smirnova, Z. Zorina, T. Obozova, and E. Wasserman, "Crows Spontaneously Exhibit Analogical Reasoning," *Current Biology* 25, no. 2 (2015): 256–260; R. K. R. Thompson and D. L. Oden, "Categorical Perception and Conceptual Judgments by Nonhuman Primates: The Paleological Monkey and the Analogical Ape," *Cognitive Science* 24, no. 3 (2000): 363 396. Psychologists call the task shown in figure 6.1 "relational match to sample." Skeptics about animal analogies include Penn, Holyoak, and Povinelli, "Darwin's Mistake," 109–130; S. Dymond and I. Stewart, "Relational and Analogical Reasoning in Comparative Cognition," *International Journal of Comparative Psychology* 29, no. 1 (2016); and J. Vonk, "Corvid Cognition: Something to Crow About?" *Current Biology* 25, no. 2 (2015): R69–R71. Scientists claimed that the chimpanzee Sarah did proportional analogies, but her performance was never replicated and is open to alternative explanations.

I. Copi has two additional criteria for evaluating analogical inferences in *Introduction to Logic* (New York: Macmillan, 1982), 365. His account is consistent with that in the leading logic book of the nineteenth century, J. S. Mill, *A System of Logic* (London: Longman, 1970), 365.

M. Tegmark, *Life 3.0: Being Human in the Age of Artificial Intelligence* (New York: Alfred A. Knopf, 2017), argues for substrate independence, a position that philosophers call functionalism, which is usually based on arguments about multiple realizability challenged in W. Bechtel and J. Mundale, "Multiple Realizability Revisited: Linking Cognitive and Neural States," *Philosophy of Science* 66 (1999): 175–207. Feinberg and Mallatt, *The Ancient Origins of Consciousness*, and T. E. Feinberg and J. M. Mallatt, *Demystifying Consciousness: How the Brain Creates Experience* (Cambridge, MA: MIT Press, 2018), defend a biological theory of consciousness. P. Thagard, "Energy Requirements Undermine Substrate Independence and Mind-Body Functionalism" (forthcoming in *Philosophy of Science*), argues that the plausibility of substrate independence is undermined by considering how biological and computational systems use energy. Because real-world information processing depends on energy requirements that are substrate dependent, intelligence is substrate dependent. This argument also challenges claims that human minds can be transferred to computers.

Thagard, *Brain-Mind*, and P. Thagard and T. C. Stewart, "Two Theories of Consciousness: Semantic Pointer Competition vs. Information Integration," *Consciousness and Cognition* 30 (2014): 73–90, explain consciousness as competition among semantic pointers. Another theory is that consciousness occurs when information is broadcast across brain regions: Dehaene, *Consciousness and the Brain*; S. Dehaene, H. Lau, and S. Kouider, "What Is Consciousness, and Could Machines Have It?" *Science* 358, no. 6362 (2017): 486–492. The information integration theory of consciousness (G. Tononi, M. Boly, M. Massimi, and C. Koch, "Integrated Information Theory: From Consciousness to Its Physical Substrate," *Nature Reviews Neuroscience* 17, no. 7 [2016]: 450–461) implies that computers are already conscious, but this theory has numerous mathematical and empirical problems described in Thagard and Stewart, "Two Theories of Consciousness," and Thagard, *Natural Philosophy*. J.-M. Fellous and Michael A. Arbib, *Who Needs Emotions? The Brain Meets the Robot* (Oxford: Oxford University Press, 2005), considers robot emotions.

J. H. Lau, T. Cohn, Timothy Baldwin, Julian Brooke, and Adam Hammond, "Deep-Speare: A Joint Neural Model of Poetic Language, Meter, and Rhyme," *arXiv preprint arXiv:1807.03491*, 2018, give a neural network model of poetry. M. Boden, *Creativity and Art: Three Roads to Surprise* (Oxford: Oxford University Press, 2010), and M. du Sautoy, *Creativity Code: Art and Innovation in the Age of AI* (Cambridge, MA: MIT Press, 2019), provide examples of computer creativity, which is challenged in Kelly, "A Philosopher Argues That an AI Can't Be an Artist." Du Sautoy, *Creativity Code*, 283, links creativity to consciousness, but whether creativity requires or is merely enhanced by consciousness (through motivation, evaluation, and reflection) is unclear. Thagard, *Brain-Mind*, discusses the creation of new methods, and Thagard, *Mind-Society*, analyzes norms. W. Reich, *Schoenberg: A Critical Biography, trans*. L. Black (London: Longman, 1971), describes the development of Schoenberg's musical methods.

T. Westby and C. J. Conselice calculate the number of civilizations on other planets in "The Astrobiological Copernican Weak and Strong Limits for Intelligent Life," *Astrophysical Journal* 896, no. 1 (2020): 58. Another skeptical response is N. R. Longrich, "Evolution Tells Us We Might Be the Only Intelligent Life in the Universe," *The Conversation*, October 18, 2019, https://theconversation.com/evolution-tells-us-we-might-be-the-only-intelligent-life-in-the-universe-124706.

7. 机器和动物的道德

For a fuller account of ethics with many references, see Thagard, *Natural Philosophy*, chaps. 6–7. R. M. Ryan and E. L. Deci develop a full theory of human psychological needs in *Self-Determination Theory: Basic Psychological Needs in Motivation, Development, and Wellness* (New York: Guilford, 2017). Computing satisfaction of needs is not a simple calculation but requires coherence algorithms for parallel constraint satisfaction, as described in Thagard, *Natural Philosophy*; and P. Thagard, *Coherence in Thought and Action* (Cambridge, MA: MIT Press, 2000).

L. Gruen, "The Moral Status of Animals," *Stanford Encyclopedia of Psychology* (2017), reviews the moral status of animals. C. M. Korsgaard, *Fellow Creatures: Our Obligations to the Other Animals* (Oxford: Oxford University Press, 2018), argues that animals should be treated as ends in themselves, but says little about how we decide what their ends are, a question best answered in terms of needs. P. Singer, *Animal Liberation: The Definitive Classic of the Animal Movement* (New York: Harper, 2009), takes a utilitarian approach. G. L. Francione and A. Charlton, *Animal Rights: The Abolitionist Approach* (Logan, UT: Exempla Press, 2015), advocates a strong position on animal rights.

Animal morality is defended in M. Bekoff and J. Pierce, *Wild Justice: The Moral Lives of Animals* (Chicago: University of Chicago Press, 2009); De Waal, *Mama's Last Hug*; and S. Vincent, R. Ring, and K. Andrews, "Normative Practices of Other Animals," in The Routledge Handbook of Moral Epistemology, ed. K. Jones, M. Timmons, and A. Zimmerman (New York: Routledge, 2019), 57–83. Tomasello, *Becoming Human*, is skeptical. Darwin, *The Descent of Man*, discusses the moral sense of animals. Thagard, "Darwin and the Golden Rule," argues that recursive principles such as the Golden Rule and Kant's categorical imperative are beyond animal understanding. The Golden Rule is found in many religions and cultures; see Wikipedia, https://en.wikipedia.org/wiki/Golden_Rule. J. Zijlmans, R. Marhe, F. Bevaart, M.-J. A. Luijks, L. van Duin, H. Tiemeier, and A. Popma document that moral evaluation uses brain areas involved in emotion in "Neural Correlates of Moral Evaluation and Psychopathic Traits in Male Multi-problem Young Adults," *Frontiers in Psychiatry* 9 (2018): 248.

In *Brain-Mind* and *Natural Philosophy*, I defend a neurocomputational theory of consciousness and provide many references to alternative theories. Substrate independence might provide an argument for moral concern for machines, but Thagard, "Energy Requirements Undermine Substrate Independence and Mind-Body Functionalism" (forthcoming in *Philosophy of Science*), refutes it.

Discussions of AI ethics include O. Bendel, "Considerations about the Relationship between Animal and Machine Ethics," *AI and Society* 31, no.1 (2016): 103–108; M. Boden, J. Bryson, D. Caldwell, K. Dautenhahn, L. Edwards, S. Kember, P. Newman, et al., "Principles of Robotics: Regulating Robots in the Real World," *Connection Science* 29, no. 2 (2017): 124–129; Boddington, *Towards a Code of Ethics for Artificial Intelligence* (Berlin: Springer, 2017); N. Bostrom and E. Yudkowsky, "The Ethics of Artificial Intelligence," in *The Cambridge Handbook of Artificial Intelligence*, ed. W. Ramsey and K. Frankish (Cambridge: Cambridge University Press, 2014), 316–334; M. Coeckelbergh, *AI Ethics* (Cambridge, MA: MIT Press, 2020); A. Etzioni and O. Etzioni, "AI Assisted Ethics," *Ethics and Information Technology* 18, no. 2 (2016): 149–156; P. Lin, K. Abney, and R. Jenkins, *Robot Ethics 2.0: From Autonomous Cars to Artificial Intelligence* (Oxford: Oxford University Press, 2017); S. Russell, D. Dewey, and M. Tegmark, "Research Priorities for Robust and Beneficial Artificial Intelligence," *AI Magazine* 36, no. 4 (2015): 105–114; "The State of AI Ethics Report (June 2020)," MAIEI, June 24, 2020, https://montrealethics. ai/the-state-of-ai-ethics-report-june-2020. D. Lenat, "EURISKO: A Program That Learns New Heuristics and Domain Concepts," *Artificial Intelligence* 21 (1983): 61– 98, describes a program that learns heuristics. The LeCun quote on testosterone comes from Ford, *Architects of Intelligence*, 134. M. Boden argues that machines lack needs in "Robot Says: Whatever," *Aeon* (2018), https://aeon.co/essays/the-robots-wont-take- over-because-they-couldnt-care-less.

The notes for chapter 3 listed surveys about when human-level AI might be achieved. The Kurzweil and Brooks predictions appear in Ford, *Architects of Intelligence*. N. Bostrom considers various scenarios for the development of superintelligence in *Superintelligence: Paths, Dangers, Strategies* (Oxford: Oxford

University Press, 2014) but says little about human intelligence or the current state of AI; see also N. Bostrom, A. Dafoe, and C. Flynn, "Policy Desiderata for Superintelligent AI: A Vector Field Approach," in *Ethics of Artificial Intelligence*, ed. S. M. Liao (Oxford: Oxford University Press, 2020).

Thagard, *Natural Philosophy*, advocates empathy for future generations. On animal extinctions, see G. Ceballos, P. R. Ehrlich, and R. Dirzo, "Biological Annihilation via the Ongoing Sixth Mass Extinction Signaled by Vertebrate Population Losses and Declines," *Proceedings of the National Academy of Sciences* 114, no. 30 (2017): E6089–E6096; S. Pimm, P. Raven, A. Peterson, C. H. Sekercioglu, and P. R. Ehrlich, "Human Impacts on the Rates of Recent, Present, and Future Bird Extinctions," *Proceedings of the National Academy of Sciences* 103, no. 29 (2006): 10941–10946; "Media Release: Nature's Dangerous Decline 'Unprecedented'; Species Extinction Rates 'Accelerating,'" IPBES, n.d., https://www.ipbes.net/news/Media-Release-Global-Assessment. Deep learning contributes to global warming because it requires enormous computer use (Emma Strubell, Ananya Ganesh, and Andrew McCallum, "Energy and Policy Considerations for Deep Learning in NLP," *arXiv preprint arXiv:1906.02243*, 2019). T. Hanson discusses the dangers of bee extinction in *Buzz: The Nature and Necessity of Bees* (New York: Basic Books, 2018), 188. For the number of dogs in the world, see S. Coren, "How Many Dogs Are There in the World?" *Psychology Today*, September 19, 2012, https://www.psychologytoday. com/ca/blog/canine-corner/201209/how-many-dogs-are-there-in-the-world. Octopus numbers are summarized in A. Arkhipkin, "Here's Why Octopus and Squid Populations Are Booming," *New Republic*, May 25, 2016, https://newrepublic.com/ article/133734/heres-octopus-squid-populations-booming.

J. Foer describes the brutality of factory farming in *Eating Animals* (New York: Little, Brown, 2009). V. Melina, W. Craig, and S. Levin review the health benefits of vegetarian diets in "Position of the Academy of Nutrition and Dietetics: Vegetarian Diets," *Journal of the Academy of Nutrition and Dietetics* 116, no. 12 (2016): 1970–1980. M. M. Rojas-Downing, A. P. Nejadhashemi, T. Harrigan, and S. A. Woznicki describe the impact of livestock on climate change in "Climate Change and Livestock: Impacts, Adaptation, and Mitigation," *Climate Risk Management* 16 (2017): 145–163. For an argument that keeping pets is unethical, see https://aeon. co/essays/why-keeping-a-pet-is-fundamentally-unethical. D. Benatar, *Better Never to Have Been Born* (Oxford: Clarendon Press, 2006), claims that people are better never to have been born, but is refuted in P. Thagard, *The Brain and the Meaning of Life* (Princeton, NJ: Princeton University Press, 2010). For evidence that most people in prosperous countries are happy, see "World Happiness Report 2018," https:// worldhappiness.report/ed/2018; and "Gallup Global Well-Being," https://news.gallup. com/poll/126965/gallup-global-wellbeing.aspx.

D. Acemoglu and P. Restrepo review the employment effects of robots in "Robots and Jobs: Evidence from US Labor Markets," *NBER Working Paper* (w23285). S. Zuboff, *The Age of Surveillance Capitalism: The Fight for a Human Future at the New Frontier of Power* (New York: PublicAffairs, 2019), describes how technology produces surveillance capitalism. A. Caliskan, J. J. Bryson, and A. Narayanan find humanlike biases in the results of machine learning in "Semantics Derived Automatically from Language Corpora Contain Human-Like Biases," *Science* 356, no. 6334 (2017): 183–186. Many researchers and companies have made a pledge to ban lethal autonomous weapons: https://futureoflife.org/lethal-autonomous-weapons-pledge. S. Vallor, *Technology and the Virtues: A Philosophical Guide to a Future Worth Wanting* (New York: Oxford University Press, 2016), takes a virtue ethics approach to killer robots, but I think human needs are more relevant than virtues such as courage. Thagard, *Natural Philosophy*, argues that values are emotional attitudes that can nevertheless be objective. The Gandhi quote on ethics comes from https:// en.wikiquote.org/wiki/Need.

8. 人工智能的伦理问题

A. Jobin, M. Ienca, and E. Vayena cover more than eighty lists of principles for ethical AI in "The Global Landscape of AI Ethics Guidelines," *Nature Machine Intelligence* 1, no. 9 (2019): 389–399; the quote comes from p. 389.S. Russell claims that beneficial AI concerns people's preferences rather than their ethical principles and values in *Human Compatible: Artificial Intelligence and the Problem of Control* (New York: Penguin Random House, 2019).

T. L. Beauchamp and J. F. Childress advocate the four principles for medical ethics in *Principles of Biomedical Ethics* (New York: Oxford University Press, 2013). The United Nations principles on prisoners are at https://www.ohchr.org/EN/

ProfessionalInterest/Pages/MedicalEthics.aspx.

On the Asilomar AI Principles, see https://futureoflife.org/ai-principles; and Tegmark, *Life 3.0*.

Psychological alternatives to traditional economic explanations include D. Kahneman, Thinking Fast and Slow (Toronto: Doubleday, 2011); and Thagard, *Brain-Mind*, chap. 7.

Preference utilitarianism is advocated in R. M. Hare, *Moral Thinking: Its Levels, Methods, and Point* (Oxford: Oxford University Press, 1981), and critiqued in D. Hausman, M. McPherson, and D. Satz, *Economic Analysis, Moral Philosophy, and Public Policy* (Cambridge: Cambridge University Press, 2017), 128–129.

On how concepts generally have associated emotional values, see E. Cambria, "Affective Computing and Sentiment Analysis," *IEEE Intelligence Systems* 31, no. 2 (2016): 102–107; R. H. Fazio, "On the Automatic Activation of Associated Evaluations: An Overview," *Cognition and Emotion* 15 (2001): 115–141; and Thagard, Mind-Society. D. Keltner, K. Oatley, and J. M. Jenkins review emotions in *Understanding Emotions* (New York: Wiley, 2018). AI values are discussed by B. Christian, *The Alignment Problem: Machine Learning and Human Values* (New York: Penguin, 2020).

Concepts combine exemplars, stereotypes, and explanations: Blouw et al., "Concepts as Semantic Pointers"; Murphy, *The Big Book of Concepts*; Thagard, *Brain-Mind*. The three-analysis of the concept *value* comes from Thagard, *Natural Philosophy*, 151. Project: do three-analyses of important AI values such as transparency and privacy.

Brandeis and Warren defend a right to privacy in "The Right to Privacy," *Harvard Law Review* 4 (1890): 193–220.

Applications of cognitive-affective maps include T. Homer-Dixon, M. Milkoreit, S. J. Mock, T. Schröder, and P. Thagard, "The Conceptual Structure of Social Disputes: Cognitive-Affective Maps as a Tool for Conflict Analysis and Resolution," *SAGE Open* 4 (2014); P. Thagard, "EMPATHICA: A Computer Support System with Visual Representations for CognitiveAffective Mapping," in *Proceedings of the Workshop on Visual Reasoning and Representation*, ed. K. McGregor (Menlo Park, CA: AAAI Press, 2010), 79–81; and Thagard, *Mind-Society*.

Production rule systems include GPS (Newell and Simon, *Human Problem*

Solving), ACT-R (Anderson, *Rules of the Mind*), and SOAR (John E. Laird, *The Soar Cognitive Architecture* [Cambridge, MA: MIT Press, 2012]). On default rules, see Holland et al., *Induction*. Eliasmith, *How to Build a Brain*, shows how rules can be translated into spiking neurons.

S. Marsella and J. Gratch, in both "Computationally Modeling Human Emotion," *Communications of the ACM* 57, no. 12 (2014): 56–67, and "Computational Models of Emotions as Psychological Tools," *in Handbook of Emotions*, ed. L. F. Barrett, M. Lewis, and J. M. Haviland-Jones (New York: Guilford, 2016), 113–129, review computational models of emotions, which involve physiological changes and conscious feelings as well as appraisals: Damasio, *Descartes' Error: Emotion, Reason, and the Human Brain* (New York: G. P. Putnam's Sons, 1994); Kajić et al., "Semantic Pointer Theory of Emotions," 35–53.

Minsky, "A Framework for Representing Knowledge," 211–277, presents frames.

The theory of emotional coherence comes from P. Thagard, *Hot Thought: Mechanisms and Application of Emotional Cognition* (Cambridge, MA: MIT Press, 2006); and coherence algorithms are analyzed in P. Thagard and K. Verbeurgt, "Coherence as Constraint Satisfaction," *Cognitive Science* 22 (1998): 1–24.

P. Cudney discusses casuistry in ethics in "What Really Separates Casuistry from Principilism in Biomedical Ethics," *Theoretical Medicine in Bioethics* 35, no. 3 (2014): 205–229. Algorithms for analogical inference and case-based reasoning include Forbus et al., "Extending SME to Handle Larger-Scale Cognitive Modeling"; Holyoak and Thagard, *Mental Leaps;* and Leake, *Case-Based Reasoning*.